普通高等教育公共基础课程用书

复变函数与积分变换

（第三版）

赵建丛　黄文亮　主编

華東理工大學出版社
EAST CHINA UNIVERSITY OF SCIENCE AND TECHNOLOGY PRESS
·上海·

图书在版编目(CIP)数据

复变函数与积分变换/赵建丛,黄文亮主编. —3版. —上海：华东理工大学出版社,2021.4(2024.7 重印)
普通高等教育公共基础课程用书
ISBN 978-7-5628-6458-5

Ⅰ.①复… Ⅱ.①赵… ②黄… Ⅲ.①复变函数-高等学校-教材②积分变换-高等学校-教材 Ⅳ.①O174.5②O177.6

中国版本图书馆 CIP 数据核字(2021)第 012084 号

内容提要

本书是针对高等院校工科专业编写的复变函数与积分变换教材,内容共分为 8 章,包括复数与复变函数、解析函数、复变函数的积分、解析函数的幂级数表示、留数及其应用、Fourier 变换、Laplace 变换和共形映射等. 全书内容叙述简洁,通俗易懂,适于自学.

本书既可作为高校工科专业的复变函数与积分变换课程的教材,也可作为理科非数学专业师生及工程技术人员的参考用书.

项目统筹 / 吴蒙蒙
责任编辑 / 李甜禄
装帧设计 / 徐　蓉
出版发行 / 华东理工大学出版社有限公司
地址：上海市梅陇路 130 号,200237
电话：021-64250306
网址：www.ecustpress.cn
邮箱：zongbianban@ecustpress.cn
印　　刷 / 上海展强印刷有限公司
开　　本 / 787 mm×1092 mm　1/16
印　　张 / 14.25
字　　数 / 347 千字
版　　次 / 2008 年 10 月第 1 版
2021 年 4 月第 3 版
印　　次 / 2024 年 7 月第 3 次
定　　价 / 49.80 元

第三版前言

《复变函数与积分变换》的第一、二版得到了众多教师、同学以及其他读者的肯定和支持，也获得了他们提出的很多宝贵的意见和建议．我们对教材使用者的反馈信息以及一线教师教学实践中的体会和感悟进行总结，汲取精华，做了本次修订．

本次的改版秉承了教材原有的特色，在第二版的基础上进行了如下调整和修改．(1) 对平面点集部分内容进行了修改和增补，对孤立奇点的分类部分内容做了增补，在 Laplace 变换的章节增加了 Laplace 变换在自动控制原理中的应用举例．对其他章节的部分内容在叙述上做了少量修改．(2) 考虑到对学生自学更具有指导性，在每一章后面增加了学习要求，以方便学生了解本章内容的重点和难点，掌握学习大纲所要求的重点内容．

本教材的改版得到了华东理工大学教材建设委员会的大力支持，在修订过程中，李建奎教授、李启慧、王圣强、赵唯、章文华等老师为本书提供了宝贵意见和建议，在此向他们表示感谢！同时衷心感谢使用过本教材第一版和第二版的广大读者，感谢教材编写过程中所参阅国内外资料的作者．

限于编者水平，书中难免存在不足之处，敬请广大读者继续提出宝贵意见和建议。

编　者

2020．12

第二版前言

本书是在第一版的基础上广泛吸取了教师和学生的意见后修订而成的.新版教材在主要内容和结构框架上未做大的变动,秉承原有特色,对已经发现的错误和不妥之处进行了修正,并调整了一些例题和习题.为了满足某些专业的应用,在第 5 章增加了辐角原理及其应用,在第 7 章增加了 Fourier 变换的能量积分和乘积定理,在第 8 章增加了 Laplace 变换的初值定理和终值定理,这些内容都加了"*"号,读者可根据需要选学.

本教材的修订得到了华东理工大学教材建设委员会的大力支持,在修订工作中,李建奎、邵方明、章文华、李启慧等老师为本书提供了很多宝贵的意见和建议,在此向他们表示衷心的感谢!也衷心感谢使用过本书第一版的广大师生,感谢在本书编写过程中所参阅的资料的作者.

由于编者水平有限,书中难免有不当和不妥之处,敬请专家、读者予以指正.

编　者

2011.12

前　言

“复变函数与积分变换”是面向高等工科院校学生的具有明显工程应用背景的数学课程.随着科学技术的迅速发展，它的理论和方法已广泛应用于电工技术、力学、自动控制、通信技术等许多工程技术和科学研究领域.为了更好地体现本课程的实用性和工科学生学习的特点，满足教学改革和课程建设的需求，我们编写了这本教学用书.

本书是在编者多年来讲授工科复变函数与积分变换课程的基础上，遵照教育部制定的对本课程教学大纲的基本要求编写而成的.在编写过程中，我们广泛吸取了国内同类教材的主要优点，并融合了编者多年来讲授该门课程的经验和体会.考虑到工科学生学习本课程的目的主要在于实用，我们侧重了对基本概念和解题方法的讲解，基本概念的引入尽可能联系实际，淡化了一些理论的证明.在内容安排上力求由浅入深，循序渐进.与同类教材相比，本书删减了部分理论性较强的内容，使之更适合工科学生阅读.同时，为了便于自学和实际的需要，在注意行文的科学性与严密性的同时，力求叙述简洁，通俗易懂.本书在每一章都安排了较多的例题与习题，并且在例题和习题的选择上注重典型性和多样性，以培养学生解决实际问题的能力.同时，本书以每三章为一阶段配有阶段复习题，并在全书的最后安排了期末模拟试题.书后附有习题答案供读者参考.

本教材是华东理工大学“十一五”规划教材，并获得了华东理工大学优秀教材出版基金的资助.在编写过程中，得到了华东理工大学教材建设委员会的大力支持，得到了华东理工大学理学院鲁习文院长和张先梅副院长的关心和支持，在此对他们表示衷心的感谢.还要特别感谢李建奎教授，他始终关心本教材的编写和出版，在本教材的编写过程中提出了许多宝贵建议，并通读了本教材初稿.同时，还要感谢刘剑平、殷锡鸣、章文华、黄定江、邵方明等老师，他们在本书编写过程中提供了宝贵的建议.还要感谢路冠军同学，他在该书的完成中做了许多工作.

限于编者的水平，本书难免有不妥与不足之处，敬请广大师生和读者指正.

编　者

2008.6

目　录

1 复数与复变函数

复变函数是本课程研究的对象，它是以复数作为自变量和因变量取值的函数. 复变函数的理论和方法在数学、自然科学和工程技术中都有着广泛的应用，是解决诸如流体力学、电磁学、热学、弹性理论中平面问题的有力工具.

本章将首先从代数和几何两方面讨论复数的概念及其运算，然后讨论复变函数及其连续和可导的概念，这些内容为研究解析函数奠定了必要的基础.

1.1 复数及其运算

1.1.1 复数的概念

形如 $x+\mathrm{i}y$ 的数称为**复数**，其中 x 和 y 是任意两个实数；i 称为虚数单位，满足 $\mathrm{i}^2=-1$，通常记复数为 $z=x+\mathrm{i}y$.

x，y 又分别称为复数 z 的**实部**与**虚部**，记作

$$x=\operatorname{Re} z,\ y=\operatorname{Im} z.$$

当 $y=0$ 时，$z=x$，即为实数 x；当 $y\neq 0$ 且 $x=0$ 时，$z=\mathrm{i}y$，称之为**纯虚数**.

由所有复数构成的集合称为**复数集**或**复数域**，常用 **C** 表示.

$z_1=x_1+\mathrm{i}y_1$ 和 $z_2=x_2+\mathrm{i}y_2$ 是两个复数，当且仅当 $x_1=x_2$，$y_1=y_2$ 时，称两个复数**相等**，记作 $z_1=z_2$.

我们把 $x+\mathrm{i}y$ 与 $x-\mathrm{i}y$ 称为**互为共轭的复数**. 若记 $z=x+\mathrm{i}y$，则其共轭复数记作 $\overline{z}=x-\mathrm{i}y$.

显然，$\overline{\overline{z}}=z$，$\operatorname{Re} z=\dfrac{z+\overline{z}}{2}$，$\operatorname{Im} z=\dfrac{z-\overline{z}}{2\mathrm{i}}$.

1.1.2 复平面

一个复数 $z=x+\mathrm{i}y$ 本质上可由一对有序实数 $(x,\ y)$ 唯一确定，于是我们可以建立平面上的全部点与全体复数间的一一对应关系. 换句话说，可以借助于横坐标为 x、纵坐标为 y 的点来表示复数 $z=x+\mathrm{i}y$（图 1-1）. 由于 x 轴上的点对应着实数，y 轴（非原点）对应着纯

虚数,故称 x 轴为**实轴**,y 轴为**虚轴**,这样表示的平面称为**复平面**或 **z 平面**.

于是,对于复数 $z=x+\mathrm{i}y$,我们也可以说点 z. 例如,点 $z=1+2\mathrm{i}$. 为方便起见,我们不再区分复数与复平面上的点.

在复平面上,从原点到点 $z=x+\mathrm{i}y$ 所引的向量 $\boldsymbol{OP}$ 与复数 z 也构成一一对应关系(复数 0 对应零向量)(图 1-1),所以,复数 z 也可以看成是复平面内的向量.

向量 $\boldsymbol{OP}$ 的长度称为复数 z 的**模**,记为 $|z|$ 或 r,即 $r=|z|=\sqrt{x^2+y^2}\geqslant 0$.

显然,$|\operatorname{Re} z|\leqslant|z|$, $|\operatorname{Im} z|\leqslant|z|$.

以正实轴为始边,以 $z(z\neq 0)$ 所对应的向量为终边的角称为复数 z 的**辐角**(Argument),记为 $\operatorname{Arg} z$.

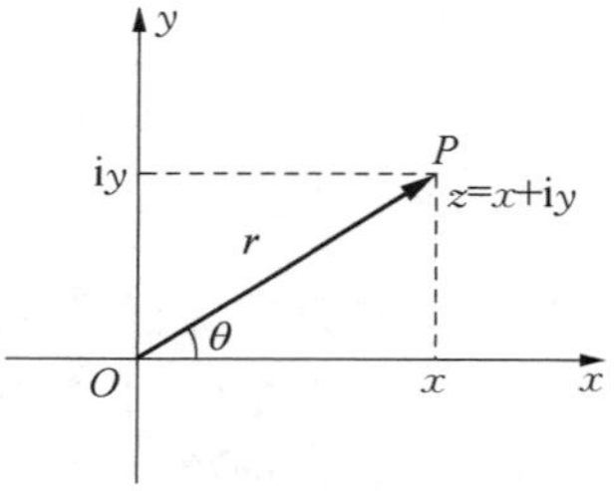

图 1-1

显然辐角是多值的,它们之间相差 2π 的整数倍. 我们把在 $(-\pi, \pi]$ 之间的辐角称为 z 的**主辐角**(或**主值**),记为 $\arg z$. 于是

$$\operatorname{Arg} z=\arg z+2k\pi\ (k=0, \pm 1, \cdots) \tag{1.1}$$

注意,当 $z=0$ 时,辐角无意义.

$\arg z$ 可由反正切 $\arctan\dfrac{y}{x}$ 的主值 $\left(-\dfrac{\pi}{2}<\arctan\dfrac{y}{x}<\dfrac{\pi}{2}\right)$ 按如下关系确定(图 1-2,图 1-3).

$$\underset{(z\neq 0)}{\arg z}=\begin{cases}\arctan\dfrac{y}{x},\ x>0, y\text{ 为任意实数;}\\ \dfrac{\pi}{2},\ x=0,\ y>0;\\ \arctan\dfrac{y}{x}+\pi,\ x<0,\ y\geqslant 0;\\ \arctan\dfrac{y}{x}-\pi,\ x<0,\ y<0;\\ -\dfrac{\pi}{2},\ x=0,\ y<0.\end{cases}$$

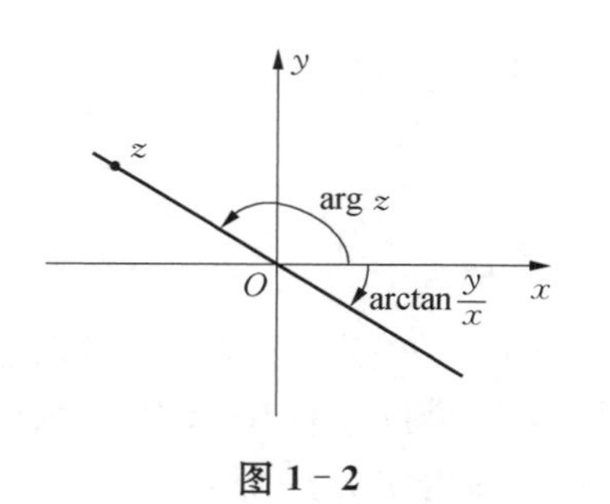

图 1-2

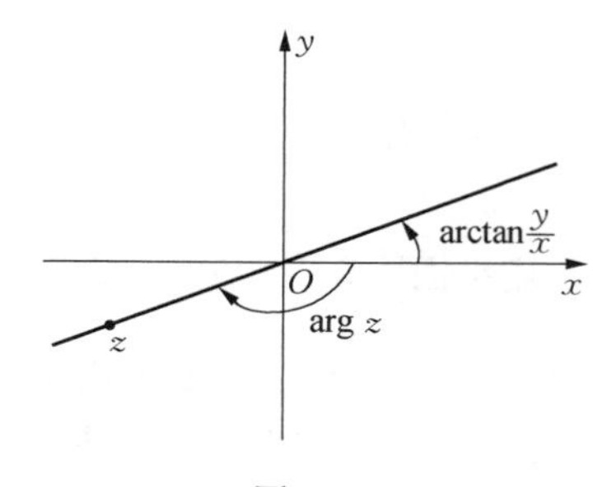

图 1-3

例 1.1 计算下列复数的辐角：

(1) $z=2-2\mathrm{i}$；(2) $z=-2-2\mathrm{i}$；(3) $z=-3+4\mathrm{i}$.

解 (1) $\arg z=\arctan\dfrac{-2}{2}=\arctan(-1)=-\dfrac{\pi}{4}$

$$\mathrm{Arg}\,z=2k\pi-\frac{\pi}{4}\ (k=0,\pm 1,\cdots).$$

(2) $\arg z=\arctan\dfrac{-2}{-2}-\pi=\arctan 1-\pi=-\dfrac{3}{4}\pi$

$$\mathrm{Arg}\,z=2k\pi-\frac{3\pi}{4}\ (k=0,\pm 1,\cdots).$$

(3) $\arg z=\arctan\dfrac{4}{-3}+\pi=-\arctan\dfrac{4}{3}+\pi$

$$\mathrm{Arg}\,z=-\arctan\frac{4}{3}+\pi+2k\pi\ (k=0,\pm 1,\cdots).$$

另外，根据图 1-1 还可以用复数的模与辐角来表示非零的复数 z，即

$$z=x+\mathrm{i}y=r\left(\frac{x}{r}+\mathrm{i}\frac{y}{r}\right)=r(\cos\theta+\mathrm{i}\sin\theta). \tag{1.2}$$

由 Euler 公式

$$\mathrm{e}^{\mathrm{i}\theta}=\cos\theta+\mathrm{i}\sin\theta,$$

我们可把式(1.2)写成

$$z=r\mathrm{e}^{\mathrm{i}\theta}. \tag{1.3}$$

分别称式(1.2)和式(1.3)为复数的**三角形式**和**指数形式**. 相应地，$z=x+\mathrm{i}y$ 称为复数的**代数形式**. 三种形式是可以相互转化的.

例 1.2 将下列复数化为三角形式和指数形式：

(1) $z=-1+\sqrt{3}\mathrm{i}$；(2) $z=\sin\dfrac{\pi}{12}+\mathrm{i}\cos\dfrac{\pi}{12}$.

解 (1) 显然，$r=|z|=\sqrt{(-1)^2+\sqrt{3}^2}=2$，由于 $z=-1+\sqrt{3}\mathrm{i}$ 在第二象限，

$$\tan\theta=-\sqrt{3},\ \theta=\frac{2\pi}{3},$$

于是，$z=-1+3\mathrm{i}$ 的三角形式和指数形式为

$$z=2\left(\cos\frac{2\pi}{3}+\mathrm{i}\sin\frac{2\pi}{3}\right)=2\mathrm{e}^{\frac{2\pi}{3}\mathrm{i}}.$$

(2) 显然，$r=|z|=1$，而

$$\sin\frac{\pi}{12}=\cos\left(\frac{\pi}{2}-\frac{\pi}{12}\right)=\cos\frac{5\pi}{12}$$

$$\cos\frac{\pi}{12}=\sin\left(\frac{\pi}{2}-\frac{\pi}{12}\right)=\sin\frac{5\pi}{12}$$

于是 z 的三角形式和指数形式为

$$z=\cos\frac{5\pi}{12}+\mathrm{i}\sin\frac{5\pi}{12}=\mathrm{e}^{\mathrm{i}\frac{5\pi}{12}}.$$

1.1.3 复数的四则运算

设 $z_1=x_1+\mathrm{i}y_1$，$z_2=x_2+\mathrm{i}y_2$ 是两个复数.

(1) 加法和减法

$$z_1\pm z_2=(x_1\pm x_2)+\mathrm{i}(y_1\pm y_2). \tag{1.4}$$

几何意义

由于复数可以用向量表示,所以,复数的加减法与向量的加减法一致,满足平行四边形法则(图 1-4)和三角形法则(图 1-5).

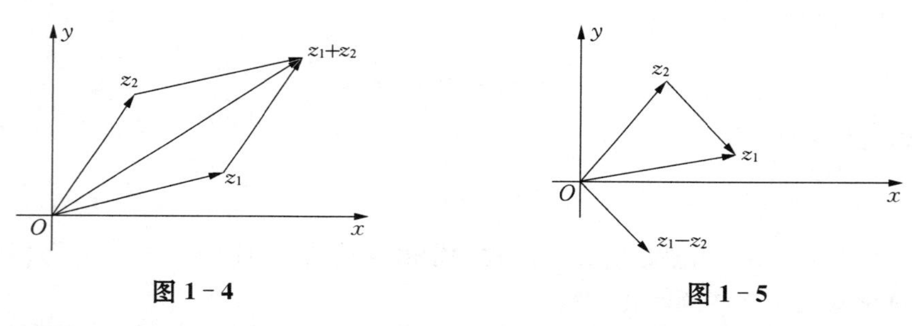

图 1-4　　图 1-5

(2) 复数乘法　两个复数相乘,可以按多项式乘法法则来进行. 即

$$z_1z_2=(x_1+\mathrm{i}y_1)(x_2+\mathrm{i}y_2)=(x_1x_2-y_1y_2)+\mathrm{i}(x_1y_2+x_2y_1). \tag{1.5}$$

若复数用三角形式或指数形式表示,即

$$z_1=r_1(\cos\theta_1+\mathrm{i}\sin\theta_1)=r_1\mathrm{e}^{\mathrm{i}\theta_1},\ z_2=r_2(\cos\theta_2+\mathrm{i}\sin\theta_2)=r_2\mathrm{e}^{\mathrm{i}\theta_2},$$

则

$$z_1z_2=r_1r_2[\cos(\theta_1+\theta_2)+\mathrm{i}\sin(\theta_1+\theta_2)]=r_1r_2\mathrm{e}^{\mathrm{i}(\theta_1+\theta_2)}. \tag{1.6}$$

显然

$$|z_1z_2|=|z_1||z_2|,\ \mathrm{Arg}(z_1z_2)=\mathrm{Arg}\,z_1+\mathrm{Arg}\,z_2. \tag{1.7}$$

复数乘法的几何意义: 复数 z_1 与 z_2 的乘积在几何上相当于把向量 z_1 旋转 θ_2($\theta_2>0$

时，沿逆时针旋转)，然后再伸长 ($|r_2|>1$) 或缩短 ($|r_2|<1$) $|r_2|$ 倍(图 1-6).

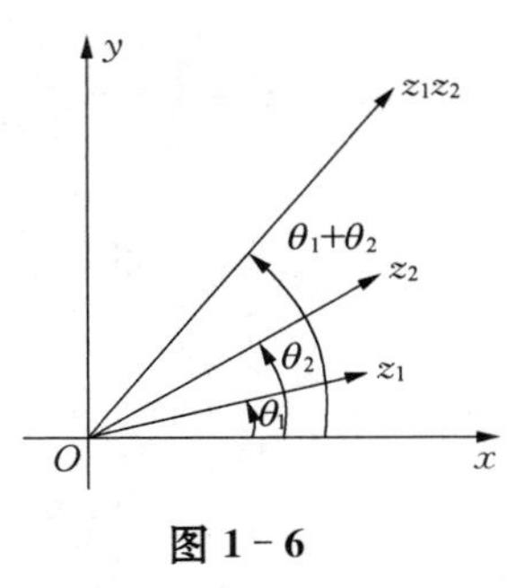

图 1-6

(3) 除法

$$\frac{z_1}{z_2}=\frac{z_1\bar{z}_2}{z_2\bar{z}_2}=\frac{(x_1+\mathrm{i}y_1)(x_2-\mathrm{i}y_2)}{x_2^2+y_2^2}$$

$$=\frac{x_1x_2+y_1y_2}{x_2^2+y_2^2}+\mathrm{i}\,\frac{y_1x_2-x_1y_2}{x_2^2+y_2^2}\ (z_2\neq 0).\qquad(1.8)$$

若 $z_1=r_1(\cos\theta_1+\mathrm{i}\sin\theta_1)=r_1\mathrm{e}^{\mathrm{i}\theta_1}$，$z_2=r_2(\cos\theta_2+\mathrm{i}\sin\theta_2)=r_2\mathrm{e}^{\mathrm{i}\theta_2}$

则 $$\frac{z_1}{z_2}=\frac{z_1\bar{z}_2}{z_2\bar{z}_2}=\frac{r_1}{r_2}[\cos(\theta_1-\theta_2)+\mathrm{i}\sin(\theta_1-\theta_2)]=\frac{r_1}{r_2}\mathrm{e}^{\mathrm{i}(\theta_1-\theta_2)}.\qquad(1.9)$$

显然

$$\left|\frac{z_1}{z_2}\right|=\frac{|z_1|}{|z_2|}\ (|z_2|\neq 0),\ \mathrm{Arg}\left(\frac{z_1}{z_2}\right)=\mathrm{Arg}\,z_1-\mathrm{Arg}\,z_2.\qquad(1.10)$$

复数除法的几何意义：复数 z_1 与 z_2 的商 $\frac{z_1}{z_2}(z_2\neq 0)$ 在几何上相当于把向量 z_1 旋转 θ_2($\theta_2>0$ 时，沿顺时针旋转)，然后再伸长 ($|r_2|<1$) 或缩短 ($|r_2|>1$) $\left|\frac{1}{r_2}\right|$ 倍(图 1-7).

(4) 共轭复数的运算

$$\overline{z_1+z_2}=\bar{z}_1+\bar{z}_2,\quad \overline{z_1\cdot z_2}=\bar{z}_1\cdot\bar{z}_2$$

$$\overline{\left(\frac{z_1}{z_2}\right)}=\frac{\bar{z}_1}{\bar{z}_2}\ (z_2\neq 0)$$

$$z\bar{z}=|z|^2=r^2=x^2+y^2=(\mathrm{Re}\,z)^2+(\mathrm{Im}\,z)^2.$$

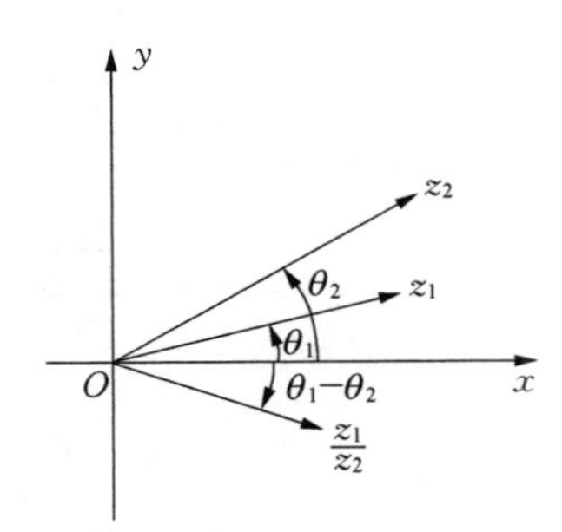

图 1-7

复数的运算满足如下运算律.

已知复数 z_1，z_2，z_3，则有

交换律　$z_1+z_2=z_2+z_1$，　$z_1\cdot z_2=z_2\cdot z_1$.

结合律　$(z_1+z_2)+z_3=z_1+(z_2+z_3)$，$(z_1z_2)z_3=z_1(z_2z_3)$.

分配律　$z_1(z_2+z_3)=z_1z_2+z_1z_3$.

例 1.3　设 $z=\frac{2+\mathrm{i}}{\mathrm{i}}-\frac{2\mathrm{i}}{1-\mathrm{i}}$，求 $\mathrm{Re}\,z$，$\mathrm{Im}\,z$，$z\bar{z}$.

解 $z=\frac{2+\mathrm{i}}{\mathrm{i}}-\frac{2\mathrm{i}}{1-\mathrm{i}}=\frac{(2+\mathrm{i})(-\mathrm{i})}{\mathrm{i}(-\mathrm{i})}-\frac{2\mathrm{i}(1+\mathrm{i})}{(1-\mathrm{i})(1+\mathrm{i})}$

$$=-2\mathrm{i}+1-\frac{2\mathrm{i}(1+\mathrm{i})}{2}=2-3\mathrm{i}$$

故

$$\operatorname{Re} z=2,\ \operatorname{Im} z=-3,\ z\bar{z}=|z|^2=2^2+(-3)^2=13.$$

例 1.4 设复数 z 满足 $z\bar{z}-3\mathrm{i}\bar{z}=1+3\mathrm{i}$，求复数 z.

解 设 $z=x+\mathrm{i}y$，则 $\bar{z}=x-\mathrm{i}y$，代入原方程有

$$x^2+y^2-3y-3\mathrm{i}x=1+3\mathrm{i}$$

于是有

$$\begin{cases}-3x=3,\\ x^2+y^2-3y=1\end{cases}$$

解得

$$x=-1,y=0 \text{ 或 } 3$$

所以

$$z=-1 \text{ 或 } z=-1+3\mathrm{i}.$$

例 1.5 证明不等式 $|z_1+z_2|\leqslant|z_1|+|z_2|$.

证 由于 $z\bar{z}=|z|^2$，所以有

$$|z_1+z_2|^2=(z_1+z_2)\overline{(z_1+z_2)}=(z_1+z_2)(\bar{z}_1+\bar{z}_2)$$

$$=z_1\bar{z}_1+z_2\bar{z}_2+z_2\bar{z}_1+z_1\bar{z}_2$$

$$=|z_1|^2+|z_2|^2+z_2\bar{z}_1+z_1\bar{z}_2$$

由于 $z_2\bar{z}_1+z_1\bar{z}_2=\overline{\bar{z}_2z_1}+\bar{z}_2z_1=2\operatorname{Re}(z_1\bar{z}_2)$，于是

$$|z_1+z_2|^2=|z_1|^2+|z_2|^2+2\operatorname{Re}(z_1\bar{z}_2)$$

$$\leqslant|z_1|^2+|z_2|^2+2|z_1||z_2|$$

$$=(|z_1|+|z_2|)^2.$$

于是，该不等式成立. 它的几何意义是：三角形的两边之和大于第三边.

例 1.6 将直角坐标系下的直线方程 $ax+by+c=0$ 化为复变量形式.

解 由于 $z=x+\mathrm{i}y$，$x=\frac{1}{2}(z+\bar{z})$，$y=\frac{1}{2\mathrm{i}}(z-\bar{z})$，于是

$$a(z+\bar{z})-\mathrm{i}b(z-\bar{z})+2c=0$$

$$(a-\mathrm{i}b)z+(a+\mathrm{i}b)\bar{z}=-2c$$

令 $A=a+\mathrm{i}b$, $B=-2c$, 则可得

$$\overline{A}z+A\overline{z}=B.$$

实际上,很多平面图形都能用复数形式的方程(或不等式)来表示.另外,也可以由给定的复数形式的方程(或不等式)来确定它所表示的平面图形.

例 1.7　求下列复数方程所表示的点的轨迹:

(1) $|z+\mathrm{i}|=1$;　(2) $\mathrm{Im}(\mathrm{i}+\overline{z})=4$;　(3) $|z-1|=\mathrm{Re}\,z+1$.

解　(1) 在几何上不难看出,方程 $|z+\mathrm{i}|=1$ 表示所有与点 $-\mathrm{i}$ 距离为 1 的点的轨迹,即圆心为 $-\mathrm{i}$,半径为 1 的圆.

(2) 令 $z=x+\mathrm{i}y$, 则 $\overline{z}=x-\mathrm{i}y$, $\mathrm{Im}(\mathrm{i}+\overline{z})=\mathrm{Im}(x+(1-y)\mathrm{i})=1-y$,于是可得

$$1-y=4,\text{即 } y=-3,\text{是一条平行于 } x \text{ 轴的直线.}$$

(3) 令 $z=x+\mathrm{i}y$, 则 $\sqrt{(x-1)^2+y^2}=x+1$, 即 $y^2=4x$, 表示一条抛物线.

1.1.4　复数的乘幂与开方

(1) 复数的乘幂

我们把 n 个相同的复数 $z(z\neq 0)$ 的乘积称为 z 的 **n 次方幂**,即

$$z^n=\overbrace{z\cdot z\cdot\cdots\cdot z}^{n}$$

设 $z=r\mathrm{e}^{\mathrm{i}\theta}=r(\cos\theta+\mathrm{i}\sin\theta)$, 则

$$z^n=r^n\mathrm{e}^{\mathrm{i}n\theta}=r^n(\cos n\theta+\mathrm{i}\sin n\theta)\tag{1.11}$$

特别地,当 $r=1$ 时,

$$z^n=\cos n\theta+\mathrm{i}\sin n\theta\tag{1.12}$$

式(1.12)称为**棣莫弗(De Moivre)公式**.

例 1.8　试将 $\cos 3\theta$, $\sin 3\theta$ 分别用 $\cos\theta$, $\sin\theta$ 表示.

解　由式(1.11),取 $n=3$ 即得

$$(\cos\theta+\mathrm{i}\sin\theta)^3=\cos 3\theta+\mathrm{i}\sin 3\theta$$

故

$$\cos 3\theta+\mathrm{i}\sin 3\theta=\cos^3\theta-3\cos\theta\sin^2\theta+\mathrm{i}(3\cos^2\theta\sin\theta-\sin^3\theta)$$

根据复数相等的定义,即得

$$\cos 3\theta=\cos^3\theta-3\cos\theta\sin^2\theta=4\cos^3\theta-3\cos\theta$$

$$\sin 3\theta = 3\cos^2\theta\sin\theta - \sin^3\theta = 3\sin\theta - 4\sin^3\theta.$$

(2) 复数的开方

我们把满足方程 $w^n = z\ (n \geqslant 2)$ 且 $z \neq 0$ 的复数 w 称为 z 的 ***n* 次方根**. 记作

$$w = \sqrt[n]{z}.$$

令 $w = \rho e^{i\varphi}$, 于是有 $\rho^n e^{in\varphi} = z = re^{i\theta}$, 从而得到

$$\rho^n = r,\ n\varphi = \theta + 2k\pi\ (k = 0, \pm 1, \cdots)$$

所以有

$$\rho = \sqrt[n]{r},\ \varphi = \frac{\theta + 2k\pi}{n}.$$

于是

$$w = \sqrt[n]{r}e^{i\frac{\theta+2k\pi}{n}}\ (k = 0, \pm 1, \cdots). \tag{1.13}$$

显然,当 $k = 0, 1, 2, \cdots, n-1$ 时,有互不相同的 n 个值 $w_0, w_1, \cdots, w_{n-1}$. k 取其他值时,必与 $w_0, w_1, \cdots, w_{n-1}$ 中某一个值重合.

由于

$$\sqrt[n]{z} = \sqrt[n]{r}e^{i\frac{\theta+2k\pi}{n}} = \sqrt[n]{r}e^{i\frac{2k\pi}{n}} \cdot e^{i\frac{\theta}{n}} = e^{i\frac{2k\pi}{n}} \cdot \sqrt[n]{r}e^{i\frac{\theta}{n}} = e^{i\frac{2k\pi}{n}}w_0,$$

因此,非零复数 z 的 n 次方根共有 n 个值,它们的模相同,相邻两个值辐角均相差 $\frac{2\pi}{n}$,在复平面上它们均匀分布在以原点为中心,以 $\rho = \sqrt[n]{r}$ 为半径的圆周上.

例 1.9 求 $(1+i)^{\frac{1}{6}}$ 的值.

解 因为 $1 + i = \sqrt{2}\left(\cos\frac{\pi}{4} + i\sin\frac{\pi}{4}\right) = \sqrt{2}e^{i\frac{\pi}{4}}$,

于是

$$(1+i)^{\frac{1}{6}} = (\sqrt{2})^{\frac{1}{6}}e^{i\frac{\frac{\pi}{4}+2k\pi}{6}} = 2^{\frac{1}{12}}e^{i\left(\frac{\pi}{24}+\frac{k\pi}{3}\right)}\ (k = 0, 1, 2, 3, 4, 5)$$

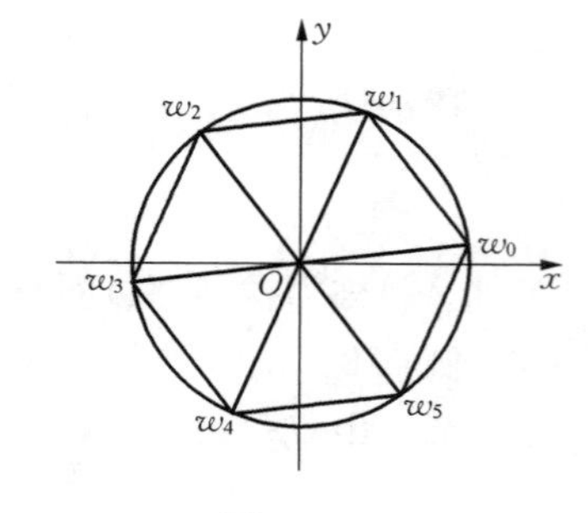

图 1-8

令 $w_0 = 2^{\frac{1}{12}}e^{i\frac{\pi}{24}}$, 可得

$$w_1 = e^{\frac{\pi}{3}i}w_0,\ w_2 = e^{\frac{2\pi}{3}i}w_0,\ w_3 = e^{\pi i}w_0 = -w_0,\ w_4 = e^{\frac{4\pi}{3}i}w_0,\ w_5 = e^{\frac{5\pi}{3}i}w_0.$$

显然,6 个点在以原点为圆心,以 $2^{\frac{1}{12}}$ 为半径的圆周上均匀分布,即为圆内接六边形的 6 个顶点(图 1-8).

1.1.5 复球面与无穷远点

为了实际需要，我们把复数和平面上的点统一起来. 在实际应用中，我们还需要建立球面上的点与复数的一一对应关系. 例如，地图测绘员用平面图形来描绘地球表面.

利用**球极投影**可以建立复平面与球面上的点的对应关系. 即取一个球面将其南极 S 与复平面上的原点 O 相切(图 1-9)，设 Z 为球面上任一点，从北极 N 作射线 NZ，必交于复平面上的一点 z，它在复平面上表示模为有限的复数. 反过来，从北极 N 出发，且经过复平面上任何一个模为有限的点 z 的射线，也必交于球面上的点 Z，于是复平面上的点与球面上的点(除 N 外)建立了一一对应关系.

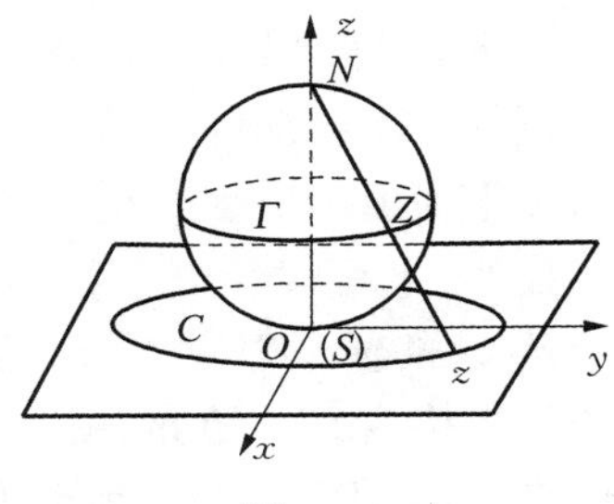

图 1-9

考虑复平面上的一个以原点为中心的圆周 C，在球面上对应的也是一个圆周 Γ，当圆周 C 的半径越大时，圆周 Γ 就越趋于北极 N. 因此，北极 N 可以看成是与复平面上的一个模为无穷大的假想点相对应，这个假想点称为**无穷远点**，记为∞. 复平面加上点∞后，称为**扩充复平面**，与它相对应的整个球面称为**复球面**，并且扩充复平面上的点与复球面上的点一一对应. 扩充复平面上的每一条直线都通过无穷远点，同时，没有一个半平面包含点∞.

球极投影最初是在天文学中引进的，后来又应用于地理绘图中，即把地球用平面图形描绘出来.

对于∞，有以下规定：

$$a \pm \infty = \infty \pm a = \infty \ (a \text{ 为有限复数});$$

$$\infty \cdot a = a \cdot \infty = \infty \ (a \neq 0);$$

$$\frac{a}{0} = \infty, \ \frac{a}{\infty} = 0 \ (a \neq 0);$$

$$|\infty| = +\infty, \ \infty \text{实部、虚部、辐角都无意义};$$

$$\infty \pm \infty, \ 0 \cdot \infty, \ \frac{\infty}{\infty} \text{ 无意义}.$$

1.2 平面点集的一般概念

1.2.1 区域

同实变量一样，每一个复变量都有自己的变化范围，我们用区域来表示.

复平面上以 z_0 为中心，$\delta > 0$ 为半径的圆 $|z - z_0| < \delta$ 内部的点的集合称为 z_0 的 **δ 邻**

域,记为

$$N(z_0, \delta) = \{z \mid |z - z_0| < \delta\} \text{ 或 } N(z_0).$$

由不等式 $0 < |z - z_0| < \delta$ 所确定的点集称为 z_0 的**去心邻域**,记为 $N(\hat{z}_0, \delta)$.

当 $z_0 = \infty$ 时,R 为任意正数,满足 $|z| > R$ 的点集称为无穷远点的邻域.

设 E 为一平面点集,z_0 是 E 内任意一点,如果存在 z_0 的某个邻域,该邻域所包含的点均属于 E,则称 z_0 为 E 的**内点**.

若 E 内每个点都是内点,则称 E 为**开集**.

例如,$E = \{z \mid |z| < 1\}$, $E = \{z \mid |z| > 2\}$ 均为开集.

复平面上不属于 E 的点的集合称为 E 的余集,开集的余集称为**闭集**.

显然,$F = \{z \mid |z| \geqslant 1\}$, $F = \{z \mid |z| \leqslant 2\}$ 均为闭集.

若 z_0 的任一邻域 $N(z_0)$ 总含有属于 E 和不属于 E 的点,则称 z_0 为 E 的**边界点**. E 的全体边界点构成 E 的**边界**,用 ∂E 表示. 若 z_0 的任一邻域除 z_0 外都不属于 E,则称 z_0 为 E 的一个孤立点,E 的孤立点一定是 E 的边界点.

我们把满足如下条件的平面点集 D 称为**区域**:

(1) D 是一个开集;

(2) D 是**连通的**,即 D 内任何两点都可用完全属于 D 的折线连接起来(图 1-10).

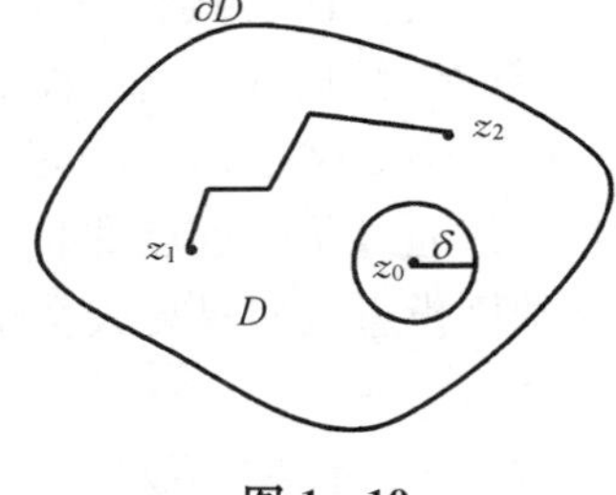

图 1-10

区域 D 加上它的边界 ∂D 称为**闭区域**,记为 $\overline{D}$.

例如,$|z| < R$ 为区域,$|z| \leqslant R$ 为闭区域.

若区域 D 可以被一个半径为有限的圆所包含,则称 D 为**有界区域**;否则称 D 为**无界区域**.

1.2.2 平面曲线

设 $x(t)$, $y(t)$ 是实变量 t 的两个函数,且在闭区间 $[a, b]$ 上连续,则由方程组

$$\begin{cases} x = x(t), \\ y = y(t) \end{cases} \quad (a \leqslant t \leqslant b)$$

所确定的点集 C,称为复平面上的一条**连续曲线**.

若令 $z(t) = x(t) + \mathrm{i}\,y(t)$,则平面曲线由方程

$$z = z(t) \quad (a \leqslant t \leqslant b) \tag{1.14}$$

来表示,这就是**平面曲线方程的复数形式**. 其中,$z(a)$, $z(b)$ 分别称为 C 的起点和终点.

若在 $[a, b]$ 上,$x'(t)$, $y'(t)$ 连续,且 $(x'(t))^2 + (y'(t))^2 \neq 0$,则称 C 为**光滑曲线**.

由有限条依次相连接的光滑曲线段组成的曲线称为**逐段光滑曲线**.

在曲线 C 上,如果当 $a < t_1 < b$, $a \leqslant t_2 \leqslant b$ 且 $t_1 \neq t_2$ 时,$z(t_1) \neq z(t_2)$,称 C 为**简单曲线**(**或若尔当曲线**);当 $z(a) = z(b)$ 时,称为**简单闭曲线**.

由定义可知,简单曲线不会自身相交.图 1-11 中均为简单曲线,图 1-12 中均不是简单曲线.

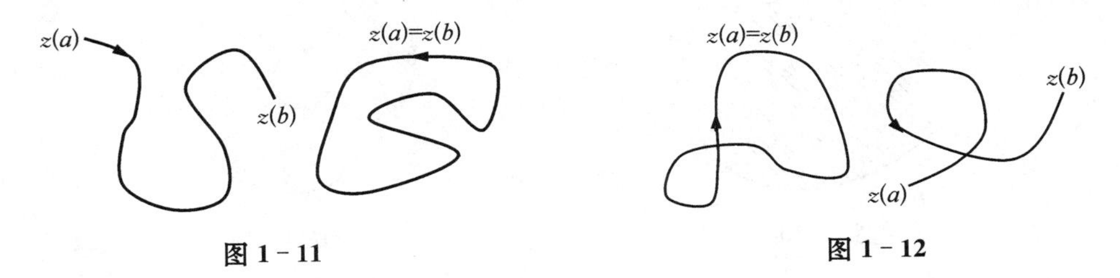

图 1-11　　图 1-12

例 1.10　用复数形式的参数方程表示下列曲线:

(1) 连接 $z=2-2\mathrm{i}$ 到 $z=2+2\mathrm{i}$ 的直线段;

(2) 圆心为 $z_0=1+\mathrm{i}$,半径为 2 的圆周;

(3) 曲线 $y=x^3$ 上由(0, 0)到(1, 1)的一段.

解　(1) 对于复平面上的一般直线段,设其起点为 $z_1=x_1+\mathrm{i}y_1$,终点为 $z_2=x_2+\mathrm{i}y_2$,

其参数方程为 $\begin{cases}x=x_1+t(x_2-x_1),\\ y=y_1+t(y_2-y_1)\end{cases}$ $(0\leqslant t\leqslant 1)$,则其复数形式为

$$z=z(t)=x(t)+\mathrm{i}y(t)=z_1+t(z_2-z_1)\ (0\leqslant t\leqslant 1).$$

因此,连接 $z=2-2\mathrm{i}$ 到 $z=2+2\mathrm{i}$ 的直线段的参数方程为

$$z=2-2\mathrm{i}+4\mathrm{i}t\ (0\leqslant t\leqslant 1).$$

(2) 以 $z_0=x_0+\mathrm{i}y_0$ 为圆心,r 为半径的圆的参数方程为

$$\begin{cases}x=x_0+r\cos\theta,\\ y=y_0+r\sin\theta\end{cases}\quad(0\leqslant\theta\leqslant 2\pi)$$

于是,其复数形式为 $z=z_0+r\mathrm{e}^{\mathrm{i}\theta}(0\leqslant\theta\leqslant 2\pi)$.

所以,圆心为 $z_0=1+\mathrm{i}$,半径为 2 的圆周的参数方程为

$$z=1+\mathrm{i}+2\mathrm{e}^{\mathrm{i}\theta}\quad(0\leqslant\theta\leqslant 2\pi).$$

(3) 把 x 看作参数,则曲线的参数方程为 $z=x+\mathrm{i}x^3(0\leqslant x\leqslant 1)$.

定理 1.1(Jordan 定理)　任何一条简单闭曲线把复平面分为两个不相连的区域,一个是此曲线的内部,为有界区域;另一个是此曲线的外部,为无界区域,它们都以此曲线为边界.

连通区域　设 D 是复平面上一区域,若对 D 内任一条简单闭曲线,该曲线内部都包含在 D 内,则称 D 为**单连通区域**;否则称为**多连通区域**.例如,图 1-13 为单连通区域,图 1-14为多连通区域.

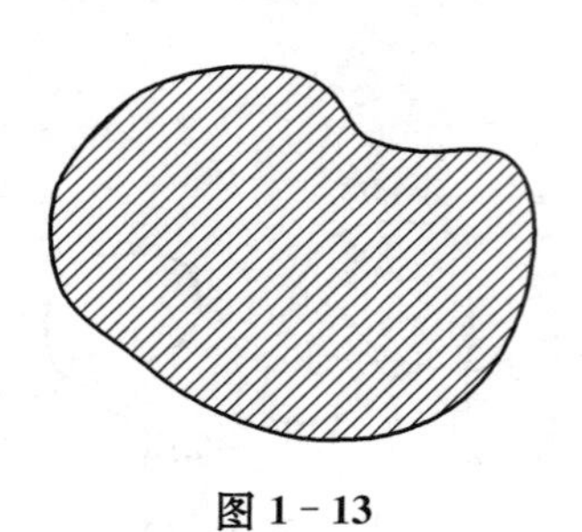
图 1 - 13

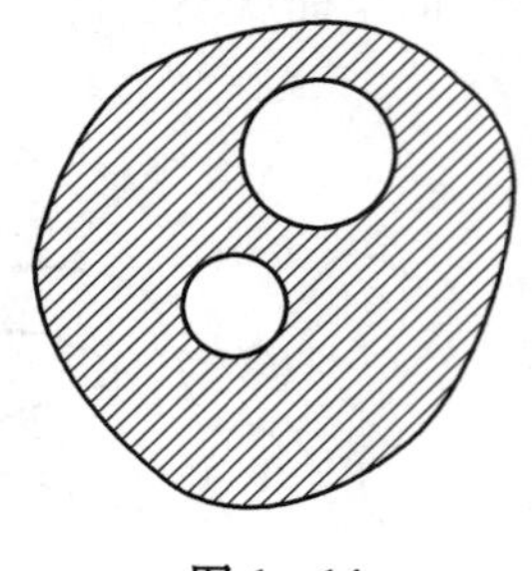
图 1 - 14

1.3 复变函数

1.3.1 复变函数的概念

定义 1.1 设 E 是复平面上的点集,若 E 内任意一点 $z=x+\mathrm{i}y$,按照一定规则,都有一个(或多个)确定的复数 $w=u+\mathrm{i}v$ 与之对应,则称 w 是复变量 z 的**复变函数**,记作

$$w=f(z)\ (z\in E).$$

点集 E 称为函数的**定义域**,相应 w 取值的全体 G 称为函数的**值域**,即 $G=f(E)$. 若 E 内的每一点 z 对应唯一的函数值 w,则称函数 $f(z)$ 为**单值函数**;若 E 内的每一点 z 对应两个或两个以上的函数值,则称函数 $f(z)$ 为**多值函数**. 例如, $f(z)=z^2$, $f(z)=\bar{z}$ 都是单值函数; $f(z)=z^{\frac{1}{2}}\ (z\neq 0)$, $f(z)=\operatorname{Arg} z\ (z\neq 0)$ 都是多值函数.

在复变函数中,如无特别声明,以后所讨论的函数均为单值函数.

若 $z=x+\mathrm{i}y$, $w=u+\mathrm{i}v$, 于是

$$w=f(z)=f(x+\mathrm{i}y)=u(x,\ y)+\mathrm{i}v(x,\ y).$$

所以,复变函数 w 和自变量 z 之间的关系 $w=f(z)$ 相当于两个实二元函数

$$u=u(x,\ y),\ v=v(x,\ y).$$

因此,复变函数 $w=f(z)$ 的性质就取决于两个实二元函数 $u=u(x,y)$, $v=v(x,\ y)$ 的性质.

例 1.11 设 $w=z^2$, $z=x+\mathrm{i}y$, $w=u+\mathrm{i}v$, 则

$$u+\mathrm{i}v=w=z^2=(x+\mathrm{i}y)^2=x^2-y^2+2\mathrm{i}xy$$

因此, $w=z^2$ 对应两个实二元函数 $u=x^2-y^2$, $v=2xy$.

在高等数学中,实变量函数常用几何图形来表示,以方便研究其性质. 但由于复变函数 $w=f(z)$ 反映了两对变量 x、y 与 u、v 的对应关系,因此,无法用同一个平面或三维空间内

的几何图形来表示,我们可以把它看成是两个平面上的点集之间的对应关系. 即由 z 平面上的点集 E 到 w 平面上的点集 G 之间的对应关系(图 1-15,有时为了需要也可把两个复平面叠加在一起).

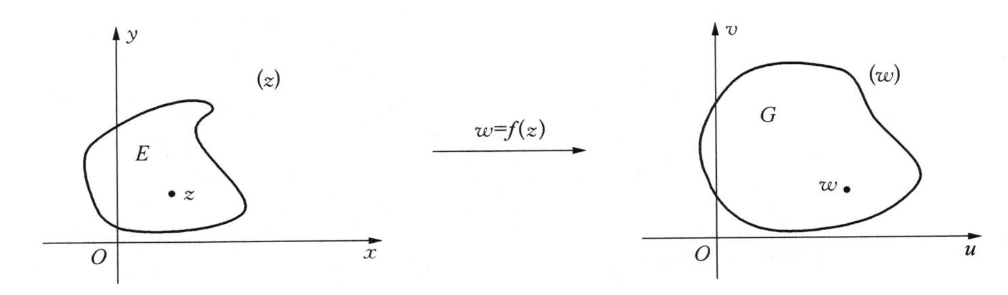

图 1-15

因此复变函数 $w=f(z)$ 在几何上就称为把 z 平面上的点集 E 变到 w 平面上的一个点集 G 的**映射**(或**变换**),与点 $z(z\in E)$ 对应的点 $w=f(z)$ 称为点 z 的**像点**. 同时,点 z 也称为点 w 的**原像**. 以后不再区别函数和映射.

类似于实函数,可以定义复变函数的反函数.

定义 1.2 设函数 $w=f(z)$的定义域为 E,值域为 G,若对于集合 G 中的每一个 w,在 E 中都存在一个(或多个)z 与之对应,这就定义了集合 G 上的一个函数,称为 $w=f(z)$的**反函数(逆映射)**. 记为 $z=f^{-1}(w)$.

当 $w=f(z)$为单值函数时,其反函数 $z=f^{-1}(w)$可能是单值的,也可能是多值的. 如 $w=z^2$的反函数是双值的.

如果函数(映射)$w=f(z)$及其反函数(逆映射)$z=f^{-1}(w)$都是单值的,则称函数 $w=f(z)$是从 E 到 G 的**双方单值映射**或 **1-1 映射**.

例 1.12 设 $w=z+\dfrac{1}{z}$, 求圆周 $|z|=2$ 在该映射下的像曲线.

解 记 $z=x+\mathrm{i}y$, $w=u+\mathrm{i}v$,

则

$$w=z+\frac{1}{z}=x+\mathrm{i}y+\frac{x-\mathrm{i}y}{x^2+y^2}$$

于是

$$\begin{cases}u=x+\dfrac{x}{x^2+y^2},\\ v=y-\dfrac{y}{x^2+y^2}\end{cases}$$

将圆周 $|z|=2$ 的参数方程 $\begin{cases}x=2\cos\theta,\\ y=2\sin\theta\end{cases}$ $(0\leqslant\theta\leqslant 2\pi)$ 代入上式得

$$\begin{cases} u = \dfrac{5}{2}\cos\theta, \\ v = \dfrac{3}{2}\sin\theta \end{cases} \quad (0 \leqslant \theta \leqslant 2\pi)$$

于是有

$$\frac{u^2}{\left(\dfrac{5}{2}\right)^2} + \frac{v^2}{\left(\dfrac{3}{2}\right)^2} = 1$$

这表明在 w 平面上的像曲线为椭圆.

1.3.2 复变函数的极限与连续

定义 1.3 设 $w = f(z)$ 在 z_0 的某个去心邻域 $N(\hat{z}_0)$内有定义,若存在常数 A,对任意给定的 $\varepsilon > 0$,总存在 $\delta > 0$,使得当 $z \in N(\hat{z}_0, \delta)(\subset N(\hat{z}_0))$ 时,有 $|f(z) - A| < \varepsilon$,则称 A 为 $f(z)$当 z 趋于 z_0 时的**极限**,记作

$$\lim_{z \to z_0} f(z) = A.$$

定义中 z 趋于 z_0 的方式是任意的,即无论 z 从任何方向,以何种方式趋向于 z_0,$f(z)$都趋向于同一个常数 A. 因此,复变函数的极限尽管形式上和一元实函数极限相同,但实质上比一元实函数极限定义的要求苛刻得多.

类似于一元实函数极限的运算法则,容易证明复变函数的极限的四则运算法则.

若 $\lim\limits_{z \to z_0} f(z) = A$, $\lim\limits_{z \to z_0} g(z) = B$, 则

$$\lim_{z \to z_0} [f(z) \pm g(z)] = A \pm B;$$

$$\lim_{z \to z_0} f(z)g(z) = AB;$$

$$\lim_{z \to z_0} \frac{f(z)}{g(z)} = \frac{A}{B} \ (B \neq 0).$$

下述定理给出了复变函数的极限与其实部虚部极限的关系.

定理 1.2 设函数 $f(z) = u(x, y) + \mathrm{i}v(x, y)$, $A = u_0 + \mathrm{i}v_0$, $z_0 = x_0 + \mathrm{i}y_0$, 则 $\lim\limits_{z \to z_0} f(z) = A$ 的充要条件是

$$\lim_{\substack{x \to x_0 \\ y \to y_0}} u(x, y) = u_0, \ \lim_{\substack{x \to x_0 \\ y \to y_0}} v(x, y) = v_0.$$

证 必要性：若 $\lim\limits_{z\to z_0} f(z)=A$，根据极限的定义，当

$$0<|z-z_0|=\sqrt{(x-x_0)^2+(y-y_0)^2}<\delta$$

时，则有

$$|f(z)-A|=|(u+\mathrm{i}v)-(u_0+\mathrm{i}v_0)|=\sqrt{(u-u_0)^2+(v-v_0)^2}<\varepsilon$$

于是，当 $0<\sqrt{(x-x_0)^2+(y-y_0)^2}<\delta$ 时，有

$$|u-u_0|<\varepsilon,\ |v-v_0|<\varepsilon$$

即

$$\lim_{\substack{x\to x_0\\ y\to y_0}} u(x,\ y)=u_0,\ \lim_{\substack{x\to x_0\\ y\to y_0}} v(x,\ y)=v_0.$$

充分性：当上面两式成立时，即当 $0<\sqrt{(x-x_0)^2+(y-y_0)^2}<\delta$ 时，有

$$|u-u_0|<\frac{\varepsilon}{2},\ |v-v_0|<\frac{\varepsilon}{2}$$

于是，当 $0<|z-z_0|<\delta$ 时，

$$|f(z)-A|=|(u+\mathrm{i}v)-(u_0+\mathrm{i}v_0)|=\sqrt{(u-u_0)^2+(v-v_0)^2}<\varepsilon$$

即
$$\lim_{z\to z_0} f(z)=A.$$

因此，复变函数 $f(z)=u(x,\ y)+\mathrm{i}v(x,\ y)$ 的极限问题转化为求两个二元实函数 $u=u(x,\ y)$ 和 $v=v(x,\ y)$ 的极限问题.

例 1.13 证明函数 $f(z)=\dfrac{\mathrm{Re}(z)}{|z|}$，当 $z\to 0$ 时极限不存在.

证 令 $z=x+\mathrm{i}y$，则 $f(z)=\dfrac{x}{\sqrt{x^2+y^2}}$，

于是

$$u(x,\ y)=\frac{x}{\sqrt{x^2+y^2}},\ v(x,\ y)=0.$$

当 z 沿直线 $y=kx$ 趋于 0 时，有

$$\lim_{\substack{x\to 0\\ y=kx}} u(x,\ y)=\lim_{\substack{x\to 0\\ y=kx}}\frac{x}{\sqrt{x^2+y^2}}=\lim_{x\to 0}\frac{x}{\sqrt{(1+k^2)x^2}}=\pm\frac{1}{\sqrt{1+k^2}}$$

显然，极限值随 k 的取值不同而不同，即 $\lim\limits_{\substack{x\to 0\\ y\to 0}} u(x,\ y)$ 不存在，虽然 $\lim\limits_{\substack{x\to 0\\ y\to 0}} v(x,\ y)=0$，但

$\lim\limits_{z\to 0}f(z)$ 不存在.

定义 1.4 设函数 $f(z)$在点 z_0 的邻域内有定义,若 $\lim\limits_{z\to z_0}f(z)=f(z_0)$,则称 $f(z)$ 在 z_0 处连续. 若 $f(z)$在区域 D 内处处连续,则称 $f(z)$在区域 D 内**连续**.

由定义 1.4 及定理 1.2 容易得到如下定理.

定理 1.3(连续的充要条件) 函数 $f(z)=u(x,y)+\mathrm{i}v(x,y)$ 在 $z_0=x_0+\mathrm{i}y_0$ 处连续的充要条件是 $u(x,y)$, $v(x,y)$在(x_0,y_0)处连续;$f(z)$ 在区域 D 内处处连续的充要条件是 $u(x,y)$, $v(x,y)$在区域 D 内处处连续.

例 1.14 证明函数 $f(z)=\ln(x^2+y^2)+\mathrm{i}(x^2-y^2)$ 在复平面内除原点外处处连续.

证 因为 $\ln(x^2+y^2)$ 在复平面上除原点外处处连续,x^2-y^2 在复平面也处处连续,所以函数 $f(z)=\ln(x^2+y^2)+\mathrm{i}(x^2-y^2)$ 在复平面内除原点外处处连续.

复变函数的连续性与实函数的连续性类似,同样具有以下性质:

(1) 在 z_0 处连续的两个函数 $f(z)$, $g(z)$的和、差、积、商 $[g(z_0)\neq 0]$ 在 z_0 处仍连续;

(2) 若 $h=g(z)$ 在 z_0 处连续,函数 $w=f(h)$ 在 $h_0=g(z_0)$ 处连续,则复合函数 $w=f[g(z)]$ 在 z_0 处连续;

(3) $f(z)$ 在有界闭区域 $\overline{D}$ 上连续,则 $f(z)$ 必有界.

由上述性质可知,多项式函数 $w=P(z)=a_0+a_1z+\cdots+a_nz^n$ 在整个复平面内都连续;而有理分式 $w=\dfrac{P(z)}{Q(z)}$ 在复平面内使分母不为 0 的点也连续.

1.3.3 复变函数的导数与微分

定义 1.5 设函数 $w=f(z)$ 在点 z_0 的某邻域内有定义,$z_0+\Delta z$ 是该邻域内任一点,如果极限

$$\lim_{\Delta z\to 0}\frac{\Delta w}{\Delta z}=\lim_{\Delta z\to 0}\frac{f(z_0+\Delta z)-f(z_0)}{\Delta z}$$

存在,则称 $f(z)$在点 z_0 **可导**,此极限值称为 $f(z)$在点 z_0 的**导数**,记作

$$f'(z_0) \text{ 或} \left.\frac{\mathrm{d}w}{\mathrm{d}z}\right|_{z_0}$$

即

$$f'(z_0)=\lim_{\Delta z\to 0}\frac{f(z_0+\Delta z)-f(z_0)}{\Delta z}. \tag{1.15}$$

定义中,$z_0+\Delta z\to z_0(\Delta z\to 0)$ 的方式是任意的,定义中极限值存在的要求与 $z_0+\Delta z\to z_0$ 的方式无关. 也就是说,当 $z_0+\Delta z$ 在区域D 内以任何方式趋于z_0 时,比值$\dfrac{\Delta w}{\Delta z}$都趋于同一个数,对于导数的这一限制比对实函数导数的类似限制要严格得多,从而使复变可导函数具有许多独特的性质和应用.

由导数的定义，若函数 $w=f(z)$ 在 z 点可导，即 $f'(z)=\lim\limits_{\Delta z\to 0}\dfrac{f(z+\Delta z)-f(z)}{\Delta z}$ 存在，则有

$$\lim_{\Delta z\to 0}[f(z+\Delta z)-f(z)]=\lim_{\Delta z\to 0}\frac{f(z+\Delta z)-f(z)}{\Delta z}\cdot\Delta z=f'(z)\cdot 0=0$$

即

$$\lim_{\Delta z\to 0}f(z+\Delta z)=f(z).$$

因此，$f(z)$在 z 点连续. 即在点 z 可导的函数必在点 z 连续；反之，连续函数却不一定可导.

例 1.15 设函数 $f(z)=z^n$，求 $f'(z)$.

解
$$f'(z)=\lim_{\Delta z\to 0}\frac{f(z+\Delta z)-f(z)}{\Delta z}=\lim_{\Delta z\to 0}\frac{(z+\Delta z)^n-z^n}{\Delta z}$$
$$=\lim_{\Delta z\to 0}\left(nz^{n-1}+\frac{n(n-1)}{2!}z^{n-2}\Delta z+\cdots+(\Delta z)^{n-1}\right)=nz^{n-1}.$$

和导数的情形一样，复变函数的微分的定义，在形式上和实变量函数的微分的定义一致.

设函数 $w=f(z)$ 在 z 点可导，由导数定义有

$$\lim_{\Delta z\to 0}\frac{f(z+\Delta z)-f(z)}{\Delta z}=f'(z)$$

或写成

$$\lim_{\Delta z\to 0}\left[\frac{f(z+\Delta z)-f(z)}{\Delta z}-f'(z)\right]=0$$

令 $\rho(\Delta z)=\dfrac{f(z+\Delta z)-f(z)}{\Delta z}-f'(z)$，则

$$\lim_{\Delta z\to 0}\rho(\Delta z)=0$$

于是，函数改变量 $\Delta w=f(z+\Delta z)-f(z)=f'(z)\Delta z+\rho(\Delta z)\Delta z$，其中 $|\rho(\Delta z)\Delta z|$ 为 $|\Delta z|$的高阶无穷小，称 $f'(z)\Delta z$ 为 $f(z)$在点 z 处的**微分**，记作

$$\mathrm{d}w=\mathrm{d}f(z)=f'(z)\Delta z. \tag{1.16}$$

由于 $f(z)=z$ 时，$\mathrm{d}z=\Delta z$，所以，$\mathrm{d}w=f'(z)\mathrm{d}z$，于是 $f'(z)=\dfrac{\mathrm{d}w}{\mathrm{d}z}$，由此可见，$f(z)$在点 z 可导与 $f(z)$在点 z 可微是等价的.

若函数 $f(z)$在区域 D 内处处可微，则称 $f(z)$在区域 D 内可微.

由于复变函数中导数的定义与一元实函数导数的定义在形式上完全相同，而且复变函数的极限运算法则也和实函数一样，因此，实函数中的求导法则都可以不加更改地推广到复变函数中来，并且证明也是相同的.

定理 1.4 设 $f(z)$，$g(z)$在区域 D 内可导，则有

(1) $[f(z)\pm g(z)]'=f'(z)\pm g'(z)$；

(2) $[f(z)g(z)]'=f'(z)g(z)+f(z)g'(z)$；

(3) $\left[\dfrac{f(z)}{g(z)}\right]'=\dfrac{f'(z)g(z)-f(z)g'(z)}{g^2(z)}\ [g(z)\neq 0]$；

(4) 设函数 $\xi=g(z)$ 在区域 D 内可导，函数 $w=f(\xi)$ 在区域 G 内可导，若对于 D 内的每一点 z，函数值 $\xi=g(z)$ 均属于 G，则复合函数 $w=f[g(z)]$ 在区域 D 内可导，并且 $\{f[g(z)]\}'=f'(\xi)g'(z)$；

(5) 设函数 $w=f(z)$ 在区域 D 内可导且 $f'(z)\neq 0$，则其反函数 $z=g(w)$ 存在且连续，而且 $g'(w)=\dfrac{1}{f'(z)}$.

例 1.16 下列函数在何处可导，求其导数.

(1) $\dfrac{az+b}{cz+d}$；　　(2) $\dfrac{x+y}{x^2+y^2}+\mathrm{i}\dfrac{x-y}{x^2+y^2}$.

解 (1)若 $c=0$，则 $\left(\dfrac{az+b}{cz+d}\right)'=\dfrac{1}{d}(az+b)'=\dfrac{a}{d}$，在全平面都成立.

若 $c\neq 0$，$z\neq-\dfrac{d}{c}$，则

$$\left(\frac{az+b}{cz+d}\right)'=\frac{a(cz+d)-(az+b)c}{(cz+d)^2}=\frac{ad-bc}{(cz+d)^2}.$$

(2) 因为

$$f(z)=\frac{(x-\mathrm{i}y)+\mathrm{i}(x-\mathrm{i}y)}{x^2+y^2}=\frac{(1+\mathrm{i})\bar{z}}{z\bar{z}}=\frac{1+\mathrm{i}}{z}$$

所以除 $z=0$ 外，$f(z)$在复平面上处处可导，且

$$f'(z)=\left(\frac{1+\mathrm{i}}{z}\right)'=-\frac{1+\mathrm{i}}{z^2}.$$

本章学习要求

本章主要介绍了复变函数的各种表示方法及其相互转化，平面点集、区域、复变函数以及复变函数的极限、连续和导数等.

重点难点：本章的重点内容是复数的各种表示法、复数的运算以及复变函数的概念. 难点是对扩充复平面上无穷远点的理解以及复变函数的映射概念的理解.

学习目标：掌握复数的各种表示方法及其相互转化以及复数的辐角、模的概念，熟练掌握复数的各种运算方法. 了解平面点集的有关概念，理解复变函数及其极限、连续、导数等的概念.

习　题　一

1.1　求下列复数的模和主辐角：

(1) $1+\mathrm{i}$;　(2) $2+5\mathrm{i}$;　(3) $-1+3\mathrm{i}$;　(4) $a+b\mathrm{i}$;　(5) -3.

1.2　把下列复数写成 $a+b\mathrm{i}$ 的形式：

(1) $\dfrac{\mathrm{i}}{(\mathrm{i}-1)(\mathrm{i}-2)}$; (2) $\dfrac{1+\mathrm{i}}{\sqrt{3}+\mathrm{i}}$; (3) $\dfrac{1-2\mathrm{i}}{3-4\mathrm{i}}-\dfrac{2-\mathrm{i}}{5\mathrm{i}}$; (4) $(1+\mathrm{i})^{100}+(1-\mathrm{i})^{100}$; (5) $\mathrm{i}^8-4\mathrm{i}^{21}+\mathrm{i}$.

1.3　解方程组 $\begin{cases}2z_1-z_2=\mathrm{i},\\(1+\mathrm{i})z_1+\mathrm{i}z_2=4-3\mathrm{i}.\end{cases}$

1.4　计算下列各式的值：

(1) $(1+\mathrm{i}\sqrt{3})^3$;　(2) $\left(\dfrac{1+\sqrt{3}\mathrm{i}}{2}\right)^n$;　(3) $\sqrt[6]{-1}$;　(4) $(1-\mathrm{i})^{\frac{1}{3}}$.

1.5　求方程 $z^3+8=0$ 的所有的根.

1.6　证明下列各式：

(1) $|z_1-z_2|^2=|z_1|^2+|z_2|^2-2\mathrm{Re}(z_1\cdot\bar{z}_2)$;

(2) $|z_1-z_2|\geqslant|z_1|-|z_2|$.

1.7　设 z_1, z_2 是两个复数，试证明：

$$|z_1+z_2|^2+|z_1-z_2|^2=2(|z_1|^2+|z_2|^2),$$

并说明此等式的几何意义.

1.8　已知一平行四边形的三个顶点 z_1, z_2, z_3，试求与 z_2 相对的第四个顶点 z_4.

1.9　把下列复数化为三角形式和指数形式：

(1) $1+\mathrm{i}$;　(2) $-2\sqrt{3}+2\mathrm{i}$;　(3) $1-\cos\theta+\mathrm{i}\sin\theta$　$(0<\theta\leqslant\pi)$.

1.10　说明如下等式或不等式所代表的几何轨迹：

(1) $|z-z_1|=|z-z_2|$;　(2) $\left|\dfrac{z-1}{z+2}\right|=2$;

(3) $\mathrm{Re}\,z^2=a^2$（a 为实常数）.

1.11　写出下列不等式所表示的区域，并作图：

(1) $\mathrm{Re}\,z+\mathrm{Im}\,z<1$;　(2) $\dfrac{1}{2}<|2z-2\mathrm{i}|<2$;

(3) $\left|\dfrac{z-a}{1-\bar{a}z}\right|<1$;　(4) $|z-1|<4|z+1|$;

(5) $\dfrac{\pi}{6}<\arg(z+2\mathrm{i})<\dfrac{\pi}{2}$ 且 $|z|>2$.

1.12　用复参数方程表示下列曲线：

(1) 连接 $1+\mathrm{i}$ 与 $-1-4\mathrm{i}$ 的直线段；

(2) 以原点为中心，焦点在实轴，长半轴为 a，短半轴为 b 的椭圆；

(3) $x^2+(y-1)^2=4$.

1.13　证明复平面上的圆周方程可写成

$$z\bar{z}+\alpha\bar{z}+\bar{\alpha}z+c=0 \quad (\text{其中}, \alpha \text{ 为复数}, c \text{ 为实常数}).$$

1.14　把函数 $f(z)=z^3+z+1$ 表示为 $f(z)=u(x,y)+\mathrm{i}v(x,y)$ 的形式.

1.15　已知 $f(z)=x^2-y^2-2y+\mathrm{i}(2x-2xy)$，其中 $z=x+\mathrm{i}y$. 把 $f(z)$用 z 表示出来，并化简.

1.16　在映射 $w=\dfrac{1}{z}$ 下，求下列曲线的像曲线：

(1) $y=1$；　　(2) $x^2+(y-1)^2=1$；

(3) $y=x$；　　(4) $x^2+y^2=16$.

1.17　用导数的定义求下列函数的导数：

(1) $f(z)=\dfrac{1}{z}$；　　(2) $f(z)=z\operatorname{Re}z$.

2 解析函数

解析函数是复变函数研究的主要对象,它在理论和实际问题中有着广泛的应用. 本章重点在复变函数导数概念的基础上,介绍解析函数的概念以及解析的条件,并把一些熟知的初等函数推广到复数域上来讨论其解析性. 最后讨论解析函数与调和函数的关系.

2.1 解析函数的概念与柯西-黎曼方程

2.1.1 解析函数的概念

定义 2.1 若复变函数 $f(z)$ 在点 z_0 及其某邻域内处处可导,则称 $f(z)$ 在点 z_0 **解析**. 若 $f(z)$ 在区域 D 内每一点都解析,则称 $f(z)$ 在区域 D 内**解析**,或称 $f(z)$ 是区域 D 内的一个**解析函数**. 区域 D 称为 $f(z)$ 的**解析区域**.

函数在一个闭区域上解析,是指函数在一个包含该闭区域的区域上解析.

如果函数 $f(z)$ 在点 z_0 不解析,则称 z_0 为 $f(z)$ 的**奇点**.

解析函数这一重要概念,是与其定义的区域密切联系的.

例如,$f(z)=z^2$ 是复平面内的解析函数; $f(z)=\dfrac{2z}{1-z}$ 是复平面上去掉 $z=1$ 的多连通区域内的解析函数.

由解析的定义可知,函数在一点处解析,则必在该点可导. 反之,函数在一点可导,却不一定在该点解析. 但是,函数在区域内解析和可导却是等价的.

例 2.1 讨论函数 $f(z)=z|z|^2$ 的解析性.

解 当 $z=0$ 时, $f(z)=0$, 则

$$\lim_{\Delta z\to 0}\frac{f(0+\Delta z)-f(0)}{\Delta z}=\lim_{\Delta z\to 0}\frac{\Delta z|\Delta z|^2}{\Delta z}=\lim_{\Delta z\to 0}|\Delta z|^2=0$$

即 $f(z)=z|z|^2$ 在 $z=0$ 处可导.

当 $z\neq 0$ 时,有

$$\lim_{\Delta z\to 0}\frac{f(z+\Delta z)-f(z)}{\Delta z}=\lim_{\Delta z\to 0}\frac{(z+\Delta z)|z+\Delta z|^2-z|z|^2}{\Delta z}$$

$$= \lim_{\Delta z \to 0} \frac{(z + \Delta z)^2 (\bar{z} + \overline{\Delta z}) - z^2 \bar{z}}{\Delta z}$$

$$= \lim_{\Delta z \to 0} \left(2z\bar{z} + \Delta z \bar{z} + 2z\, \overline{\Delta z} + \Delta z\, \overline{\Delta z} + z^2 \frac{\overline{\Delta z}}{\Delta z} \right)$$

取 Δz 沿平行于 x 轴的方向趋于 0，此时，$\Delta y = 0$，$\Delta z = \Delta x$，从而

$$\lim_{\Delta z \to 0} z^2 \frac{\overline{\Delta z}}{\Delta z} = \lim_{\Delta x \to 0} z^2 \frac{\overline{\Delta x}}{\Delta x} = z^2$$

此时，极限为 $\lim\limits_{\Delta z \to 0} \left(2z\bar{z} + \Delta z \bar{z} + 2z\, \overline{\Delta z} + \Delta z\, \overline{\Delta z} + z^2 \frac{\overline{\Delta z}}{\Delta z} \right) = 2z\bar{z} + z^2$

若取 Δz 沿平行于 y 轴的方向趋于 0，则 $\Delta x = 0$，$\Delta z = \mathrm{i}\Delta y$，从而

$$\lim_{\Delta z \to 0} z^2 \frac{\overline{\Delta z}}{\Delta z} = \lim_{\Delta y \to 0} z^2 \frac{-\mathrm{i}\Delta y}{\Delta y} = -\mathrm{i} z^2$$

此时，极限为 $\lim\limits_{\Delta z \to 0} \left(2z\bar{z} + \Delta z \bar{z} + 2z\, \overline{\Delta z} + \Delta z\, \overline{\Delta z} + z^2 \frac{\overline{\Delta z}}{\Delta z} \right) = 2z\bar{z} - \mathrm{i} z^2$

所以 $f(z)$在 $z \neq 0$ 处不可导.

因此，$f(z)$在复平面上处处不解析.

根据函数的求导法则，容易得到解析函数的运算性质.

定理 2.1 两个在区域 D 内解析的函数的和、差、积、商(除去分母为零的点)仍为解析函数；由解析函数所构成的复合函数也是解析函数.

因此，多项式函数在复平面上处处解析；有理分式函数$\dfrac{P(z)}{Q(z)}$在分母不为零的点解析，而且使得分母为零的点是它的奇点.

2.1.2 柯西-黎曼方程

函数的解析性是由它的可导性确定的，因此我们可由函数的可导性来判别解析性. 但是用导数的定义来判别可导性往往很复杂. 本节我们将讨论更简捷的判别方法.

我们知道，复变函数 $f(z) = u(x, y) + \mathrm{i}v(x, y)$ 可由两个实二元函数 $u(x, y)$，$v(x, y)$所确定，但是函数 $f(z) = u(x, y) + \mathrm{i}v(x, y)$ 的可导性与 $u(x, y)$，$v(x, y)$存在偏导数不再等价. 那么，它们之间有什么关系呢？下面我们讨论这个问题.

设函数 $f(z) = u(x, y) + \mathrm{i}v(x, y)$ 定义在区域 D 内，并在 D 内一点 $z = x + \mathrm{i}y$ 可导(或可微)，于是

$$f(z + \Delta z) - f(z) = f'(z)\Delta z + \rho(\Delta z) \tag{2.1}$$

式中，$\rho(\Delta z)$满足 $\lim\limits_{\Delta z \to 0} \dfrac{\rho(\Delta z)}{\Delta z} = 0$.

其中

$$\Delta z=\Delta x+\mathrm{i}\Delta y,\ f(z+\Delta z)-f(z)=\Delta u+\mathrm{i}\Delta v,\ f'(z)=a+b\mathrm{i},$$

$$\rho(\Delta z)=\rho_1(\Delta z)+\mathrm{i}\rho_2(\Delta z).$$

则 $\Delta u=u(x+\Delta x,\ y+\Delta y)-u(x,\ y)$，$\Delta v=v(x+\Delta x,\ y+\Delta y)-v(x,\ y)$.
代入式(2.1)，并比较实部和虚部得

$$\Delta u=a\Delta x-b\Delta y+\rho_1(\Delta z)$$

$$\Delta v=b\Delta x+a\Delta y+\rho_2(\Delta z)\quad(|\Delta z|=\sqrt{\Delta x^2+\Delta y^2})$$

由于 $\left|\dfrac{\rho_k(\Delta z)}{\Delta z}\right|\leqslant\left|\dfrac{\rho(\Delta z)}{\Delta z}\right|\to 0\quad(\Delta z\to 0)(k=1,\ 2)$，

因此 $u(x,\ y)$及 $v(x,\ y)$在点$(x,\ y)$可微，并且成立

$$a=\frac{\partial u}{\partial x}=\frac{\partial v}{\partial y},\quad -b=\frac{\partial u}{\partial y}=-\frac{\partial v}{\partial x}.$$

方程

$$\frac{\partial u}{\partial x}=\frac{\partial v}{\partial y},\quad \frac{\partial u}{\partial y}=-\frac{\partial v}{\partial x}\tag{2.2}$$

称为**柯西-黎曼(Cauchy-Riemann)方程**，简称 **C-R 方程**.

这就得到了 $f(z)$在点 z 可导的必要条件. 实际上，这个条件也是充分的. 我们有如下定理.

定理 2.2 (可导的充分必要条件) 设 $f(z)=u(x,\ y)+\mathrm{i}v(x,\ y)$ 在区域 D 内有定义，则 $f(z)$在 D 内一点 $z=x+\mathrm{i}y$ 可导的**充要条件**是 $u(x,\ y)$和 $v(x,\ y)$在点$(x,\ y)$可微，且在该点满足 **C-R 方程**.

证 以上分析证明了必要性，下面证明充分性.

设 $u(x,\ y)$，$v(x,\ y)$在点$(x,\ y)$可微，则有

$$\Delta u=u_x(x,\ y)\Delta x+u_y(x,\ y)\Delta y+\rho_1(\Delta z)$$

$$\Delta v=v_x(x,\ y)\Delta x+v_y(x,\ y)\Delta y+\rho_2(\Delta z)$$

于是由 C-R 方程得

$$\Delta w=\Delta u+\mathrm{i}\Delta v=[u_x(x,\ y)+\mathrm{i}v_x(x,\ y)]\Delta z+\rho(\Delta z)$$

其中，$\Delta z=\Delta x+\mathrm{i}\Delta y$，$\rho(\Delta z)=\rho_1(\Delta z)+\mathrm{i}\rho_2(\Delta z)$.

由于 $\left|\dfrac{\rho(\Delta z)}{\Delta z}\right|\leqslant\dfrac{|\rho_1(\Delta z)|+|\rho_2(\Delta z)|}{|\Delta z|}\to 0\ (\Delta z\to 0)$，

因此
$$\lim_{\Delta z\to 0}\frac{\Delta w}{\Delta z}=u_x(x,\ y)+\mathrm{i}v_x(x,\ y).$$
即函数 $f(z)=u(x,\ y)+\mathrm{i}v(x,\ y)$ 在 $z=x+\mathrm{i}y$ 可导.

由以上讨论可知,当定理的条件满足时,$f(z)$在点 z 的导数为:

$$f'(z)=\frac{\partial u}{\partial x}+\mathrm{i}\frac{\partial v}{\partial x}=\frac{\partial v}{\partial y}-\mathrm{i}\frac{\partial u}{\partial y}=\frac{\partial u}{\partial x}-\mathrm{i}\frac{\partial u}{\partial y}=\frac{\partial v}{\partial y}+\mathrm{i}\frac{\partial v}{\partial x}. \tag{2.3}$$

例 2.2　证明 $f(z)=\sqrt{|xy|}$ 在 $z=0$ 满足 C-R 条件,但在 $z=0$ 处不可导.

证　由于 $u(x,\ y)=\sqrt{|xy|}$, $v(x,\ y)=0$, 则易知

$$u_x(0,\ 0)=\lim_{\Delta x\to 0}\frac{u(0+\Delta x,\ 0)-u(0,\ 0)}{\Delta x}=0=v_y(0,\ 0)$$

$$u_y(0,\ 0)=0=-v_x(0,\ 0)$$

即满足 C-R 方程.

但由于

$$\lim_{\Delta z\to 0}\frac{f(0+\Delta z)-f(0)}{\Delta z}=\lim_{\substack{\Delta x\to 0\\ \Delta y\to 0}}\frac{\sqrt{|\Delta x\Delta y|}}{\Delta x+\mathrm{i}\Delta y}=\lim_{\substack{\Delta x\to 0\\ \Delta y=k\Delta x}}\frac{\sqrt{|\Delta x\cdot k\Delta x|}}{\Delta x+\mathrm{i}k\Delta x}=\pm\frac{\sqrt{|k|}}{1+k\mathrm{i}}$$

极限不存在,所以 $f(z)$不可导.

根据函数在区域内解析的定义及定理 2.2,我们就可以得到判断函数在区域 D 内解析的一个充分必要条件.

定理 2.3 (解析的充分必要条件)　$f(z)=u(x,\ y)+\mathrm{i}v(x,\ y)$ 在区域 D 内解析的**充要条件**是 $u(x,\ y)$和 $v(x,\ y)$在 D 内可微,并且满足 C-R 方程.

由此可见 C-R 方程是判断复变函数在一点可微或在一个区域内解析的主要条件. 这两个定理是本章的核心内容,它们不但提供了判断函数 $f(z)$在某点是否可导,在区域内是否解析的常用方法,而且给出了一个简捷的求导公式.

我们知道,在高等数学中,若二元函数 $u(x,\ y)$在点$(x,\ y)$具有连续偏导数,则 $u(x,\ y)$在点 $(x,\ y)$可微. 因此我们得到以下两个推论.

推论 2.1 (可导的充分条件)　设 $f(z)=u(x,\ y)+\mathrm{i}v(x,\ y)$ 在 $z_0=x_0+\mathrm{i}y_0$ 的邻域内有定义,若 u_x, u_y, v_x, v_y 在$(x_0,\ y_0)$点连续,且在该点满足 C-R 方程,则 $f(z)$在点 z_0 可导.

推论 2.2 (解析的充分条件)　设 $f(z)=u(x,\ y)+\mathrm{i}v(x,\ y)$ 在区域 D 内满足

(1) u_x, u_y, v_x, v_y 在 D 内连续;

(2) $u(x,\ y)$, $v(x,\ y)$在 D 内满足 C-R 方程.

则 $f(z)$在 D 内解析.

例 2.3　判定下列函数在何处可导,在何处解析.

(1) $w=\bar{z}$; (2) $w=z\mathrm{Re}\,z$; (3) $w=xy^2+\mathrm{i}x^2y$.

解 (1) 由于 $\bar{z}=x-\mathrm{i}y$, $u=x$, $v=-y$, 则

$$\frac{\partial u}{\partial x}=1,\ \frac{\partial v}{\partial y}=-1$$

显然不满足 C-R 方程.

所以,$\bar{z}$ 在复平面上处处不可导,处处不解析.

(2) 由于 $w=z\mathrm{Re}\,z=(x+\mathrm{i}y)x=x^2+\mathrm{i}xy$, $u=x^2$, $v=xy$

则

$$\frac{\partial u}{\partial x}=2x,\ \frac{\partial u}{\partial y}=0,\ \frac{\partial v}{\partial x}=y,\ \frac{\partial v}{\partial y}=x$$

四个偏导数均连续,但只有当 $x=y=0$ 时才满足 C-R 方程.

所以 $w=z\mathrm{Re}\,z$ 仅在 $z=0$ 可导,在复平面上处处不解析.

(3) 由于 $u=xy^2$, $v=x^2y$, 则

$$u_x=y^2,\ u_y=2xy,\ v_x=2xy,\ v_y=x^2$$

仅在点(0, 0)满足 C-R 方程. 因此,$f(z)$在点(0, 0)处可导,在复平面上处处不解析.

例 2.4 设函数 $f(z)=x^2+axy+by^2+\mathrm{i}(cx^2+dxy+y^2)$, 问 a, b, c, d 取何值时,$f(z)$在复平面上处处解析?

解 $u_x=2x+ay$, $u_y=ax+2by$, $v_x=2cx+dy$, $v_y=dx+2y$

由于 $f(z)$解析,所以

$$\frac{\partial u}{\partial x}=\frac{\partial v}{\partial y},\ \frac{\partial u}{\partial y}=-\frac{\partial v}{\partial x},$$

于是
$$2x+ay=dx+2y,\ 2cx+dy=-ax-2by$$

解得

$$a=2,\ b=-1,\ c=-1,\ d=2$$

因此,当 $a=2$, $b=-1$, $c=-1$, $d=2$ 时,$f(z)$在复平面上处处解析.

例 2.5 证明函数 $f(z)=\mathrm{e}^x(\cos y+\mathrm{i}\sin y)$ 在复平面上解析,且 $f'(z)=f(z)$.

证 由于 $u=\mathrm{e}^x\cos y$, $v=\mathrm{e}^x\sin y$, 则

$$u_x=\mathrm{e}^x\cos y,\ u_y=-\mathrm{e}^x\sin y,\ v_x=\mathrm{e}^x\sin y,\ v_y=\mathrm{e}^x\cos y$$

由于这四个偏导数在复平面内连续,且满足 C-R 方程,于是函数 $f(z)$解析,且

$$f'(z)=\frac{\partial u}{\partial x}+\mathrm{i}\frac{\partial v}{\partial x}=\mathrm{e}^x(\cos y+\mathrm{i}\sin y)=f(z).$$

例 2.6 证明:若 $f'(z)$在区域 D 内处处为 0,那么函数 $f(z)$在 D 内为一常数.

证 由于

$$f'(z)=\frac{\partial u}{\partial x}+\mathrm{i}\frac{\partial v}{\partial x}=\frac{\partial v}{\partial y}-\mathrm{i}\frac{\partial u}{\partial y}=0$$

所以

$$u_x=u_y=0,\ v_x=v_y=0$$

因此,u, v 均为常数,从而 $f(z)$在 D 内为一常数.

2.2 初等函数及其解析性

本节我们将介绍复变函数的初等函数,这些函数是高等数学中通常的初等函数的自然推广. 我们将会看到,这些推广以后的函数具有一些新的、有用的重要性质,这些函数在复变函数及其应用中发挥着重要的作用.

2.2.1 指数函数

定义 2.2 设 $z=x+\mathrm{i}y$ 是任意复数,称

$$w=\mathrm{e}^z=\mathrm{e}^x(\cos y+\mathrm{i}\sin y) \tag{2.4}$$

为**指数函数.**

若 $z=\mathrm{i}y$, 则 $\mathrm{e}^z=\cos y+\mathrm{i}\sin y$, 即为 **Euler 公式.**

注意,e^z 仅仅是一个记号,它与 $\mathrm{e}=2.718\cdots$ 的乘幂不同,没有幂的意义,有时也记为 $\exp(z)=\mathrm{e}^x(\cos y+\mathrm{i}\sin y)$, 以示区别.

指数函数的性质

(1) 指数函数不取零值,即 $\mathrm{e}^z\neq 0$.

事实上,$|\mathrm{e}^z|=\mathrm{e}^x>0$, $\mathrm{Arg}\,\mathrm{e}^z=y+2k\pi\ (k=0,\pm1,\pm2,\cdots)$.

(2) 设 $z_1=x_1+\mathrm{i}y_1$, $z_2=x_2+\mathrm{i}y_2$ 为任意复数,则

$$\mathrm{e}^{z_1+z_2}=\mathrm{e}^{z_1}\cdot\mathrm{e}^{z_2}.$$

事实上,由定义知

$$\begin{aligned}\mathrm{e}^{z_1}\cdot\mathrm{e}^{z_2}&=\mathrm{e}^{x_1}(\cos y_1+\mathrm{i}\sin y_1)\cdot\mathrm{e}^{x_2}(\cos y_2+\mathrm{i}\sin y_2)\\&=\mathrm{e}^{x_1+x_2}[(\cos y_1\cos y_2-\sin y_1\sin y_2)+\mathrm{i}(\sin y_1\cos y_2+\cos y_1\sin y_2)]\\&=\mathrm{e}^{x_1+x_2}[\cos(y_1+y_2)+\mathrm{i}\sin(y_1+y_2)]=\mathrm{e}^{z_1+z_2}.\end{aligned}$$

(3) e^z 是周期函数,周期为 $2k\pi\mathrm{i}\ (k=0,\pm1,\pm2,\cdots)$.

由性质(2),对任意整数 k,

$$e^{z+2\pi i} = e^z \cdot e^{2\pi i} = e^z,$$

$$e^{z+2n\pi i} = e^z \cdot e^{2n\pi i} = e^z.$$

这个性质是实变量指数函数所没有的.

(4) $\lim\limits_{z\to\infty} e^z$ 不存在. 这是因为当 z 沿着实轴的正向趋于∞时，有

$$\lim_{\substack{z\to\infty\\ y=0\\ x>0}} e^z = \lim_{x\to+\infty} e^x = +\infty;$$

当 z 沿着实轴的负向趋于∞时，

$$\lim_{\substack{z\to\infty\\ y=0\\ x<0}} e^z = \lim_{x\to-\infty} e^x = 0.$$

(5) e^z 在复平面上解析，且 $(e^z)' = e^z$（证明见例 2.5）.

例 2.7 计算下列指数函数的值，并求其辐角.

(1) e^{2+i}； (2) $e^{k\pi i}$.

解 (1) $e^{2+i} = e^2(\cos 1 + i\sin 1)$，$\mathrm{Arg}\, e^{2+i} = 1 + 2k\pi\ (k = 0, \pm 1, \cdots)$.

(2) $e^{k\pi i} = \cos k\pi + i\sin k\pi = \begin{cases} -1, & k = \pm 1, \pm 3, \cdots \\ 1, & k = 0, \pm 2, \pm 4, \cdots \end{cases}$

$\mathrm{Arg}\, e^{k\pi i} = k\pi\ (k = 0, \pm 1, \cdots)$.

2.2.2 对数函数

定义 2.3 我们把满足方程

$$e^w = z\ (z \neq 0, \infty)$$

的函数 $w = f(z)$ 称为**对数函数**，记为 $w = \mathrm{Ln}\, z$. 对数函数是指数函数的反函数.

令 $w = u + iv$, $z = re^{i\theta}$，则由 $e^{u+iv} = re^{i\theta}$，可得

$$e^u = r,\ u = \ln r,\ v = \theta + 2k\pi\ (k = 0, \pm 1, \cdots).$$

所以

$$w = \mathrm{Ln}\, z = \ln r + i(\theta + 2k\pi)\ (k = 0, \pm 1, \cdots)，即$$

$$w = \ln |z| + i\,\mathrm{Arg}\, z. \tag{2.5}$$

由于 $\mathrm{Arg}\, z$ 为多值函数，所以 $w = \mathrm{Ln}\, z$ 也为多值函数. 当 $\mathrm{Arg}\, z$ 取主值 $\arg z$ 时，$w = \mathrm{Ln}\, z$ 为单值函数，记为 $\ln z = \ln |z| + i\arg z$，称为 $w = \mathrm{Ln}\, z$ 的主值.
于是

$$\mathrm{Ln}\, z = \ln z + 2k\pi i\ (k = 0, \pm 1, \cdots). \tag{2.6}$$

对于每一个固定 k 值，上式为一个单值函数，称为 $\mathrm{Ln}\, z$ 的一个分支.

特别地,当 $z = x > 0$ 时,$w = \mathrm{Ln}\, z$ 的主值 $\ln z = \ln x$,即为实变量的对数函数.

例 2.8 求 (1) $\mathrm{Ln}\, 3$;(2) $\mathrm{Ln}(1+\mathrm{i})$;(3) $\mathrm{Ln}(\mathrm{e}^{2+\mathrm{i}})$ 的值以及它们相应的主值.

解 (1) $\mathrm{Ln}\, 3 = \ln 3 + 2k\pi\mathrm{i}$.

由于 3 的主辐角为 0,所以,它的主值为 $\ln 3$.

(2) $\mathrm{Ln}(1+\mathrm{i}) = \ln\sqrt{2} + \mathrm{i}\,\mathrm{Arg}(1+\mathrm{i}) = \ln\sqrt{2} + \left(2k\pi + \dfrac{\pi}{4}\right)\mathrm{i}$.

由于 $\arg(1+\mathrm{i}) = \arctan 1 = \dfrac{\pi}{4}$,所以其主值为 $\ln(1+\mathrm{i}) = \ln\sqrt{2} + \dfrac{\pi}{4}\mathrm{i}$.

(3) $\mathrm{Ln}(\mathrm{e}^{2+\mathrm{i}}) = \ln|\mathrm{e}^{2+\mathrm{i}}| + \mathrm{i}\,\mathrm{Arg}(\mathrm{e}^{2+\mathrm{i}}) = 2 + \mathrm{i}(1 + 2k\pi)$.

其主值为 $\ln \mathrm{e}^{2+\mathrm{i}} = 2 + \mathrm{i}$.

对数函数的性质

(1) $\mathrm{Ln}(z_1 \cdot z_2) = \mathrm{Ln}\, z_1 + \mathrm{Ln}\, z_2$, $\mathrm{Ln}\dfrac{z_1}{z_2} = \mathrm{Ln}\, z_1 - \mathrm{Ln}\, z_2 \quad (z_1, z_2 \neq 0, \infty)$.

事实上,由 $\mathrm{Arg}(z_1 \cdot z_2) = \mathrm{Arg}\, z_1 + \mathrm{Arg}\, z_2$, $\mathrm{Arg}\left(\dfrac{z_1}{z_2}\right) = \mathrm{Arg}\, z_1 - \mathrm{Arg}\, z_2$ 即得.

(2) 解析性

讨论 $\mathrm{Ln}\, z$ 的主值 $\ln z = \ln|z| + \mathrm{i}\arg z$ 的解析性.

由于 $\ln|z|$ 除 $z = 0$ 外均连续,而 $\arg z$ 在原点和负实轴不连续.

事实上,设 $z = x + \mathrm{i}y$, $x < 0$, $\lim\limits_{y\to 0^-}\arg z = -\pi$, $\lim\limits_{y\to 0^+}\arg z = \pi$. 因此,$\ln z$ 在复平面上除原点及负实轴外均连续. 由于 $z = \mathrm{e}^w$ 在 $-\pi < \arg z < \pi$ 内的反函数 $w = \ln z$ 是单值函数,由反函数的求导法则,有

$$\frac{\mathrm{d}\ln z}{\mathrm{d}z} = \frac{1}{\dfrac{\mathrm{d}\mathrm{e}^w}{\mathrm{d}w}} = \frac{1}{\mathrm{e}^w} = \frac{1}{z}.$$

所以,$\ln z$ 在除原点及负实轴外处处解析. 由于 $\mathrm{Ln}\, z$ 的各分支之间相差 $2\pi\mathrm{i}$ 的整数倍,因此,$\mathrm{Ln}\, z$ 的其他分支均在除去原点及负实轴的复平面内解析,且导数值相同.

思考题:$\mathrm{Ln}\, z^n = n\mathrm{Ln}\, z$, $\mathrm{Ln}\sqrt[n]{z} = \dfrac{1}{n}\mathrm{Ln}\, z$ 是否成立?

2.2.3 幂函数

定义 2.4 我们将函数

$$w = z^a = \mathrm{e}^{a\mathrm{Ln} z} \quad (z \neq 0, \infty, a \text{ 为复数}) \tag{2.7}$$

称为复变量 z 的**幂函数**. 并且规定:当 a 为正实数且 $z=0$ 时,$z^a=0$.

由于 $\operatorname{Ln} z$ 是多值的,因而 $w = z^a$ 一般也是多值函数. 幂函数有以下几种情形.

(1) 当 $a = n$ (n 为正整数)时, $z^n = e^{n\operatorname{Ln}z} = e^{n[\ln|z|+i(\arg z+2k\pi)]} = |z|^n e^{in\arg z}$ 是单值函数,并且在复平面内处处解析;

当 $a = -n$ 时, $z^{-n} = e^{-n\operatorname{Ln}z} = |z|^{-n} e^{-in\arg z}$ 是单值函数,在复平面上除 $z = 0$ 外处处解析;

(2) 当 $a = \dfrac{m}{n}$ (m, n 为互质正整数)时,则

$$\begin{aligned} z^a &= z^{\frac{m}{n}} = e^{\frac{m}{n}\operatorname{Ln}z} = e^{\frac{m}{n}\ln|z|+i\frac{m}{n}(\arg z+2k\pi)} \\ &= e^{\frac{m}{n}\ln|z|}\left[\cos\frac{m}{n}(\arg z + 2k\pi) + i\sin\frac{m}{n}(\arg z + 2k\pi)\right] \\ &= |z|^{\frac{m}{n}}\left[\cos\frac{m(2k\pi + \arg z)}{n} + i\sin\frac{m(2k\pi + \arg z)}{n}\right] \\ &= \sqrt[n]{z^m} \quad (k = 0, 1, \cdots, n-1) \text{ 为 } n \text{ 值函数.} \end{aligned}$$

特别地,当 $m = 1$ 时, $z^a = z^{\frac{1}{n}} = \sqrt[n]{z}$.

(3) 当 a 为无理数或复数($\operatorname{Im} a \neq 0$)时, z^a 是无限多值的.

由于 $\ln z$ 在除去原点及负实轴外的复平面上解析,因此, z^a 的每个分支也在复平面内除原点及负实轴外解析.

例 2.9 计算下列函数值,并求其主值.

(1) i^i; (2) $1^{\sqrt{2}}$; (3) 2^{1+i}.

解 (1) $i^i = e^{i\operatorname{Ln}i} = e^{i\left(\frac{\pi}{2}+2k\pi\right)i} = e^{-\frac{\pi}{2}-2k\pi}$ $(k = 0, \pm 1, \cdots)$

i^i 的主值为 $e^{-\frac{\pi}{2}}$.

(2) $1^{\sqrt{2}} = e^{\sqrt{2}\operatorname{Ln}1} = e^{\sqrt{2}(\ln 1+2k\pi i)} = e^{2\sqrt{2}k\pi i}$ $(k = 0, \pm 1, \cdots)$

$1^{\sqrt{2}}$ 的主值为 $e^0 = 1$.

(3) $2^{1+i} = e^{(1+i)\operatorname{Ln}2} = e^{(1+i)(\ln 2+2k\pi i)} = e^{(\ln 2-2k\pi)+i(\ln 2+2k\pi)}$

$$= e^{\ln 2-2k\pi}(\cos\ln 2 + i\sin\ln 2) \quad (k = 0, \pm 1, \cdots)$$

2^{1+i} 的主值为 $e^{\ln 2}(\cos\ln 2 + i\sin\ln 2)$.

2.2.4 三角函数和反三角函数

由 Euler 公式知,当 y 为实数时, $e^{iy} = \cos y + i\sin y$, $e^{-iy} = \cos y - i\sin y$, 则

$$\cos y = \frac{e^{iy} + e^{-iy}}{2}, \quad \sin y = \frac{e^{iy} - e^{-iy}}{2i}.$$

我们把它推广到自变量取复数值的情形.

定义 2.5 我们称

$$\sin z=\frac{e^{iz}-e^{-iz}}{2i},\ \cos z=\frac{e^{iz}+e^{-iz}}{2}\tag{2.8}$$

分别为复变量 z 的**正弦函数**和**余弦函数**. 特别地,当 z 为实数时,它们与通常的正弦函数和余弦函数的定义一致.

余弦函数和正弦函数的性质

(1) 解析性 $\sin z$, $\cos z$ 在复平面上处处解析,并且

$$(\sin z)'=\cos z,\ (\cos z)'=-\sin z.$$

(2) 奇偶性 $\sin z$ 是奇函数,$\cos z$ 是偶函数,即

$$\sin(-z)=-\sin z,\ \cos(-z)=\cos z.$$

(3) 周期性 $\sin z$, $\cos z$ 以 2π 为基本周期.

(4) 以下三角公式成立:

$$\sin(z_1+z_2)=\sin z_1\cos z_2+\cos z_1\sin z_2;$$

$$\cos(z_1+z_2)=\cos z_1\cos z_2-\sin z_1\sin z_2;$$

$$\sin^2 z+\cos^2 z=1.$$

(5) $|\sin z|\leqslant 1$, $|\cos z|\leqslant 1$ 不再成立. 这一性质与实函数不同.

例如,当 $y\to\infty$ 时, $|\cos iy|=\dfrac{e^{i(iy)}+e^{-i(iy)}}{2}=\dfrac{e^{-y}+e^{y}}{2}\to\infty$.

其他复变函数的三角函数的定义如下:

$$\tan z=\frac{\sin z}{\cos z},\ \cot z=\frac{\cos z}{\sin z},$$

$$\sec z=\frac{1}{\cos z},\ \csc z=\frac{1}{\sin z}.$$

以上四个函数分别称为 z 的**正切**、**余切**、**正割**、**余割函数**. 它们都在复平面上使分母不为零的点处解析.

例 2.10 计算函数 $\cos(1+i)$ 的值.

解 $\cos(1+i)=\dfrac{e^{i(1+i)}+e^{-i(1+i)}}{2}=\dfrac{e^{i-1}+e^{-i+1}}{2}=\dfrac{1}{2}[(e^{-1}+e)\cos 1+i(e^{-1}-e)\sin 1]$.

定义 2.6 若 $z=\cos w$, 则称 w 为 z 的**反余弦函数**,记为 $w=\operatorname{Arc}\cos z$.

由 $z=\cos w=\dfrac{e^{iw}+e^{-iw}}{2}$, 得 e^{iw}的方程

$$e^{iw}+e^{-iw}=2z \text{ 即 } e^{2iw}-2ze^{iw}+1=0$$

得到 $e^{iw}=z+\sqrt{z^2-1}$，即

$$w=\operatorname{Arc}\cos z=-\mathrm{i}\operatorname{Ln}(z+\sqrt{z^2-1}). \tag{2.9}$$

这里$\sqrt{1-z^2}$为双值函数，显然，反余弦函数是多值函数. 我们同样可以定义其他反三角函数.

$$\operatorname{Arc}\sin z=-\mathrm{i}\operatorname{Ln}(\mathrm{i}z+\sqrt{1-z^2}). \tag{2.10}$$

$$\operatorname{Arc}\tan z=\frac{1}{2\mathrm{i}}\operatorname{Ln}\frac{1+\mathrm{i}z}{1-\mathrm{i}z}. \tag{2.11}$$

$$\operatorname{Arc}\cot z=\frac{\mathrm{i}}{2}\operatorname{Ln}\frac{z-\mathrm{i}}{z+\mathrm{i}}. \tag{2.12}$$

2.2.5 双曲函数与反双曲函数

定义 2.7 分别称

$$\cosh z=\frac{e^z+e^{-z}}{2},\ \sinh z=\frac{e^z-e^{-z}}{2} \tag{2.13}$$

为**双曲余弦函数**和**双曲正弦函数**.

双曲函数具有如下性质：

(1) 它们都是以 $2\pi\mathrm{i}$ 为周期的周期函数，并且 $\sinh z$ 为奇函数，$\cosh z$ 为偶函数.

(2) 在复平面上处处解析，并且

$$(\sinh z)'=\cosh z,\ (\cosh z)'=\sinh z.$$

(3) 它们与三角函数的关系满足：

$$\cos\mathrm{i}z=\cosh z,\ \sin\mathrm{i}z=\mathrm{i}\sinh z,$$

$$\cosh\mathrm{i}z=\cos z,\ \sinh\mathrm{i}z=\mathrm{i}\sin z.$$

(4) 下列恒等式成立：

$$\cosh^2 z-\sinh^2 z=1;$$

$$\sinh(z_1+z_2)=\sinh z_1\cosh z_2+\cosh z_1\sinh z_2;$$

$$\cosh(z_1+z_2)=\cosh z_1\cosh z_2+\sinh z_1\sinh z_2.$$

例 2.11 写出 $\sin z$ 的实部、虚部和模的表达式.

解 由于

$$\sin z = \sin(x+\mathrm{i}y) = \sin x\cos \mathrm{i}y + \cos x\sin \mathrm{i}y$$
$$= \sin x\cosh y + \mathrm{i}\cos x\sinh y$$

于是

$$\mathrm{Re}(\sin z) = \sin x\cosh y,\ \mathrm{Im}(\sin z) = \cos x\sinh y.$$

$$|\sin z| = \sqrt{\sin^2 x\cosh^2 y + \cos^2 x\sinh^2 y}$$
$$= \sqrt{\sin^2 x(1+\sinh^2 y) + (1-\sin^2 x)\sinh^2 y}$$
$$= \sqrt{\sin^2 x + \sinh^2 y}.$$

另外,**双曲正切函数**和**双曲余切函数**定义为:

$$\tanh z = \frac{\sinh z}{\cosh z},\ \coth z = \frac{\cosh z}{\sinh z}. \tag{2.14}$$

反双曲函数今后很少用到,这里只给出它们的定义.

$$\mathrm{Arsinh}\, z = \mathrm{Ln}(z+\sqrt{z^2+1})\text{(反双曲正弦)}. \tag{2.15}$$

$$\mathrm{Arcosh}\, z = \mathrm{Ln}(z+\sqrt{z^2-1})\text{(反双曲余弦)}. \tag{2.16}$$

$$\mathrm{Artanh}\, z = \frac{1}{2}\mathrm{Ln}\frac{1+z}{1-z}\text{(反双曲正切)}. \tag{2.17}$$

2.3 解析函数与调和函数的关系

调和函数在数学以及物理学中有着极其重要的应用,它与某种解析函数有着密切的联系.本节我们主要讨论解析函数与调和函数的关系,并给出如何由调和函数构造解析函数的方法.

定义 2.8 如果实二元函数 $\varphi(x, y)$在区域 D 内具有二阶连续偏导数,并且满足 Laplace 方程

$$\frac{\partial^2 \varphi}{\partial x^2} + \frac{\partial^2 \varphi}{\partial y^2} = 0 \tag{2.18}$$

则称函数 $\varphi(x, y)$为区域 D 内的**调和函数**.

若 $f(z) = u(x, y) + \mathrm{i}v(x, y)$ 在 D 内为解析函数,则它必满足 C-R 方程

$$\frac{\partial u}{\partial x} = \frac{\partial v}{\partial y},\ \frac{\partial u}{\partial y} = -\frac{\partial v}{\partial x}.$$

第 3 章我们将证明,解析函数的导数仍为解析函数,因此解析函数的实部 u 和虚部 v 具

有任意阶连续偏导数,从而

$$\frac{\partial^2 u}{\partial x^2}=\frac{\partial^2 v}{\partial y\partial x},\ \frac{\partial^2 u}{\partial y^2}=-\frac{\partial^2 v}{\partial x\partial y}$$

并且

$$\frac{\partial^2 v}{\partial y\partial x}=\frac{\partial^2 v}{\partial x\partial y}$$

所以,有

$$\frac{\partial^2 u}{\partial x^2}+\frac{\partial^2 u}{\partial y^2}=0.$$

同理,可得

$$\frac{\partial^2 v}{\partial x^2}+\frac{\partial^2 v}{\partial y^2}=0.$$

因此,$u(x, y)$和$v(x, y)$为调和函数,于是我们得到如下定理.

定理 2.4 若函数 $f(z)=u(x, y)+\mathrm{i}v(x, y)$ 在区域 D 内解析,则 $u(x, y)$, $v(x, y)$ 均为区域 D 内的调和函数.

定义 2.9 如果函数 $u(x, y)$, $v(x, y)$是区域 D 内的两个调和函数,并且满足 C-R 方程 $\frac{\partial u}{\partial x}=\frac{\partial v}{\partial y}$, $\frac{\partial u}{\partial y}=-\frac{\partial v}{\partial x}$,则 $v(x, y)$称为 $u(x, y)$的**共轭调和函数**.

因此,我们得到如下定理.

定理 2.5 函数 $f(z)=u(x, y)+\mathrm{i}v(x, y)$ 在区域 D 内解析,当且仅当 $v(x, y)$是 $u(x, y)$的共轭调和函数.

但须注意,若 $u(x, y)$和 $v(x, y)$是两个调和函数, $u(x, y)+\mathrm{i}v(x, y)$ 却不一定是解析函数. 因为它们不一定满足 C-R 方程.

根据上面的讨论,若已知调和函数 $u(x, y)$[或 $v(x, y)$],可以利用 C-R 方程,求得调和函数 $v(x, y)$[或 $u(x, y)$],从而得到一个解析函数 $f(z)=u(x, y)+\mathrm{i}v(x, y)$.

例 2.12 试求一个解析函数 $f(z)$,使其实部为 $u(x, y)=x^2-y^2-2xy$.

解法一 (1) 验证函数 $u(x, y)$为调和函数. 由于

$$\frac{\partial u}{\partial x}=2x-2y,\ \frac{\partial u}{\partial y}=-2y-2x,\ \frac{\partial^2 u}{\partial x^2}=2,\ \frac{\partial^2 u}{\partial y^2}=-2$$

则 $\frac{\partial^2 u}{\partial x^2}+\frac{\partial^2 u}{\partial y^2}=0$, $u(x, y)$ 为调和函数.

(2) 利用 C-R 方程,求 $v(x, y)$. 由于

$$\frac{\partial v}{\partial x}=-\frac{\partial u}{\partial y}=2y+2x,\ \frac{\partial v}{\partial y}=\frac{\partial u}{\partial x}=2x-2y$$

则

$$v=\int\frac{\partial v}{\partial x}\mathrm{d}x=\int(2y+2x)\mathrm{d}x=2xy+x^2+g(y)$$

而

$$\frac{\partial v}{\partial y}=2x+g'(y)=2x-2y$$

于是

$$g'(y)=-2y$$

$$g(y)=\int(-2y)\mathrm{d}y=-y^2+C$$

所以

$$v(x,\ y)=2xy+x^2-y^2+C$$

从而得到解析函数 $f(z)=x^2-y^2-2xy+\mathrm{i}(2xy+x^2-y^2+C)$ (C 为任意实数).

解法二 由于 $f'(z)=u_x+\mathrm{i}v_x=u_x-\mathrm{i}u_y$，于是

$$f'(z)=2x-2y-\mathrm{i}(-2y-2x)=2x-2y+2y\mathrm{i}+2x\mathrm{i}$$

$$=2z+2y\mathrm{i}^2+2x\mathrm{i}=2z+2z\mathrm{i}=2(1+\mathrm{i})z$$

$$f(z)=\int f'(z)\mathrm{d}z=(1+\mathrm{i})z^2+C$$

由于 $u(x,\ y)$已知，所以 C 为纯虚数.

例 2.13 已知调和函数 $v=\mathrm{e}^x(y\cos y+x\sin y)+x+y$，求解析函数 $f(z)=u+\mathrm{i}v$，使 $f(0)=0$.

解 由于

$$\frac{\partial v}{\partial x}=\mathrm{e}^x(y\cos y+x\sin y+\sin y)+1$$

$$\frac{\partial v}{\partial y}=\mathrm{e}^x(\cos y-y\sin y+x\cos y)+1$$

由 $\frac{\partial u}{\partial x}=\frac{\partial v}{\partial y}$，得到

$$u=\int[\mathrm{e}^x(\cos y-y\sin y+x\cos y)+1]\mathrm{d}x$$

$$=\mathrm{e}^x(x\cos y-y\sin y)+x+g(y)$$

于是

$$\frac{\partial u}{\partial y}=e^{x}(-x\sin y-\sin y-y\cos y)+g'(y)$$

再由 $\frac{\partial v}{\partial x}=-\frac{\partial u}{\partial y}$，得

$$e^{x}(y\cos y+x\sin y+\sin y)+1=e^{x}(x\sin y+y\cos y+\sin y)-g'(y)$$

即

$$g'(y)=-1,\ g(y)=-y+C$$

因此，有

$$u=e^{x}(x\cos y-y\sin y)+x-y+C$$

$$\begin{aligned}f(z)&=e^{x}(x\cos y-y\sin y)+x-y+C+\mathrm{i}[e^{x}(y\cos y+x\sin y)+x+y]\\&=xe^{x}e^{\mathrm{i}y}+\mathrm{i}ye^{x}e^{\mathrm{i}y}+x(1+\mathrm{i})+\mathrm{i}y(1+\mathrm{i})+C\\&=ze^{z}+(1+\mathrm{i})z+C\end{aligned}$$

代入 $f(0)=0$ 得 $C=0$

所以

$$f(z)=ze^{z}+(1+\mathrm{i})z.$$

求 $u(x, y)$的共轭调和函数除了采用上述方法外，还可以利用曲线积分来计算.

假设 $u(x, y)$是单连通区域 D 内的一个调和函数，由 C-R 方程可知，函数 $u(x, y)$确定了其共轭调和函数 $v(x, y)$的全微分，即

$$dv=\frac{\partial v}{\partial x}dx+\frac{\partial v}{\partial y}dy=-\frac{\partial u}{\partial y}dx+\frac{\partial u}{\partial x}dy.$$

由于当 D 为单连通区域时，第二型曲线积分 $\int_{C}-\frac{\partial u}{\partial y}dx+\frac{\partial u}{\partial x}dy$ 与积分路径无关，从而 $v(x, y)$可表示为

$$v(x, y)=\int_{(x_0, y_0)}^{(x, y)}-\frac{\partial u}{\partial y}dx+\frac{\partial u}{\partial x}dy+C. \tag{2.19}$$

其中，(x_0, y_0)为 D 内一定点，C 为任意实常数.

例 2.14 已知调和函数 $u(x, y)=x^2-y^2+xy$，求满足条件 $f(0)=0$ 的解析函数 $f(z)=u+\mathrm{i}v$.

解 $\frac{\partial u}{\partial x}=2x+y$，$\frac{\partial u}{\partial y}=-2y+x$，由 C-R 方程，得

$$\frac{\partial v}{\partial x}=-\frac{\partial u}{\partial y}=2y-x,\ \frac{\partial v}{\partial y}=\frac{\partial u}{\partial x}=2x+y$$

于是,有

$$\begin{aligned} v(x,\ y) &= \int_{(0,\ 0)}^{(x,\ y)} (2y-x)\mathrm{d}x + (2x+y)\mathrm{d}y + C \\ &= \int_0^x (-x)\mathrm{d}x + \int_0^y (2x+y)\mathrm{d}y + C \\ &= 2xy + \frac{1}{2}y^2 - \frac{1}{2}x^2 + C \end{aligned}$$

所以

$$f(z) = x^2 - y^2 + xy + \mathrm{i}\left(2xy + \frac{1}{2}y^2 - \frac{1}{2}x^2 + C\right)$$

由 $f(0)=0$ 得 $C=0$,于是得到所求函数为

$$f(z) = x^2 - y^2 + xy + \mathrm{i}\left(2xy + \frac{1}{2}y^2 - \frac{1}{2}x^2\right).$$

本章学习要求

本章主要内容是复变函数的解析概念以及可导与解析的判别方法,解析函数与调和函数的关系,已知调和函数如何构造解析函数,初等函数的定义及其解析性.

重点难点:本章的重点是解析函数及其判别法;由调和函数构造解析函数以及初等函数的定义及其性质.难点是由调和函数构造解析函数的多种方法.

学习目标:理解解析函数的概念以及可导与解析的关系,重点掌握复变函数可导与解析的判别法,掌握已知调和函数构造解析函数的方法,掌握初等函数的定义式及其解析性.

习　题　二

2.1　下列函数何处可导?何处解析?

(1) $f(z) = x^2 - \mathrm{i}y$;　　(2) $f(z) = 2x^3 + 3y^3\mathrm{i}$;　　(3) $f(z) = \bar{z}z^2$.

2.2　讨论函数 $w = z + \dfrac{1}{z-1}$ 的可导性和解析性.

2.3　求下列函数的奇点:

(1) $\dfrac{z-3}{(z+1)^2(z^2+1)}$;　　(2) $\dfrac{z+1}{z(z^2+1)}$.

2.4　试证函数$\dfrac{1}{z}$在复平面上任何点都不解析.

2.5　试证函数 $f(z) = \sin x\cosh y + \mathrm{i}\cos x\sinh y$ 在复平面上解析,并求其导数.

2.6　设函数 $f(z) = my^3 + nx^2y + \mathrm{i}(x^3 + lxy^2)$ 是全平面内的解析函数,求 $l,\ m,\ n$ 的值.

2.7 设函数 $f(z)=u+\mathrm{i}v$ 在区域 D 内解析，证明如果 $f(z)$ 满足下列条件之一，那么它在 D 内为常数：

(1) $v=u^2$； (2) $f(z)$ 为实数或纯虚数；

(3) $\overline{f(z)}$ 解析； (4) $|f(z)|$ 在 D 内是一个常数.

2.8 设 $f(z)$ 在区域 D 内解析而且在 D 内恒不为零，证明：

$$\left[\frac{\partial|f(z)|}{\partial x}\right]^2+\left[\frac{\partial|f(z)|}{\partial y}\right]^2=|f'(z)|^2,\ \forall z\in D.$$

2.9 证明：若 $f(z)=u(x,y)+\mathrm{i}v(x,y)$ 在区域 D 内解析，且 $f'(z)\neq 0[z\in D]$，则 $u(x,y)=C_1$ 与 $v(x,y)=C_2$ $[C_1,C_2$ 为常数]是 D 内两组正交曲线.

2.10 计算下列函数值：

(1) $\exp\left(\dfrac{2-\pi\mathrm{i}}{3}\right)$； (2) $\mathrm{Re}(\mathrm{e}^{k\pi\mathrm{i}})$； (3) $(\mathrm{e}^{\mathrm{i}})^{\mathrm{i}}$； (4) $\mathrm{e}^{\mathrm{i}^{\mathrm{i}}}$.

2.11 求出下列复数的辐角的主值：

(1) $\mathrm{e}^{2+\mathrm{i}}$； (2) $\mathrm{e}^{3+4\mathrm{i}}$.

2.12 试求出下列各函数值：

(1) $\mathrm{Ln}(-3+4\mathrm{i})$； (2) $\ln(\mathrm{i}\mathrm{e})$； (3) $\mathrm{Ln}(1+\mathrm{i})$； (4) $\ln(\mathrm{e}^{\mathrm{i}})$.

2.13 解方程 $\mathrm{Ln}\,z=1+\mathrm{i}\pi$.

2.14 求下列各式的值：

(1) 3^{i}； (2) $(1+\mathrm{i})^{\mathrm{i}}$； (3) $\sin(1+2\mathrm{i})$； (4) $|\cos z|^2$.

2.15 证明下列各式：

(1) $\cos\mathrm{i}z=\cosh z$； (2) $\sin\mathrm{i}z=\mathrm{i}\sinh z$；

(3) $\cosh^2 z-\sinh^2 z=1$； (4) $\cosh^2 z+\sinh^2 z=\cosh 2z$.

2.16 解下列方程：

(1) $\mathrm{e}^z-1-\sqrt{3}\mathrm{i}=0$； (2) $\ln z=2-\dfrac{1}{6}\pi\mathrm{i}$；

(3) $\cos z=0$； (4) $\sin z=\mathrm{i}\sinh 1$.

2.17 判别下列函数是否为调和函数：

(1) $u=\mathrm{e}^x(y\cos y+x\sin y)+x+y$； (2) $u=\ln(x^2+y^2)+x-2y$.

2.18 设 $v(x,y)=\mathrm{e}^{px}\sin y$，求 p 的值，使 $v(x,y)$ 为调和函数，并求出解析函数 $f(z)=u+\mathrm{i}v$.

2.19 已知函数 $u(x,y)=\dfrac{x^2-y^2}{(x^2+y^2)^2}$，求解析函数 $f(z)=u(x,y)+\mathrm{i}v(x,y)$.

2.20 设 $f(z)=u(x,y)+\mathrm{i}v(x,y)$ 解析，且 $u_x+v_x=0$，求 $f(z)$ 的表达式.

2.21 由下列已知调和函数求解析函数 $f(z)=u(x,y)+\mathrm{i}v(x,y)$：

(1) $v=-2\sin 2x\sinh 2y+y$，$f(0)=2$；

(2) $v=\ln(x^2+y^2)-x^2+y^2$，定义区域是全平面除去正实轴.

2.22 已知下列关系式，试确定解析函数 $f(z)=u+\mathrm{i}v$：

$$u+v=x^2-y^2+2xy-5x-5y.$$

3 复变函数的积分

复变函数的积分是研究复变函数性质的重要工具,解析函数的许多重要性质都要利用复积分来证明.本章首先介绍复变函数积分的概念和基本性质以及复变函数积分与实函数积分的联系,然后重点介绍柯西(Cauchy)积分定理和柯西积分公式,并引入高阶求导公式,它们不仅是复变函数的重要理论基础,同时还提供了一些复积分的计算方法.

3.1 复变函数积分的概念

3.1.1 复变函数积分的定义

为了叙述和应用方便,在积分中所涉及的曲线一律是光滑或逐段光滑的,因而也是可求长的.在规定了起点和终点后,我们称其为**有向曲线**.按如下方法规定曲线的方向.

若曲线 C 为开口曲线,把从始点 A 到终点 B 的方向作为正向;反之为负向,记为 C^-.若曲线 C 为封闭曲线,则规定逆时针方向为正向,顺时针方向为负向 C^-.

复变函数积分是定积分在复数域上的自然推广,定义方法和定积分相类似.

定义 3.1 设简单光滑曲线 C: $z=z(t)=x(t)+\mathrm{i}y(t)$ $(\alpha\leqslant t\leqslant\beta)$,起点 $A=z(\alpha)$,终点 $B=z(\beta)$ (图 3-1).函数 $w=f(z)$ 在 C 上有定义.沿着曲线 C 从 A 到 B 的方向在 C 上取分点: $A=z_0$, z_1, $\cdots$, z_{n-1}, $z_n=B$, 把 C 分成 n 个小弧段.其中 $z_k=x_k+\mathrm{i}y_k(k=0,1,2,\cdots,n)$. 在每个弧段 $\widehat{z_{k-1}z_k}(k=1,2,\cdots,n)$ 上任取一点 ξ_k,作和式

$$S_n=\sum_{k=1}^{n}f(\xi_k)\Delta z_k$$

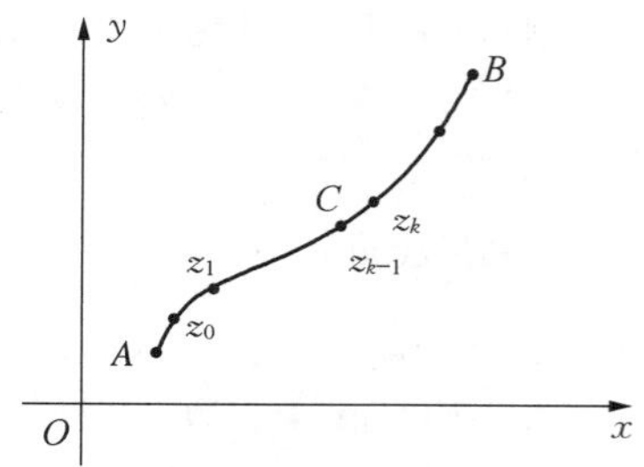

图 3-1

其中,$\Delta z_k=z_k-z_{k-1}=\Delta x_k+\mathrm{i}\Delta y_k(k=1,2,\cdots,n)$.

令 $\lambda=\max\limits_{1\leqslant k\leqslant n}|\Delta z_k|$,当分点无限增多,即 $\lambda\to0$ 时,若不论对 C 怎样分割,ξ_k 怎样取,都有 $\lim\limits_{\lambda\to0}S_n$ 存在且唯一,则称 $f(z)$沿曲线 C(从 A 到 B)可积,极限值为 $f(z)$沿曲线 C 的**积分**,记作

$$J=\int_C f(z)\mathrm{d}z. \tag{3.1}$$

即
$$\int_C f(z)\mathrm{d}z = \lim_{\lambda\to 0}\sum_{k=1}^{n} f(\xi_k)\Delta z_k.$$
其中，C 称为积分路径，$f(z)$称为被积函数，z 称为积分变量.

若 C 为正向闭曲线，记 $J=\oint_C f(z)\mathrm{d}z$.

复变函数的积分定义在形式上与实函数的定积分类似，只是把定积分中 $f(x)$换成 $f(z)$，积分区间$[a, b]$换成了由 A 到 B 的曲线. 所以，复变函数的积分实际上是在复平面上的线积分. 但如果积分存在，我们一般不能写成 $\int_A^B f(z)\mathrm{d}z$ 的形式，因为积分值不仅和 A，B 有关，而且和积分路径 C 有关. 下面讨论积分存在的条件.

3.1.2　复变函数积分的存在条件

若 $f(z)=u(x, y)+\mathrm{i}v(x, y)$ 在光滑曲线 C 上连续，则 $u(x, y)$，$v(x, y)$是 C 上的二元实连续函数. 按照积分的定义，对 C 分割，插入 $n-1$ 个分点：$A=z_0$，z_1，…，$z_n=B$，记 $z_k=x_k+\mathrm{i}y_k$. 设 $\xi_k=\lambda_k+\mathrm{i}\mu_k$ 为弧段 $\widehat{z_{k-1}z_k}$ 上任一点，则
$$\Delta z_k = z_k - z_{k-1} = (x_k - x_{k-1}) + \mathrm{i}(y_k - y_{k-1}) = \Delta x_k + \mathrm{i}\Delta y_k$$
代入和式
$$\begin{aligned}\sum_{k=1}^{n} f(\xi_k)\Delta z_k &= \sum_{k=1}^{n}[u(\lambda_k, \mu_k)+\mathrm{i}v(\lambda_k, \mu_k)](\Delta x_k+\mathrm{i}\Delta y_k)\\ &= \sum_{k=1}^{n}[u(\lambda_k, \mu_k)\Delta x_k - v(\lambda_k, \mu_k)\Delta y_k] + \mathrm{i}\sum_{i=1}^{n}[v(\lambda_k, \mu_k)\Delta x_k + u(\lambda_k, \mu_k)\Delta y_k]\end{aligned}$$

由于 $f(z)$在曲线 C 上连续，故 $u(x, y)$，$v(x, y)$在 C 上也连续，并且当 $n\to\infty$ 时，$\max\limits_{1\leqslant k\leqslant n}|\Delta z_k|\to 0$，即$\max\limits_{1\leqslant k\leqslant n}|\Delta x_k|\to 0$，$\max\limits_{1\leqslant k\leqslant n}|\Delta y_k|\to 0$.

由二元实函数线积分存在的条件知，积分$\int_C f(z)\mathrm{d}z$ 存在，并且
$$\int_C f(z)\mathrm{d}z = \int_C u(x, y)\mathrm{d}x - v(x, y)\mathrm{d}y + \mathrm{i}\int_C v(x, y)\mathrm{d}x + u(x, y)\mathrm{d}y. \tag{3.2}$$

于是，我们得到复变函数积分存在的充分条件.

定理 3.1　若函数 $w=f(z)=\mu(x, y)+\mathrm{i}v(x, y)$ 在光滑曲线 C 上连续，则 $f(z)$沿曲线 C 的积分存在，并且式(3.2)成立.

由此可知，$\int_C f(z)\mathrm{d}z$ 可以通过其实部和虚部两个二元实函数的第二型曲线积分来计算.

3.1.3　复变函数积分的基本性质

从积分定义可推出复变函数积分的一些简单性质，这些性质与实函数的定积分性质

类似.

(1) $\int_{C^-} f(z)\mathrm{d}z = -\int_C f(z)\mathrm{d}z$, C^- 是与 C 方向相反的曲线;

(2) $\int_{C_1} f(z)\mathrm{d}z + \int_{C_2} f(z)\mathrm{d}z = \int_{C_1+C_2} f(z)\mathrm{d}z$, C_1 与 C_2 是首尾相接的曲线;

(3) $\int_C f(z)\mathrm{d}z \pm \int_C g(z)\mathrm{d}z = \int_C [f(z) \pm g(z)]\mathrm{d}z$;

(4) $\int_C kf(z)\mathrm{d}z = k\int_C f(z)\mathrm{d}z$($k$ 为复常数);

(5) 若 $|f(z)| \leqslant M$,则 $\left|\int_C f(z)\mathrm{d}z\right| \leqslant \int_C |f(z)|\mathrm{d}s \leqslant ML$, $\mathrm{d}s$ 是曲线 C 的弧长微分, L 为曲线 C 的长度.

性质(1)~性质(4)的证明只要利用复变函数积分的定义或把曲线积分的有关性质移过来就可证明成立. 下面是性质(5)的证明.

事实上, $|\Delta z_k|$ 是 z_k 与 z_{k-1} 两点之间的距离, Δs_k 为这两点之间弧段的长度,所以

$$\left|\sum_{k=1}^{n} f(\xi_k)\Delta z_k\right| \leqslant \sum_{k=1}^{n} |f(\xi_k)\Delta z_k| \leqslant \sum_{k=1}^{n} |f(\xi_k)| \Delta s_k, \leqslant M\sum_{k=1}^{n} \Delta s_k = ML$$

取极限,得

$$\left|\int_C f(z)\mathrm{d}z\right| \leqslant \int_C |f(z)|\mathrm{d}s \leqslant ML$$

这里 $\int_C |f(z)|\mathrm{d}s$ 表示连续函数 $|f(z)|$ 沿曲线 C 的第一型曲线积分. 性质(5)常用作积分值的估计.

3.1.4 复变函数积分的计算

设光滑曲线 C 的参数方程为

$$z(t) = x(t) + \mathrm{i}y(t) \quad (\alpha \leqslant t \leqslant \beta)$$

则

$$z'(t) = x'(t) + \mathrm{i}y'(t)$$

代入式(3.2),可得

$$\begin{aligned}
\int_C f(z)\mathrm{d}z &= \int_\alpha^\beta \{u[x(t),\ y(t)]x'(t) - v[x(t),\ y(t)]y'(t)\}\mathrm{d}t \\
&\quad + \mathrm{i}\int_\alpha^\beta \{v[x(t),\ y(t)]x'(t) + u[x(t),\ y(t)]y'(t)\}\mathrm{d}t \\
&= \int_\alpha^\beta \{u[x(t),\ y(t)] + \mathrm{i}v[x(t),\ y(t)]\}[x'(t) + \mathrm{i}y'(t)]\mathrm{d}t \\
&= \int_\alpha^\beta f[z(t)]z'(t)\mathrm{d}t
\end{aligned}$$

从而,我们得到了一个积分计算公式,即

$$\int_C f(z)\mathrm{d}z = \int_\alpha^\beta f[z(t)]z'(t)\mathrm{d}t. \tag{3.3}$$

例 3.1　计算$\oint_C \frac{1}{(z-z_0)^n}\mathrm{d}z$, n 为正整数,C 为以 z_0 为圆心,r 为半径的正向圆周.

解　C 的参数方程可写为

$$z = z_0 + r\mathrm{e}^{\mathrm{i}t}(0 \leqslant t \leqslant 2\pi)$$

于是

$$z - z_0 = r\mathrm{e}^{\mathrm{i}t},\ \mathrm{d}z = r\mathrm{e}^{\mathrm{i}t}\mathrm{i}\mathrm{d}t$$

所以有

$$\begin{aligned}\oint_C \frac{1}{(z-z_0)^n}\mathrm{d}z &= \int_0^{2\pi} \frac{\mathrm{i}}{(r\mathrm{e}^{\mathrm{i}t})^n}\cdot r\mathrm{e}^{\mathrm{i}t}\mathrm{d}t \\ &= \frac{\mathrm{i}}{r^{n-1}}\int_0^{2\pi} \mathrm{e}^{\mathrm{i}(1-n)t}\mathrm{d}t \\ &= \frac{\mathrm{i}}{r^{n-1}}\int_0^{2\pi}[\cos(n-1)t - \mathrm{i}\sin(n-1)t]\mathrm{d}t \\ &= \begin{cases}2\pi\mathrm{i},\ n=1; \\ 0,\ n\neq 1.\end{cases}\end{aligned}$$

显然,积分的值与圆心 z_0 及半径 r 无关.

例 3.2　计算积分$\int_C z\,\mathrm{d}z$和$\int_C \bar{z}\,\mathrm{d}z$,其中 C(图 3-2)为:

(1) 由(0, 0)到(1, 1)的直线段;

(2) 由(0, 0)到(1, 0),再从(1, 0)到(1, 1)的折线段;

(3) 由(0, 0)到(1, 1)的抛物线段 $y = x^2$.

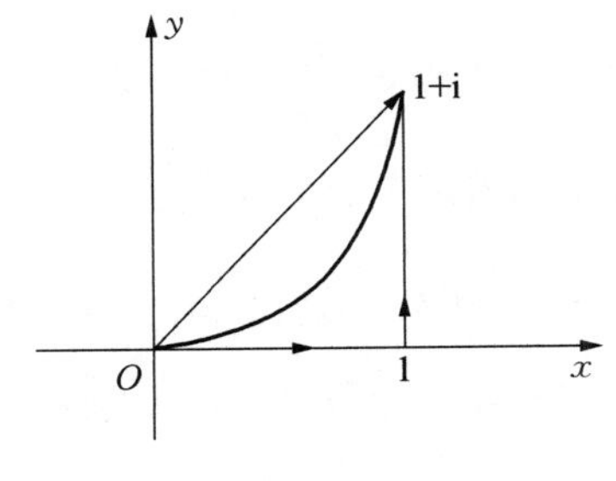

图 3-2

解　(1) C 的参数方程为

$$z = t(1+\mathrm{i}) = t + \mathrm{i}t \quad (0 \leqslant t \leqslant 1)$$

则
$$\mathrm{d}z = (1+\mathrm{i})\mathrm{d}t$$

于是

$$\int_C z\,\mathrm{d}z = \int_0^1 (t+\mathrm{i}t)(1+\mathrm{i})\mathrm{d}t = \mathrm{i}\int_0^1 2t\,\mathrm{d}t = \mathrm{i}$$

$$\int_C \bar{z}\,\mathrm{d}z = \int_0^1 (t-\mathrm{i}t)(1+\mathrm{i})\mathrm{d}t = 1.$$

(2) $C = C_1 + C_2$

C_1 的参数方程为

$$z=t \quad (0\leqslant t\leqslant 1)$$

C_2 的参数方程为

$$z=1+\mathrm{i}t \quad (0\leqslant t\leqslant 1)$$

所以

$$\int_C z\,\mathrm{d}z=\int_{C_1} z\,\mathrm{d}z+\int_{C_2} z\,\mathrm{d}z=\int_0^1 t\,\mathrm{d}t+\int_0^1 (1+\mathrm{i}t)\mathrm{i}\,\mathrm{d}t=\mathrm{i}$$

$$\int_C \bar{z}\,\mathrm{d}z=\int_{C_1} \bar{z}\,\mathrm{d}z+\int_{C_2} \bar{z}\,\mathrm{d}z=\int_0^1 t\,\mathrm{d}t+\int_0^1 (1-\mathrm{i}t)\mathrm{i}\,\mathrm{d}t=1+\mathrm{i}.$$

(3) C 的参数方程为

$$z=t+\mathrm{i}t^2 \quad (0\leqslant t\leqslant 1)$$

$$\mathrm{d}z=(1+2\mathrm{i}t)\mathrm{d}t$$

于是

$$\int_C z\,\mathrm{d}z=\int_0^1 (t+\mathrm{i}t^2)(1+2\mathrm{i}t)\mathrm{d}t=\mathrm{i}$$

$$\int_C \bar{z}\,\mathrm{d}z=\int_0^1 (t-\mathrm{i}t^2)(1+2\mathrm{i}t)\mathrm{d}t=1+\frac{\mathrm{i}}{3}.$$

在例 3.2 中,对于从(0, 0)到(1, 1)的不同路径 C,积分 $\int_C z\,\mathrm{d}z$ 的值相同而积分 $\int_C \bar{z}\,\mathrm{d}z$ 却随着积分路径不同而变化. 这说明积分 $\int_C z\,\mathrm{d}z$ 只与曲线的起点和终点有关而与积分路径无关,积分 $\int_C \bar{z}\,\mathrm{d}z$ 却与积分路径有关. 那么,在什么条件下,积分 $\int_C f(z)\mathrm{d}z$ 仅与积分路径的起点和终点有关,而与积分路径无关呢? 下面我们将讨论这个问题.

3.2 柯西积分定理

3.2.1 柯西积分定理

由于复积分可以转化成第二型曲线积分来计算,所以,我们仍然从第二型曲线积分与路径无关的条件入手,来讨论复积分与路径无关的条件.

假设 $f(z)=u+\mathrm{i}v$,C 为单连通区域 D 内任一简单曲线. 由于

$$\int_C f(z)\mathrm{d}z = \int_C u\,\mathrm{d}x - v\,\mathrm{d}y + \mathrm{i}\int_C v\,\mathrm{d}x + u\,\mathrm{d}y$$

根据高等数学的知识，当 u,v 具有一阶连续偏导数，并满足

$$\frac{\partial u}{\partial x} = \frac{\partial v}{\partial y}, \quad \frac{\partial u}{\partial y} = -\frac{\partial v}{\partial x}$$

时，两个曲线积分 $\int_C u\,\mathrm{d}x - v\,\mathrm{d}y$ 与 $\int_C v\,\mathrm{d}x + u\,\mathrm{d}y$ 均与积分路径无关，即 $\int_C f(z)\mathrm{d}z$ 与积分路径无关. 当 C 为区域 D 内的任意封闭曲线时，利用 Green 公式，有

$$\begin{aligned}\int_C f(z)\mathrm{d}z &= \int_C u\,\mathrm{d}x - v\,\mathrm{d}y + \mathrm{i}\int_C v\,\mathrm{d}x + u\,\mathrm{d}y \\ &= \iint_G \left(\frac{\partial v}{\partial x} + \frac{\partial u}{\partial y}\right)\mathrm{d}x\mathrm{d}y + \mathrm{i}\iint_G \left(\frac{\partial u}{\partial x} - \frac{\partial v}{\partial y}\right)\mathrm{d}x\mathrm{d}y = 0\end{aligned}$$

其中，G 为曲线 C 所围成的区域.

显然，上述积分与路径无关的条件成立时，$f(z)$ 是一个解析函数.

上面的讨论是在“$f'(z)$ 连续”这个前提下进行的，事实上，这个条件是不需要的. 这就是法国数学家柯西于 1825 年提出的如下定理.

定理 3.2（柯西积分定理）　设函数 $f(z)$ 在复平面上的单连通区域 D 内解析，C 为区域 D 内任意一条简单闭曲线，则

$$\oint_C f(z)\mathrm{d}z = 0. \tag{3.4}$$

关于这个定理的证明，1851 年，黎曼在附加条件“$f'(z)$ 在 D 内连续”的前提下，给出了简单证明（即上面的推导过程）. 直到 1900 年，法国数学家古萨（Goursat）在去掉这一前提下，对定理进行了严格的证明. 但证明过程很复杂，这里不再给出. 所以人们也称这个定理为**柯西-古萨定理**.

对柯西积分定理，我们作如下几点说明：

(1) 在定理的条件中，曲线 C 含于解析区域 D 内；

(2) 若曲线 C 是区域 D 的边界，函数 $f(z)$ 在 D 及 C 上解析，则定理的结论也成立；

(3) 若曲线 C 是区域 D 的边界，函数 $f(z)$ 在 D 内解析并且在 C 上连续，则定理的结论仍然成立.

由柯西积分定理以及上面的讨论，我们得到如下推论.

推论 3.1　设函数 $f(z)$ 在复平面上的单连通区域 D 内解析，则积分 $\int_C f(z)\mathrm{d}z$ 与路径无关，只与曲线 C 的起点和终点有关，C 为区域 D 内任意两点间的曲线.

柯西积分定理是非常重要的定理，利用柯西积分定理可以简化复杂的积分计算.

例 3.3　计算 $I = \oint_C \frac{1}{z(z^2+1)}\mathrm{d}z$. 其中，曲线 C 为

(1) $|z|=\dfrac{1}{2}$；　　(2) $|z-\mathrm{i}|=\dfrac{1}{2}$.

解　由于 $f(z)=\dfrac{1}{z}-\dfrac{1}{2}\cdot\dfrac{1}{z-\mathrm{i}}-\dfrac{1}{2}\cdot\dfrac{1}{z+\mathrm{i}}$

(1) $I=\oint_C\dfrac{1}{z}\mathrm{d}z-\dfrac{1}{2}\oint_C\dfrac{1}{z-\mathrm{i}}\mathrm{d}z-\dfrac{1}{2}\oint_C\dfrac{1}{z+\mathrm{i}}\mathrm{d}z=2\pi\mathrm{i}-0-0=2\pi\mathrm{i}$;

(2) $I=\oint_C\dfrac{1}{z}\mathrm{d}z-\dfrac{1}{2}\oint_C\dfrac{1}{z-\mathrm{i}}\mathrm{d}z-\dfrac{1}{2}\oint_C\dfrac{1}{z+\mathrm{i}}\mathrm{d}z=0-\dfrac{1}{2}\times2\pi\mathrm{i}-0=-\pi\mathrm{i}$.

3.2.2 变上限积分与原函数

由柯西积分定理，若函数 $f(z)$在单连通区域 D 内解析，则沿 D 内任何一条非封闭曲线 C 的积分 $\int_C f(z)\mathrm{d}z$ 只与 C 的起点和终点有关. 因此，当起点 z_0 固定时，若 z 取遍区域 D 内的点，则这个积分在 D 内便定义了一个变上限 z 的单值函数，记为

$$F(z)=\int_{z_0}^{z}f(\xi)\mathrm{d}\xi\quad(z_0,\ z\in D,z_0\text{ 固定})\tag{3.5}$$

称之为**变上限积分**.

关于变上限积分我们有以下定理.

定理 3.3　若函数 $f(z)$在单连通区域 D 内解析，则函数

$$F(z)=\int_{z_0}^{z}f(\xi)\mathrm{d}\xi\quad(z_0\text{ 固定})$$

在 D 内解析，并且 $F'(z)=f(z)\quad(z\in D)$.

证　设 z 为区域 D 内的任意点，以 z 为圆心，作一个包含于 D 内的小圆，在小圆内取动点 $z+\Delta z(\Delta z\neq0)$ (图 3 - 3). 由于积分 $\int_{z_0}^{z}f(\xi)\mathrm{d}\xi$ 与路径无关，于是

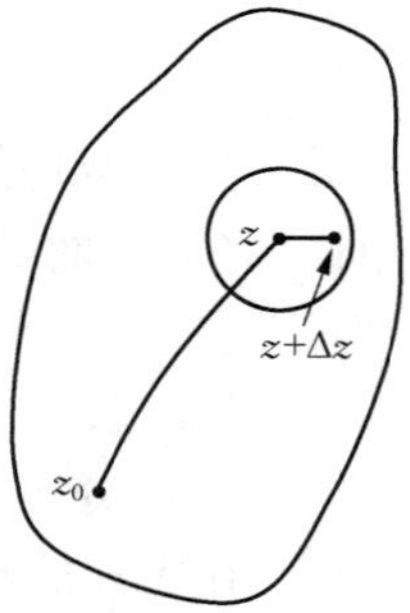

图 3 - 3

$$F(z+\Delta z)-F(z)=\int_{z_0}^{z+\Delta z}f(\xi)\mathrm{d}\xi-\int_{z_0}^{z}f(\xi)\mathrm{d}\xi$$
$$=\int_{z}^{z+\Delta z}f(\xi)\mathrm{d}\xi$$

其中，积分路径是从 z 到 $z+\Delta z$ 的直线段，所以

$$\frac{F(z+\Delta z)-F(z)}{\Delta z}-f(z)=\frac{1}{\Delta z}\int_{z}^{z+\Delta z}[f(\xi)-f(z)]\mathrm{d}\xi$$

由于 $f(z)$在 D 内连续，所以，对于任给的 $\varepsilon>0$，存在 $\delta>0$，当 $|\xi-z|<\delta$ 时，有 $|f(\xi)-f(z)|<\varepsilon$，所以

$$\left|\frac{F(z+\Delta z)-F(z)}{\Delta z}-f(z)\right|<\frac{1}{|\Delta z|}\cdot\varepsilon\cdot|\Delta z|=\varepsilon$$

即
$$F'(z)=f(z).$$

由于 z 在 D 内的任意性，$F(z)$ 在 D 内处处可导，因此在 D 内解析.

基于定理 3.3，我们定义复数域中原函数的概念.

定义 3.2　设函数 $f(z)$ 在单连通区域 D 内连续，若存在 D 内的解析函数 $F(z)$，使 $F'(z)=f(z)$，则称 $F(z)$ 是 $f(z)$ 的一个**原函数**.

显然，式(3.5)是 $f(z)$ 的一个原函数. 容易证明，$f(z)$ 的任意原函数可以表示为

$$F(z)+C\quad(C\text{ 为任意常数}).$$

因此，我们同样可推出与牛顿-莱布尼兹公式类似的解析函数积分计算公式.

定理 3.4　设函数 $f(z)$ 在单连通区域 D 内解析，$G(z)$ 是 $f(z)$ 的一个原函数，则对 $\forall a, b\in D$，有

$$\int_a^b f(z)\mathrm{d}z=G(b)-G(a)=G(z)\big|_a^b. \tag{3.6}$$

证　设 $F(z)=\int_a^z f(z)\mathrm{d}z$，由定理 3.3 可知，$F'(z)=f(z)$.

由于 $G(z)$ 又是 $f(z)$ 的一个原函数，所以

$$F(z)=\int_a^z f(z)\mathrm{d}z=G(z)+C$$

而

$$F(a)=0,\ F(b)=\int_a^b f(z)\mathrm{d}z,\ C=-G(a)$$

所以

$$\int_a^b f(z)\mathrm{d}z=G(b)-G(a).$$

需要注意的是，公式(3.6)只能计算与路径无关的积分. 此外，高等数学中计算不定积分的方法在这里仍然适用.

例 3.4　计算积分 $\int_0^{1+\mathrm{i}} z^2\mathrm{d}z$.

解　由于函数 z^2 在复平面内解析，积分与路径无关.

所以

$$\int_0^{1+\mathrm{i}} z^2\mathrm{d}z=\frac{1}{3}z^3\big|_0^{1+\mathrm{i}}=\frac{1}{3}(1+\mathrm{i})^3=-\frac{2}{3}+\frac{2}{3}\mathrm{i}.$$

例 3.5　计算积分$\int_C z\cos z\mathrm{d}z$,其中,$C$是由原点沿$\left|z-\frac{\mathrm{i}}{2}\right|=\frac{1}{2}$的右半圆周到点 i 的曲线.

解　由于被积函数 $z\cos z$ 在复平面上解析,所以积分与路径无关.
由分步积分法得

$$\int_0^{\mathrm{i}} z\cos z\,\mathrm{d}z = z\sin z\Big|_0^{\mathrm{i}} - \int_0^{\mathrm{i}}\sin z\,\mathrm{d}z = \mathrm{i}\sin\mathrm{i} + \cos\mathrm{i} - 1 = \mathrm{e}^{-1} - 1.$$

3.3　复合闭路定理

柯西积分定理讨论了解析函数在单连通区域上任意简单闭曲线上的积分问题,并且该积分值为零. 但在我们所讨论的问题中,多连通区域的情况占了很大的比例. 现在我们就把柯西积分定理推广到多连通区域的情形.

设函数 $f(z)$在多连通区域 D 上解析,区域 D 的边界 C 是由外边界 C_1 和内边界 C_2 组成,C_1 和 C_2 均为正向简单闭曲线,C_2 在 C_1 的内部. 用割线 L 将 D 割开并连接 C_1 和 C_2 于 A, B 两点(图 3-4),则割破后的区域是由简单闭曲线 $\Gamma = C_1 + L + C_2^- + L^-$ 围成的单连通区域.

由柯西积分定理,有

$$\oint_\Gamma f(z)\mathrm{d}z = \oint_{C_1} f(z)\mathrm{d}z + \int_L f(z)\mathrm{d}z + \oint_{C_2^-} f(z)\mathrm{d}z + \int_{L^-} f(z)\mathrm{d}z$$

$$= \oint_{C_1} f(z)\mathrm{d}z + \oint_{C_2^-} f(z)\mathrm{d}z = 0$$

即

$$\oint_{C_1} f(z)\mathrm{d}z = \oint_{C_2} f(z)\mathrm{d}z.$$

上式说明 $f(z)$沿外边界的积分与沿内边界的积分相等. 用同样的方法,我们可以证明区域 D 是由多条封闭曲线所围成的多连通区域的情形.

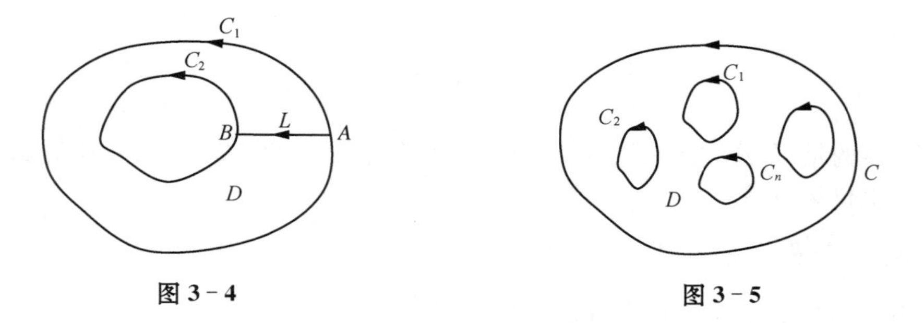

图 3-4　　　　**图 3-5**

定理 3.5(复合闭路定理)　多连通区域 D 由简单闭曲线 C 的内部以及 C_1, C_2, …, C_n 的外部围成,C_1, C_2, …, C_n 全包含在 C 的内部,并且它们互不包含互不相交(图 3-5),$f(z)$在 D 内解析,在其边界连续,则

$$\oint_C f(z)\mathrm{d}z = \oint_{C_1} f(z)\mathrm{d}z + \oint_{C_2} f(z)\mathrm{d}z + \cdots + \oint_{C_n} f(z)\mathrm{d}z. \tag{3.7}$$

例 3.6　设 C 是复平面内包含 z_0 的任意一条正向简单闭曲线，证明

$$\frac{1}{2\pi i}\oint_C \frac{1}{(z-z_0)^n}\mathrm{d}z = \begin{cases} 1, & n=1; \\ 0, & n\neq 1. \end{cases} \tag{3.8}$$

证　在 C 包含的区域内作一个以 z_0 为圆心、以 r 为半径的正向小圆周 C_r. 由于

$$\oint_{C_r} \frac{1}{(z-z_0)^n}\mathrm{d}z = \begin{cases} 2\pi i, & n=1; \\ 0, & n\neq 1. \end{cases}$$

由复合闭路定理，有

$$\frac{1}{2\pi i}\oint_C \frac{1}{(z-z_0)^n}\mathrm{d}z = \frac{1}{2\pi i}\oint_{C_r} \frac{1}{(z-z_0)^n}\mathrm{d}z = \begin{cases} 1, & n=1; \\ 0, & n\neq 1. \end{cases}$$

例 3.7　计算 $\oint_C \frac{1}{z^2-z}\mathrm{d}z$. 其中 C 为包含圆盘 $|z|\leqslant 1$ 在其内部的任何正向简单闭曲线.

解　$f(z)=\frac{1}{z^2-z}$ 在复平面内除 $z=0$, $z=1$ 两个奇点外是处处解析的. 由于 C 是包含圆盘 $|z|\leqslant 1$ 在内的任何正向简单闭曲线，因此它也包含这两个奇点. 在 C 内分别以这两个奇点为圆心作两个互不相交、互不包含的正向小圆周

$$C_1:\ |z|=r_1,\quad C_2:\ |z-1|=r_2$$

由于 $f(z)$ 在 C 与 C_1、C_2 围成的区域内解析，由复合闭路定理，有

$$\oint_C \frac{1}{z^2-z}\mathrm{d}z = \oint_{C_1} \frac{1}{z^2-z}\mathrm{d}z + \oint_{C_2} \frac{1}{z^2-z}\mathrm{d}z$$

由于 $\frac{1}{z^2-z}=\frac{1}{(z-1)z}=\frac{1}{z-1}-\frac{1}{z}$，所以

$$\begin{aligned}\oint_C \frac{1}{z^2-z}\mathrm{d}z &= \oint_{C_1} \frac{1}{z-1}\mathrm{d}z - \oint_{C_1} \frac{1}{z}\mathrm{d}z + \oint_{C_2} \frac{1}{z-1}\mathrm{d}z - \oint_{C_2} \frac{1}{z}\mathrm{d}z \\ &= 0-2\pi i+2\pi i-0=0.\end{aligned}$$

从这个例子我们看到，借助于复合闭路定理，有些比较复杂的函数的积分可以化为比较简单的函数的积分来计算，这是积分计算常用的化简方法.

3.4　柯西积分公式

柯西积分定理最直接，最重要的结果是柯西积分公式，它揭示了解析函数在区域内部的

值与其在边界上的积分之间的关系.从而推出解析函数的无限可微性.

3.4.1 柯西积分公式

定理 3.6 若函数 $f(z)$在简单正向闭曲线 C 所围成的区域 D 内解析,在区域 D 的边界 C 上连续,z_0 是区域 D 内任意一点,则

$$f(z_0)=\frac{1}{2\pi \mathrm{i}}\oint_C \frac{f(z)}{z-z_0}\mathrm{d}z \tag{3.9}$$

称之为**柯西积分公式**.

证 以 z_0 为圆心,以 r 为半径,在 D 内作一小圆周 C_r,其内部包含于 D(图 3-6).设 D_1 是由 C 和 C_r 围成的连通区域.函数 $\dfrac{f(z)}{z-z_0}$ 在 D_1 内解析,在 D_1 边界上连续,由复合闭路定理,有

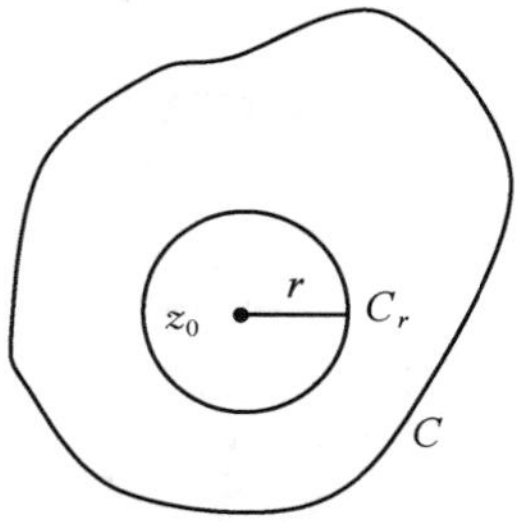

$$\int_C \frac{f(z)}{z-z_0}\mathrm{d}z=\int_{C_r}\frac{f(z)}{z-z_0}\mathrm{d}z$$

z_0 r C_r C

图 3-6

由于 $f(z)$在 z_0 可微,所以

$$f(z)=f(z_0)+f'(z_0)(z-z_0)+\rho(z,\ z_0)(z-z_0),\text{其中}\lim_{z\to z_0}\rho(z,\ z_0)=0.$$

于是有

$$\begin{aligned}\int_C \frac{f(z)}{z-z_0}\mathrm{d}z&=\int_{C_r}\frac{f(z_0)}{z-z_0}\mathrm{d}z+\int_{C_r}f'(z_0)\mathrm{d}z+\int_{C_r}\rho(z,\ z_0)\mathrm{d}z\\&=f(z_0)2\pi\mathrm{i}+\int_{C_r}\rho(z,\ z_0)\mathrm{d}z\end{aligned}$$

又因为

$$\left|\int_{C_r}\rho(z,\ z_0)\mathrm{d}z\right|\leqslant \max|\rho(z,\ z_0)|\cdot 2\pi r\to 0(r\to 0)$$

故

$$f(z_0)=\frac{1}{2\pi\mathrm{i}}\oint_C\frac{f(z)}{z-z_0}\mathrm{d}z.$$

柯西积分公式表明,可以把函数在区域 D 内部任一点 z 的值用函数在 D 的边界 C 上的积分来表示.这是解析函数的又一特征.它提供了计算某些复变函数沿封闭路径积分的一种方法,即

$$\oint_C\frac{f(z)}{z-z_0}\mathrm{d}z=2\pi\mathrm{i}f(z_0). \tag{3.10}$$

但需注意,定理中积分曲线 C 也可以是解析区域 D 内部的包含 z_0 的任意一条简单正向

闭曲线.

特别地,若定理中区域 D 为圆周 C: $|z-z_0|<r$ (即 $z=z_0+re^{i\theta}$) 所围成,则

$$f(z_0)=\frac{1}{2\pi i}\oint_C\frac{f(z)}{z-z_0}dz=\frac{1}{2\pi i}\int_0^{2\pi}\frac{f(z_0+re^{i\theta})}{re^{i\theta}}\cdot re^{i\theta}\cdot i d\theta=\frac{1}{2\pi}\int_0^{2\pi}f(z_0+re^{i\theta})d\theta \tag{3.11}$$

称为解析函数的**平均值公式**.说明一个解析函数在圆心处的值等于它在圆周上取值的平均值.

例 3.8　计算下列积分(沿圆周正向)值:

(1) $\dfrac{1}{2\pi i}\oint_{|z|=4}\dfrac{\cos z}{z}dz$;　　(2) $\oint_{|z|=4}\dfrac{3z-1}{(z+1)(z-3)}dz$.

解　(1) $f(z)=\cos z$ 在 $|z|\leqslant 4$ 解析,由柯西积分公式,有

$$\frac{1}{2\pi i}\oint_{|z|=4}\frac{\cos z}{z}dz=f(0)=\cos 0=1.$$

(2) $f(z)=\dfrac{3z-1}{(z+1)(z-3)}$ 在 C 内有两个奇点 $z=-1$ 及 $z=3$,分别以 $z=-1$ 和 $z=3$ 作两个包含于 $|z|=4$ 的圆周 C_1, C_2,且 C_1, C_2 不相交且互不包含.

由复合闭路定理,可得

$$\oint_C f(z)dz=\oint_{C_1}f(z)dz+\oint_{C_2}f(z)dz=\oint_{C_1}\frac{3z-1}{(z+1)(z-3)}dz+\oint_{C_2}\frac{3z-1}{(z+1)(z-3)}dz$$

$$=\oint_{C_1}\frac{\frac{3z-1}{z-3}}{z+1}dz+\oint_{C_2}\frac{\frac{3z-1}{z+1}}{z-3}dz=2\pi i\cdot\frac{3z-1}{z-3}\Big|_{z=-1}+2\pi i\cdot\frac{3z-1}{z+1}\Big|_{z=3}$$

$$=2\pi i+4\pi i=6\pi i.$$

3.4.2　高阶求导公式

解析函数不同于实函数的另一个特性是:**解析函数的任意阶导数都存在,并且仍然解析**.这一特性可以由柯西积分公式推出.

定理 3.7　设 $f(z)$ 在 D 内解析,在区域 D 的边界 C 上连续,C 为正向简单闭曲线,则 $f^{(n)}(z)$ 在 D 内解析,且有

$$f^{(n)}(z_0)=\frac{n!}{2\pi i}\oint_C\frac{f(z)}{(z-z_0)^{n+1}}dz,\ \forall z_0\in D,\ n=1,2,\cdots \tag{3.12}$$

证　设 z_0 为 D 内任意一点,先证 $n=1$ 时,式(3.12)成立.

由柯西积分公式,我们有

$$f(z_0)=\frac{1}{2\pi \mathrm{i}}\oint_C \frac{f(z)}{z-z_0}\mathrm{d}z$$

$$f(z_0+\Delta z)=\frac{1}{2\pi \mathrm{i}}\oint_C \frac{f(z)}{z-z_0-\Delta z}\mathrm{d}z$$

故

$$\begin{aligned}\frac{f(z_0+\Delta z)-f(z_0)}{\Delta z}&=\frac{1}{2\pi \mathrm{i}\Delta z}\left[\oint_C \frac{f(z)}{z-z_0-\Delta z}\mathrm{d}z-\oint_C \frac{f(z)}{z-z_0}\mathrm{d}z\right]\\&=\frac{1}{2\pi \mathrm{i}}\oint_C \frac{f(z)}{(z-z_0)(z-z_0-\Delta z)}\mathrm{d}z\end{aligned}$$

于是

$$\frac{f(z_0+\Delta z)-f(z_0)}{\Delta z}-\frac{1}{2\pi \mathrm{i}}\oint_C \frac{f(z)}{(z-z_0)^2}\mathrm{d}z=\frac{1}{2\pi \mathrm{i}}\oint_C \frac{\Delta z f(z)}{(z-z_0)^2(z-z_0-\Delta z)}\mathrm{d}z$$

设后一个积分为 J,有

$$\begin{aligned}|J|&=\frac{1}{2\pi}\left|\oint_C \frac{\Delta z f(z)}{(z-z_0)^2(z-z_0-\Delta z)}\mathrm{d}z\right|\\&\leqslant \frac{1}{2\pi}\oint_C \frac{|\Delta z||f(z)|}{|(z-z_0)^2||z-z_0-\Delta z|}\mathrm{d}z\end{aligned}$$

因此要证

$$\lim_{\Delta z\to 0}\frac{f(z_0+\Delta z)-f(z_0)}{\Delta z}=\frac{1}{2\pi \mathrm{i}}\oint_C \frac{f(z)}{(z-z_0)^2}\mathrm{d}z$$

只要证 $|J|\to 0$, 因 $f(z)$在 D 内解析,在边界 C 上连续,故在边界 C 上有界,即 $\exists M>0$, $|f(z)|\leqslant M$. 设 d 为从 z_0 到 C 上各点的最短距离(图 3-7),满足 $|\Delta z|<\frac{1}{2}d$, 故有

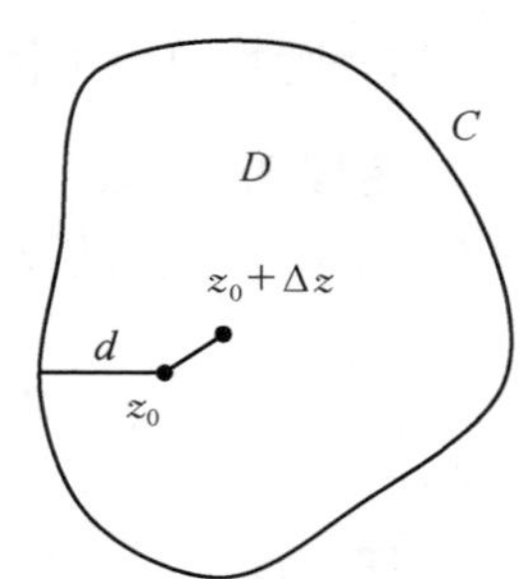

图 3-7

$$|z-z_0|\geqslant d,\quad \frac{1}{|z-z_0|}\leqslant \frac{1}{d}$$

$$|z-z_0-\Delta z|\geqslant|z-z_0|-|\Delta z|>\frac{d}{2},\quad \frac{1}{|z-z_0-\Delta z|}<\frac{2}{d}.$$

因此 $|J|<|\Delta z|\frac{ML}{\pi d^3}$, L 为 C 的长度. 如果 $|\Delta z|\to 0$, 那么 $|J|\to 0$, 故得到

$$f'(z)=\lim_{\Delta z\to 0}\frac{f(z_0+\Delta z)-f(z_0)}{\Delta z}=\frac{1}{2\pi\mathrm{i}}\oint_C\frac{f(z)}{(z-z_0)^2}\mathrm{d}z.$$

同理,用上述方法求极限

$$\lim_{\Delta z\to 0}\frac{f'(z_0+\Delta z)-f'(z_0)}{\Delta z}$$

可得

$$f''(z_0)=\frac{2!}{2\pi\mathrm{i}}\oint_C\frac{f(z)}{(z-z_0)^3}\mathrm{d}z.$$

依次类推,用数学归纳法可以证明

$$f^{(n)}(z_0)=\frac{n!}{2\pi\mathrm{i}}\oint_C\frac{f(z)}{(z-z_0)^{n+1}}\mathrm{d}z.$$

需要注意的是,C 也可以是区域 D 内的任何一条包含 z_0 的正向简单闭曲线. 公式(3.12)提供了一种利用高阶导数计算围线积分的方法,即

$$\oint_C\frac{f(z)}{(z-z_0)^{n+1}}\mathrm{d}z=\frac{2\pi\mathrm{i}}{n!}f^{(n)}(z_0). \tag{3.13}$$

例 3.9 计算下列积分的值:

(1) $\oint_C\frac{\sin z}{(z-\mathrm{i})^3}\mathrm{d}z$, C 为任一包含 $z=\mathrm{i}$ 的正向简单闭曲线;

(2) $\oint_C\frac{\mathrm{e}^z}{(z^2+1)^2}\mathrm{d}z$, C 为正向圆周 $|z|=r>1$.

解 (1) $\sin z$ 在 D 内解析,则

$$\oint_C\frac{\sin z}{(z-\mathrm{i})^3}\mathrm{d}z=\frac{2\pi\mathrm{i}}{(3-1)!}(\sin z)''|_{z=\mathrm{i}}=-\pi\mathrm{i}\sin\mathrm{i}=\frac{\pi}{2}(\mathrm{e}-\mathrm{e}^{-1}).$$

(2) 函数 $\frac{\mathrm{e}^z}{(z^2+1)^2}$ 在 $z=\pm\mathrm{i}$ 不解析,即 $z=\pm\mathrm{i}$ 为两个奇点,分别以 i, $-\mathrm{i}$ 为圆心作两个互不相交、互不包含的正向圆周 C_1, C_2,且包含于 C 内.

由复合闭路定理及高阶导数公式,有

$$\oint_C\frac{\mathrm{e}^z}{(z^2+1)^2}\mathrm{d}z=\oint_{C_1}\frac{\mathrm{e}^z}{(z^2+1)^2}\mathrm{d}z+\oint_{C_2}\frac{\mathrm{e}^z}{(z^2+1)^2}\mathrm{d}z$$

$$=\oint_{C_1}\frac{\frac{\mathrm{e}^z}{(z+\mathrm{i})^2}}{(z-\mathrm{i})^2}\mathrm{d}z+\oint_{C_2}\frac{\frac{\mathrm{e}^z}{(z-\mathrm{i})^2}}{(z+\mathrm{i})^2}\mathrm{d}z$$

$$= \frac{2\pi \mathrm{i}}{(2-1)!}\left[\frac{\mathrm{e}^z}{(z+\mathrm{i})^2}\right]'_{z=\mathrm{i}} + \frac{2\pi \mathrm{i}}{(2-1)!}\left[\frac{\mathrm{e}^z}{(z-\mathrm{i})^2}\right]'_{z=-\mathrm{i}}$$

$$= \frac{(1-\mathrm{i})\mathrm{e}^{\mathrm{i}}}{2}\pi - \frac{(1+\mathrm{i})\mathrm{e}^{-\mathrm{i}}}{2}\pi$$

$$= \frac{\pi}{2}[(\mathrm{e}^{\mathrm{i}} - \mathrm{e}^{-\mathrm{i}}) - \mathrm{i}(\mathrm{e}^{\mathrm{i}} + \mathrm{e}^{-\mathrm{i}})]$$

$$= \pi \mathrm{i}(\sin 1 - \cos 1).$$

利用解析函数的可微性,可以证明一些重要的结论.

例 3.10(Morera 定理)　若函数 $f(z)$在单连通域 D 内连续,且对 D 内任意封闭曲线 C,有 $\oint_C f(z)\mathrm{d}z = 0$,则 $f(z)$在区域 D 内解析.

证　由假设知

$$F(z) = \int_{z_0}^{z} f(\xi)\mathrm{d}\xi \quad \text{是 } D \text{ 内的解析函数,且 } F'(z) = f(z).$$

由于解析函数的导数在 D 内仍解析,因此 $f(z)$解析.

例 3.11(Liouville 定理)　若 $f(z)$在复平面上解析且有界,则 $f(z)$恒为常数.

证　在复平面上任取一点 z_0,以 z_0 为圆心,以任意大的整数 R 为半径,作正向圆周 C: $|z - z_0| = R$. 由于 $f(z)$有界,则 $|f(z)| < M$. 由高阶导数公式

$$f'(z_0) = \frac{1}{2\pi \mathrm{i}}\oint_C \frac{f(z)}{(z-z_0)^2}\mathrm{d}z$$

$$|f'(z_0)| \leqslant \frac{1}{2\pi}\oint_C \frac{|f(z)|}{|z-z_0|^2}\mathrm{d}s \leqslant \frac{1}{2\pi}\oint_C \frac{M}{R^2}\mathrm{d}s = \frac{M}{R}$$

令 $R \to \infty$, 则 $f'(z_0) = 0$, 于是 $f(z)$为常数.

本章学习要求

本章给出了复变函数积分的概念、性质与计算方法,阐述了柯西积分定理、复合闭路定理、柯西积分公式、解析函数的高阶导数等解析函数的一些重要理论.

重点难点:本章重点是柯西积分定理,复合闭路定理,柯西积分公式,解析函数的高阶导数. 难点是对这些理论的证明与推导.

学习目标:理解复变函数积分的定义与性质,熟练掌握参数方程积分法,掌握柯西积分定理与复合闭路定理及其应用,理解原函数的概念,会用柯西积分公式和高阶导数公式计算一些复变函数的积分.

习 题 三

3.1 计算积分$\int_C z^2 \mathrm{d}z$，其中 C 是：

(1) 原点到 $(2+\mathrm{i})$ 的直线段；

(2) 原点到 2 再到 $(2+\mathrm{i})$ 的折线；

(3) 原点到 i 再沿水平到 $(2+\mathrm{i})$ 的折线.

3.2 设 C 是 $z=\mathrm{e}^{\mathrm{i}\theta}$，$\theta$ 是从 $-\pi$ 至 π 的一周，计算：

(1) $\int_C \mathrm{Re}(z)\mathrm{d}z$；　(2) $\int_C \mathrm{Im}(z)\mathrm{d}z$；　(3) $\int_C \bar{z}\mathrm{d}z$.

3.3 计算积分$\oint_C |z|\bar{z}\mathrm{d}z$，其中 C 是由直线段 $-1\leqslant x\leqslant 1$，$y=0$ 及上半单位圆周组成的正向闭曲线.

3.4 观察确定下列积分的值，并说明理由：

(1) $\oint_{|z|=1.5} \mathrm{e}^z(z^2+1)\mathrm{d}z$；　(2) $\oint_{|z|=1.5} \dfrac{3z+5}{z^2+2z+3}\mathrm{d}z$；

(3) $\oint_{|z|=1.5} \dfrac{\mathrm{e}^z}{\cos z}\mathrm{d}z$；　(4) $\oint_{|z|=1} \dfrac{\mathrm{d}z}{z-\dfrac{1}{2}}$.

3.5 沿下列指定曲线的正向计算积分$\oint_C \dfrac{\mathrm{d}z}{z(z^2+1)}$的值：

(1) C：$|z|=\dfrac{1}{2}$；　(2) C：$|z|=\dfrac{3}{2}$；

(3) C：$|z+\mathrm{i}|=\dfrac{1}{2}$；　(4) C：$|z-\mathrm{i}|=\dfrac{3}{2}$.

3.6 设区域 D 为右半平面，z 为 D 内的圆周 $|z|=1$ 上的任意一点，用在 D 内的任意一条曲线 C 连接原点与 z，证明：

$$\mathrm{Re}\left[\int_0^z \frac{\mathrm{d}\xi}{1+\xi^2}\right]=\frac{\pi}{4}.$$

3.7 计算$\oint_C \dfrac{z^2\mathrm{e}^z}{2z+\mathrm{i}}\mathrm{d}z$，其中 C 为单位圆周 $|z|=1$，取顺时针方向.

3.8 设 C 为正向椭圆 $\dfrac{x^2}{4}+\dfrac{y^2}{9}=1$，定义 $f(z)=\oint_C \dfrac{\xi^2-\xi+2}{\xi-z}\mathrm{d}\xi$，$z$ 不在 C 上. 求 $f(1)$，$f'(\mathrm{i})$，$f''(-\mathrm{i})$.

3.9 计算下列积分：

(1) $\int_{-\pi\mathrm{i}}^{\pi\mathrm{i}} \sin^2 z\mathrm{d}z$；　(2) $\int_1^{1+\mathrm{i}} z\mathrm{e}^z\,\mathrm{d}z$；

(3) $\int_1^{\mathrm{i}} (2+\mathrm{i}z)^2\mathrm{d}z$；　(4) $\int_1^{\mathrm{i}} \dfrac{\ln(z+1)}{(z+1)}\mathrm{d}z$.

3.10 设 $f(z)=\oint_{|\xi|=2} \dfrac{\mathrm{e}^{\frac{\pi}{3}\xi}}{\xi-z}\mathrm{d}\xi$，求 $f(\mathrm{i})$，$f(-\mathrm{i})$；当 $|z|>2$ 时，求 $f(z)$.

3.11 沿下列指定曲线的正向计算各积分：

(1) $\oint_C \dfrac{\cos\pi z}{(z-1)^5}\mathrm{d}z$，$C$：$|z|=r>1$；

(2) $\oint_C \dfrac{dz}{(z^2-1)(z^3-1)}$, C: $|z|=r<1$;

(3) $\oint_C \dfrac{\sin z}{\left(z-\dfrac{\pi}{2}\right)^2}dz$, C: $|z|=\dfrac{3}{2}$;

(4) $\oint_C \dfrac{e^z}{(z-a)^3}dz$, C: $|z|=1$, a 为 $|a|\neq 1$ 的任何复数;

(5) $\oint_C \dfrac{\sin z}{z^2+9}dz$, C: $|z-2i|=2$;

(6) $\int_{C_1+C_2} \dfrac{\cos z}{z^3}dz$ 其中, C_1: $|z|=2$ 取正向, C_2: $|z|=3$ 为负向.

3.12 设 $f(z)$在 $|z|\leqslant 1$ 上解析且 $f(0)=1$, 试求:

$$\frac{1}{2\pi i}\oint_{|z|=1}\left[2\pm\left(z+\frac{1}{z}\right)\right]\frac{f(z)}{z}dz.$$

3.13 证明:

(1) 若函数 $f(z)$在 $z=0$ 的邻域内连续,则

$$\lim_{r\to 0}\int_0^{2\pi} f(re^{i\theta})d\theta = 2\pi f(0);$$

(2) 若 $f(z)$在 $z=a$ 的邻域内连续,则

$$\lim_{r\to 0}\int_{|z-a|=r}\frac{f(z)}{z-a}dz = 2\pi i f(a).$$

阶段复习题一

1. 填空题

(1) $z=\dfrac{(1-i)^5-1}{(1+i)^5+1}$ 的实部是________,虚部是________.

(2) 已知 $z=\dfrac{-2}{1+\sqrt{3}i}$, 则 z 的辐角主值是________.

(3) $\lim\limits_{z\to 1}\dfrac{z\bar{z}+2z-\bar{z}-2}{z^2-1}=$ ________.

(4) 函数 $f(z)=(x^2-y^2-x)+i(2xy-y^2)$ 在________处可导,在________解析.

(5) 函数 $f(z)=e^{\frac{z}{5}}$ 的周期是________.

(6) 设函数 $f(z)=z\operatorname{Re} z$, $f'(0)=$ ________.

(7) $\oint_{|z|=1}\dfrac{\bar{z}}{|z|}dz=$ ________.

(8) $\oint_{|z|=1}\dfrac{e^{\frac{1}{z-2}}}{(z^2+2)(z-3)}dz=$ ________.

(9) 设 $f(z)$ 在单连通区域 D 内解析且不为零, C 为区域 D 内任意一条简单闭曲线,则

$\oint_C \frac{f''(z)+2f'(z)+1}{f(z)}dz =$ ________.

(10) 设 $f(z)=\oint_{|\xi|=3}\frac{3\xi^2+7\xi+1}{\xi-z}d\xi$，则 $f'(1+i)=$ ________.

2. 选择题

(1) 已知 $z=\frac{\sqrt{2}}{2}(1-i)$，则 $z^{100}+z^{50}+1$ 的值为(　　).

(A) i　(B) $-i$　(C) 1　(D) -1

(2) 集合 $D=\{z \mid 0<|z|<1\}$，则 D 是(　　).

(A) 无界域　(B) 多连通域　(C) 单连通域　(D) 闭区域

(3) 已知方程 $z^3-z^2+z-1=0$，(　　)不是它的根.

(A) i　(B) $-i$　(C) 1　(D) -1

(4) 函数 $w=f(z)$ 在 z_0 点可导是可微的(　　).

(A) 必要但非充分条件　(B) 充分但非必要条件

(C) 充分必要条件　(D) 既非充分条件，也非必要条件

(5) 设 $f(z)=u(x,y)+iv(x,y)$，则在(x_0,y_0)点，$u(x,y)$，$v(x,y)$均可微是 $f(z)$在 $z_0=x_0+iy_0$ 点可微的(　　).

(A) 必要但非充分条件　(B) 充分但非必要条件

(C) 充分必要条件　(D) 既非必要条件，也非充分条件

(6) 设 $f(z)=2xy-ix^2$，那么(　　).

(A) $f(z)$处处可微　(B) $f(z)$处处不可导

(C) $f(z)$仅在原点可导　(D) $f(z)$仅在 x 轴上可导

(7) 若 $f(z)=\bar{z}$，则 $f(z)$(　　).

(A) 处处不可导　(B) 仅在原点可导

(C) 处处解析　(D) 仅在虚轴上可导

(8) 关于复数的对数函数，下列公式正确的是(　　).

(A) $\mathrm{Ln}(z_1z_2)=\mathrm{Ln}\,z_1+\mathrm{Ln}\,z_2$　(B) $\ln(z_1z_2)=\ln z_1+\ln z_2$

(C) $\mathrm{Ln}\,z^2=2\mathrm{Ln}\,z$　(D) $\ln z^2=2\ln z$

(9) $\oint_{|z|=1}\frac{1}{\cos^2 z}dz=$(　　).

(A) 不存在　(B) 0　(C) π　(D) $-\pi$

(10) $\oint_{|z|=1}\frac{\sin(2z+1)}{\bar{z}+2}dz=$(　　).

(A) 0　(B) $\frac{\pi i}{2}\sin 1$　(C) $-\frac{\pi i}{2}\sin 1$　(D) $\frac{\pi i}{2}$

3. 求下列各式的值：

(1) $\frac{3-4i}{4+3i}$；　(2) $i(1-i\sqrt{3})(\sqrt{3}+i)$；

(3) $(\sqrt{3}+i)^{-3}$；　(4) $\sqrt[3]{1+i}$.

4. 解方程：

(1) $z^3=-\mathrm{i}$;　　(2) $z^4=-1$.

5. 讨论函数 $f(z)=\begin{cases}\dfrac{(\mathrm{Re}\,z)^2}{|z|}, & (z\neq 0);\\ 0, & (z=0)\end{cases}$ 在 $z=0$ 的连续性.

6. 设 $f(z)=x^2+axy+by^2+\mathrm{i}(cx^2+dxy+y^2)$，问 a，b，c，d 取何值，$f(z)$在 z 平面上解析?

7. 求 $\mathrm{Arc}\cos\dfrac{1}{2}$ 的一切值.

8. 确定形如 $u=f\left(\dfrac{y}{x}\right)$ 的所有调和函数.

9. 设 $w=u+\mathrm{i}v$ 是 z 的解析函数，且 $u=(x-y)(x^2+4xy+y^2)$，求 v，把 w 表示成 z 的函数.

10. 已知 $u+v=(x-y)(x^2+4xy+y^2)-2(x+y)$，试确定解析函数 $f(z)=u+\mathrm{i}v$.

11. 计算下列积分：

(1) $\int_L (z+1)\mathrm{e}^z\,\mathrm{d}z$，$L$ 为 $|z|=1$ 的上半圆周；

(2) $\int_L (z^2+7z+1)\mathrm{d}z$，$L$ 为 $z_1=1$ 到 $z_2=1-\mathrm{i}$ 的直线段；

(3) $\int_L |z|\,\bar{z}\,\mathrm{d}z$，$L$ 为半圆周 $|z|=4$，$\mathrm{Re}\,z\geqslant 0$；

(4) $\int_{ABC}(z^2+1)\mathrm{d}z$，$ABC$ 为 $z_A=0$ 到 $z_B=-1+\mathrm{i}$ 再到 $z_C=\mathrm{i}$ 的折线段.

12. 计算积分$\oint_C \dfrac{\mathrm{e}^z}{z(1-z)^3}\mathrm{d}z$，其中 C 为不经过 0 和 1 的闭曲线.

13. 计算下列积分：

(1) $\oint_{|z|=1}\dfrac{\mathrm{e}^z}{z^{100}}\mathrm{d}z$；　　(2) $\oint_C \dfrac{z\,\mathrm{e}^z}{(z-a)^3}\mathrm{d}z$，$a$ 在闭曲线 C 内部.

14. 已知 $f(z)=\oint_{|\xi|=2}\dfrac{\sin\frac{\pi}{4}\xi}{\xi-z}\mathrm{d}\xi$，求 $f(1-2\mathrm{i})$，$f(1)$，$f'(1)$.

15. 求积分$\oint_C \dfrac{1}{z^3(z+1)(z-2)}\mathrm{d}z$ 的值. C：$|z|=r$ 正向，$r\neq 1$，2.

4 解析函数的幂级数表示

级数是研究解析函数的另一个重要工具. 本章我们首先引入有关复级数的一些基本概念,在此基础上我们将重点介绍解析函数在不同情形下的两种幂级数表示形式——泰勒(Taylor)级数和洛朗(Laurent)级数. 由于把解析函数展开成幂级数应用起来比较方便,因此幂级数在复变函数论中有着特别重要的意义.

4.1 复级数的基本概念

4.1.1 复数列的极限

定义 4.1 设 $\{c_n\}(n=1, 2, \cdots)$ 是复数列,其中,$c_n=a_n+\mathrm{i}b_n(a_n, b_n\in\mathbf{R})$. $c=a+b\mathrm{i}$ 为一确定的复数. 若对任意给定的 $\varepsilon>0$, 总存在自然数 N,使得当 $n>N$ 时,有

$$|c_n-c|<\varepsilon$$

成立,则称 c 为复数列$\{c_n\}$当 $n\to\infty$ 时的**极限**,也称数列$\{c_n\}$是**收敛的**,并且收敛于 c. 记为

$$\lim_{n\to\infty}c_n=c.$$

若数列$\{c_n\}$不收敛,则称$\{c_n\}$是**发散的**.

由不等式 $|a_n-a|\leqslant|c_n-c|\leqslant|a_n-a|+|b_n-b|$ 以及

$$|b_n-b|\leqslant|c_n-c|\leqslant|a_n-a|+|b_n-b|$$

不难得出如下定理.

定理 4.1 复数列 $\{c_n\}=\{a_n+\mathrm{i}b_n\}(n=1, 2, \cdots)$ 收敛于 $c=a+\mathrm{i}b$ 的充分必要条件为

$$\lim_{n\to\infty}a_n=a, \lim_{n\to\infty}b_n=b.$$

4.1.2 复数项级数

定义 4.2 设 $\{c_n\}(n=1, 2, \cdots)$ 为一复数列,称

$$\sum_{n=1}^{\infty} c_n = c_1 + c_2 + \cdots + c_n + \cdots \tag{4.1}$$

为**复数项级数**.

复数项级数(4.1)的前 n 项和 $S_n = c_1 + c_2 + \cdots + c_n$ 称为级数的**部分和**. 若部分和数列 $\{S_n\}$收敛,即 $\lim\limits_{n\to\infty} S_n = S$, 则称级数 $\sum\limits_{n=1}^{\infty} c_n$ **收敛**,记 $\sum\limits_{n=1}^{\infty} c_n = S$; 若 $\lim\limits_{n\to\infty} S_n$ 不存在,则称级数 $\sum\limits_{n=1}^{\infty} c_n$ **发散**.

显然,由定理 4.1,我们可以得到级数收敛的充分必要条件.

定理 4.2 复数项级数 $\sum\limits_{n=1}^{\infty} c_n$ 收敛的充分必要条件为 $\sum\limits_{n=1}^{\infty} a_n$, $\sum\limits_{n=1}^{\infty} b_n$ 均收敛,并且

$$\sum_{n=1}^{\infty} c_n = \sum_{n=1}^{\infty} a_n + \mathrm{i}\sum_{n=1}^{\infty} b_n \quad (\text{其中}, c_n = a_n + \mathrm{i}b_n).$$

例 4.1 判断级数 $\sum\limits_{n=1}^{\infty} \frac{1}{n}\left(1+\frac{\mathrm{i}}{n}\right)$ 是否收敛.

解 $\sum\limits_{n=1}^{\infty} \frac{1}{n}\left(1+\frac{\mathrm{i}}{n}\right) = \sum\limits_{n=1}^{\infty} \frac{1}{n} + \mathrm{i}\sum\limits_{n=1}^{\infty} \frac{1}{n^2}$.

由于调和级数 $\sum\limits_{n=1}^{\infty} \frac{1}{n}$ 发散,故原级数发散.

根据定理 4.2,复数项级数的收敛问题可以转化为实数项级数的收敛问题,而实数项级数 $\sum\limits_{n=1}^{\infty} a_n$, $\sum\limits_{n=1}^{\infty} b_n$ 收敛的必要条件为 $\lim\limits_{n\to\infty} a_n = 0$, $\lim\limits_{n\to\infty} b_n = 0$. 因此,我们得到如下定理.

定理 4.3 复数项级数 $\sum\limits_{n=1}^{\infty} c_n$ 收敛的必要条件为: $\lim\limits_{n\to\infty} c_n = 0$.

定理 4.4 若级数 $\sum\limits_{n=1}^{\infty} |c_n|$ 收敛,则级数 $\sum\limits_{n=1}^{\infty} c_n$ 必收敛.

证 由于 $|a_n| \leqslant |c_n|$, $|b_n| \leqslant |c_n|$ $(n = 1, 2, \cdots)$, 而级数 $\sum\limits_{n=1}^{\infty} |c_n|$ 收敛,由正项级数的比较判别法知,级数 $\sum\limits_{n=1}^{\infty} |a_n|$ 和 $\sum\limits_{n=1}^{\infty} |b_n|$ 都收敛,从而级数 $\sum\limits_{n=1}^{\infty} a_n$ 和 $\sum\limits_{n=1}^{\infty} b_n$ 收敛. 于是,由定理 4.2 知,级数 $\sum\limits_{n=1}^{\infty} c_n$ 收敛.

类似于实数项级数,若数项级数 $\sum\limits_{n=1}^{\infty} |c_n|$ 收敛,则称复数项级数 $\sum\limits_{n=1}^{\infty} c_n$ **绝对收敛**. 反之,级数 $\sum\limits_{n=1}^{\infty} c_n$ 收敛却不一定绝对收敛,我们称级数本身收敛而不绝对收敛的级数为**条件收敛**

级数.

由此可见,复数项级数的收敛性可完全利用实数项级数的收敛性判别法来判别.

例 4.2 判别下列级数的敛散性:

(1) $\sum\limits_{n=1}^{\infty}\left[\dfrac{(-1)^n}{n}+\dfrac{1}{2^n}\mathrm{i}\right]$; (2) $\sum\limits_{n=1}^{\infty}\dfrac{(8\mathrm{i})^3}{n!}$; (3) $\sum\limits_{n=1}^{\infty}\dfrac{\mathrm{i}^n}{n}$.

解 (1) 因为 $\sum\limits_{n=1}^{\infty}\dfrac{(-1)^n}{n}$ 为交错级数,且 $\lim\limits_{n\to\infty}\dfrac{1}{n}=0$, 所以 $\sum\limits_{n=1}^{\infty}\dfrac{(-1)^n}{n}$ 收敛. 又由于 $\sum\limits_{n=1}^{\infty}\dfrac{1}{2^n}$ 收敛,所以原级数收敛.

(2) 由于 $\sum\limits_{n=1}^{\infty}\left|\dfrac{(8\mathrm{i})^n}{n!}\right|=\sum\limits_{n=1}^{\infty}\dfrac{8^n}{n!}$, 由正项级数的比值判别法知, $\sum\limits_{n=1}^{\infty}\dfrac{8^n}{n!}$ 收敛,故原级数绝对收敛.

(3) 由于 $\sum\limits_{n=1}^{\infty}\left|\dfrac{\mathrm{i}^n}{n}\right|=\sum\limits_{n=1}^{\infty}\dfrac{1}{n}$, 级数 $\sum\limits_{n=1}^{\infty}\dfrac{1}{n}$ 发散,但是,

$$\sum_{n=1}^{\infty}\frac{\mathrm{i}^n}{n}=-\left(\frac{1}{2}-\frac{1}{4}+\frac{1}{6}-\frac{1}{8}+\cdots\right)+\mathrm{i}\left(1-\frac{1}{3}+\frac{1}{5}-\frac{1}{7}+\cdots\right)$$

的实部和虚部(两级数)均收敛,所以, $\sum\limits_{n=1}^{\infty}\dfrac{\mathrm{i}^n}{n}$ 收敛,且为条件收敛.

例 4.3 判别级数 $\sum\limits_{n=0}^{\infty}q^n$ (q 为复常数)的敛散性.

解 由于 $S_n=1+q+q^2+\cdots+q^{n-1}=\dfrac{1-q^n}{1-q}$

当 $|q|<1$ 时,由 $\lim\limits_{n\to\infty}|q|^n=0$, 得 $\lim\limits_{n\to\infty}q^n=0$,

于是 $\lim\limits_{n\to\infty}S_n=\lim\limits_{n\to\infty}\dfrac{1-q^n}{1-q}=\dfrac{1}{1-q}$, 级数 $\sum\limits_{n=0}^{\infty}q^n$ 收敛.

当 $|q|\geqslant 1$ 时,由于 $\lim\limits_{n\to\infty}q^n\neq 0$, 故此时级数 $\sum\limits_{n=0}^{\infty}q^n$ 发散.

4.1.3 复变函数项级数

定义 4.3 设 $\{f_n(z)\}(n=1,2,\cdots)$ 为一复变函数列,其中各项均在复数域 D 上有定义,称表达式

$$\sum_{n=1}^{\infty}f_n(z)=f_1(z)+f_2(z)+\cdots+f_n(z)+\cdots \tag{4.2}$$

为**复变函数项级数**. 该级数的前 n 项和 $S_n(z)=f_1(z)+f_2(z)+\cdots+f_n(z)$ 为级数的**部分和**.

若 z_0 为 D 上的固定点，$\lim\limits_{n\to\infty}S_n(z_0)=S(z_0)$，则称复变函数项级数(4.2)在 z_0 点收敛，z_0 称为级数 $\sum\limits_{n=1}^{\infty}f_n(z)$ 的一个**收敛点**，所有收敛点的集合称为级数 $\sum\limits_{n=1}^{\infty}f_n(z)$ 的**收敛域**. 若级数 $\sum\limits_{n=1}^{\infty}f_n(z)$ 在 z_0 点发散，则称 z_0 为级数 $\sum\limits_{n=1}^{\infty}f_n(z)$ 的**发散点**，所有发散点的集合称为级数 $\sum\limits_{n=1}^{\infty}f_n(z)$ 的**发散域**.

若对 D 内的任意点 z，都有 $\lim\limits_{n\to\infty}S_n(z)=S(z)$，则称级数 $\sum\limits_{n=1}^{\infty}f_n(z)$ 在 D 内处处收敛. 并称 $S(z)$为级数的**和函数**.

下面我们重点讨论一类特别的解析函数项级数——幂级数，它是复变函数项级数中最简单的情形.

4.2 幂级数

在复变函数项级数的定义中，若取 $f_n(z)=a_n(z-z_0)^n$ 或 $f_n(z)=a_nz^n(n=1,2,\cdots)$，就得到函数项级数的特殊情形

$$\sum_{n=0}^{\infty}a_n(z-z_0)^n=a_0+a_1(z-z_0)+a_2(z-z_0)^2+\cdots+a_n(z-z_0)^n+\cdots \tag{4.3}$$

或

$$\sum_{n=0}^{\infty}a_nz^n=a_0+a_1z+a_2z^2+\cdots+a_nz^n+\cdots \tag{4.4}$$

形如式(4.3)或式(4.4)的级数称为**幂级数**，其中，$a_n(n=0,1,2,\cdots)$及 z_0 均为复常数.

在级数(4.3)中，令 $z-z_0=\xi$，则化为式(4.4)的形式，称级数(4.4)为幂级数的**标准形式**，式(4.3)称为幂级数的**一般形式**. 为方便，今后我们以幂级数的标准形式(4.4)为主来讨论，相关结论可平行推广到幂级数的一般形式(4.3).

4.2.1 幂级数的收敛性

关于幂级数收敛问题，我们先介绍下面的定理.

定理 4.5(Abel 定理) 若幂级数(4.4)在 $z=z_0(\neq 0)$ 处收敛，则它在 $|z|<|z_0|$ 内绝对收敛(即 $\sum\limits_{n=0}^{\infty}|a_nz^n|$ 收敛)；若(4.4)在 $z=z_0$ 处发散，则它在 $|z|>|z_0|$ 内发散.

证 若 $\sum\limits_{n=0}^{\infty}a_nz^n$ 在 $z=z_0(\neq 0)$ 处收敛，即级数 $\sum\limits_{n=0}^{\infty}a_nz_0^n$ 收敛，

所以

$$\lim_{n\to\infty} a_n z_0^n = 0$$

因而，存在常数 $M > 0$ 使得对所有的 n，有

$$|a_n z_0^n| < M$$

当 $|z| < |z_0|$ 时，$|a_n z^n| = |a_n z_0^n| \left|\frac{z}{z_0}\right|^n < M\left|\frac{z}{z_0}\right|^n$，而级数 $\sum_{n=0}^{\infty}\left|\frac{z}{z_0}\right|^n$ 收敛，所以，$\sum_{n=0}^{\infty} a_n z^n$ 绝对收敛.

若 $\sum_{n=0}^{\infty} a_n z^n$ 在 $z = z_0(\neq 0)$ 发散，假设存在一点 z_1，使得当 $|z_1| > |z_0|$ 时，$\sum_{n=0}^{\infty} a_n z_1^n$ 收敛. 则由上面讨论可知，$\sum_{n=0}^{\infty} a_n z_0^n$ 收敛，与已知 $\sum_{n=0}^{\infty} a_n z_0^n$ 发散矛盾！

因此，$\sum_{n=0}^{\infty} a_n z^n$ 在 $|z| > |z_0|$ 发散.

由 Abel 定理，我们可以确定幂级数的收敛范围，对于幂级数(4.4)来说，它的收敛情况有以下三种情形：

(1) 对所有正实数 $z = x$，$\sum_{n=0}^{\infty} a_n x^n$ 都收敛，由 Abel 定理，$\sum_{n=0}^{\infty} a_n z^n$ 在复平面上处处绝对收敛；

(2) 对所有的正实数 x，$\sum_{n=0}^{\infty} a_n x^n (x \neq 0)$ 发散，由 Abel 定理，$\sum_{n=0}^{\infty} a_n z^n$ 在复平面内除原点 $z = 0$ 外处处发散；

(3) 既存在使级数收敛的正实数 $x_1 > 0$，也存在使级数发散的正实数 $x_2 > 0$，即 $z = x_1$ 时级数 $\sum_{n=0}^{\infty} a_n x_1^n$ 收敛，$z = x_2$ 时级数 $\sum_{n=0}^{\infty} a_n x_2^n$ 发散. 由 Abel 定理，$\sum_{n=0}^{\infty} a_n z^n$ 在 $|z| < x_1$ 内，级数绝对收敛，在 $|z| > x_2$ 时级数发散.

在情形(3)中，可以证明，一定存在一个有限的正数 R，使得幂级数 $\sum_{n=0}^{\infty} a_n z^n$ 在圆 $|z| < R$ 内绝对收敛，在 $|z| > R$ 时发散，则称 R 为幂级数的**收敛半径**，称 $|z| < R$ 为幂级数的**收敛圆**.

约定在第一种情形，$R = \infty$；第二种情形，$R = 0$.

而对于幂级数(4.3)，收敛圆是以 z_0 为圆心，R 为半径的圆：$|z - z_0| < R$.

至于在收敛圆的圆周 $|z| = R$（或 $|z - z_0| = R$）上，$\sum_{n=0}^{\infty} a_n z^n \left(\text{或} \sum_{n=0}^{\infty} a_n (z - z_0)^n\right)$ 的收敛性较难判断，可视具体情况而定.

关于幂级数收敛半径的求法,同实函数的幂级数类似,可以用比值法和根植法.

定理 4.6(幂级数收敛半径的求法) 设幂级数 $\sum_{n=0}^{\infty} a_n z^n$,若下列条件之一成立:

(1)(比值法)$\lim_{n\to\infty}\left|\frac{a_{n+1}}{a_n}\right| = L$;

(2)(根值法)$\lim_{n\to\infty}\sqrt[n]{|a_n|} = L$.

则幂级数 $\sum_{n=0}^{\infty} a_n z^n$ 的收敛半径 $R = \frac{1}{L}$.

证明从略.

当 $L = 0$ 时,$R = \infty$;当 $L = \infty$ 时,$R = 0$.

例 4.4 求下列幂级数的收敛半径.

(1) $\sum_{n=1}^{\infty} \frac{z^n}{n^3}$(讨论圆周上情形); (2) $\sum_{n=1}^{\infty} \frac{(z-1)^n}{n}$(讨论 $z = 0$, 2 的情形);

(3) $\sum_{n=0}^{\infty} (\cos \mathrm{i} n) z^n$.

解 (1) 因为

$$\lim_{n\to\infty}\left|\frac{a_{n+1}}{a_n}\right| = \lim_{n\to\infty}\left|\frac{\frac{1}{(n+1)^3}}{\frac{1}{n^3}}\right| = \lim_{n\to\infty}\left(\frac{n}{n+1}\right)^3 = 1$$

或者

$$\lim_{n\to\infty}\sqrt[n]{|a_n|} = \lim_{n\to\infty}\sqrt[n]{\frac{1}{n^3}} = \lim_{n\to\infty}\frac{1}{\sqrt[n]{n^3}} = 1$$

所以,收敛半径 $R = 1$,从而级数的收敛圆为 $|z| < 1$. 由于在圆周 $|z| = 1$,级数 $\sum_{n=1}^{\infty}\left|\frac{z^n}{n^3}\right| = \sum_{n=1}^{\infty}\frac{1}{n^3}$ 收敛(p 级数,$p = 3 > 1$),所以,级数在圆周 $|z| = 1$ 上也收敛. 因此,所给级数的收敛范围为 $|z| \leqslant 1$.

(2) 由于 $\lim_{n\to\infty}\left|\frac{a_{n+1}}{a_n}\right| = \lim_{n\to\infty}\left|\frac{\frac{1}{(n+1)}}{\frac{1}{n}}\right| = \lim_{n\to\infty}\left(\frac{n}{n+1}\right) = 1$,故收敛半径 $R = 1$,从而它的收敛圆为 $|z-1| < 1$.

在圆周 $|z-1| = 1$ 上,当 $z = 0$ 时,原级数成为 $\sum_{n=1}^{\infty}(-1)^n\frac{1}{n}$(交错级数),所以收敛;当

$z=2$ 时,原级数成为 $\sum_{n=1}^{\infty}\frac{1}{n}$,发散. 表明在收敛圆周上,既有收敛点又有发散点.

(3) 由于 $a_n=\cos in=\frac{1}{2}(e^n+e^{-n})$,所以

$$\lim_{n\to\infty}\left|\frac{a_{n+1}}{a_n}\right|=\lim_{n\to\infty}\frac{e^{n+1}+e^{-(n+1)}}{e^n+e^{-n}}=\lim_{n\to\infty}\frac{e^n(e+e^{-2n-1})}{e^n(1+e^{-2n})}=e$$

故收敛半径为 $R=\frac{1}{e}$.

例 4.5　求幂级数 $\sum_{n=1}^{\infty}(-1)^n\left(1+\sin\frac{1}{n}\right)^{-n^2}z^n$ 的收敛半径.

解　因为 $\lim_{n\to\infty}\sqrt[n]{\left|(-1)^n\left(1+\sin\frac{1}{n}\right)^{-n^2}\right|}=\lim_{n\to\infty}\left(1+\sin\frac{1}{n}\right)^{-n}$

$$=\lim_{n\to\infty}\left[\left(1+\sin\frac{1}{n}\right)^{\frac{1}{\sin\frac{1}{n}}}\right]^{-\frac{\sin\frac{1}{n}}{\frac{1}{n}}}=e^{-1}$$

故所求收敛半径为　$R=e$.

例 4.6　求幂级数 $\sum_{n=1}^{\infty}(-i)^{n-1}\frac{(2n-1)}{2^n}z^{2n-1}$ 的收敛半径.

解　记 $f_n(z)=(-i)^{n-1}\frac{(2n-1)}{2^n}z^{2n-1}$,则

$$\lim_{n\to\infty}\left|\frac{f_{n+1}(z)}{f_n(z)}\right|=\lim_{n\to\infty}\frac{(2n+1)2^n\ |z|^{2n+1}}{(2n-1)2^{n+1}\ |z|^{2n-1}}=\frac{1}{2}|z|^2$$

当 $\frac{1}{2}|z|^2<1$ 时,即 $|z|<\sqrt{2}$ 时,幂级数绝对收敛;

当 $\frac{1}{2}|z|^2>1$ 时,即 $|z|>\sqrt{2}$ 时,幂级数发散.

所以,该幂级数的收敛半径为 $R=\sqrt{2}$.

4.2.2　幂级数的运算和性质

和实函数的幂级数类似,复变函数的幂级数也可以进行加、减、乘等运算.

设幂级数 $\sum_{n=0}^{\infty}a_nz^n=S_1(z)$,$\sum_{n=0}^{\infty}b_nz^n=S_2(z)$,收敛半径分别为 R_1、R_2,

则

$$\sum_{n=1}^{\infty}a_nz^n\pm\sum_{n=1}^{\infty}b_nz^n=\sum_{n=0}^{\infty}(a_n\pm b_n)z^n=S_1(z)\pm S_2(z),\ |z|<R \tag{4.5}$$

$$\left(\sum_{n=1}^{\infty}a_nz^n\right)\left(\sum_{n=1}^{\infty}b_nz^n\right)=\sum_{n=0}^{\infty}(a_nb_0+a_{n-1}b_1+\cdots+a_0b_n)z^n \tag{4.6}$$
$$=S_1(z)S_2(z),\ |z|<R$$

其中，$R=\min(R_1,R_2)$.

复变函数的幂级数还可以进行复合(代换)运算.

设 $f(z)=\sum\limits_{n=0}^{\infty}a_nz^n$，收敛半径为 R，$h(z)$在 D 内解析，且 $|h(z)|<R$，$z\in D$，则 $f[h(z)]$在 D 内解析，且

$$f[h(z)]=\sum_{n=0}^{\infty}a_nh^n(z),\ z\in D.$$

在 $f(z)$的幂级数展开中，可以用 z 的一个函数 $h(z)$去代换展开式中的 z，这在后面解析函数的级数展开中经常用到.

幂级数 $\sum\limits_{n=o}^{\infty}a_nz^n$ 在其收敛圆 $|z|<R$ 内，还具有如下性质：

(1) 它的和函数 $S(z)=\sum\limits_{n=0}^{\infty}a_nz^n$ 在 $|z|<R$ 内解析；

(2) 在收敛圆内幂级数可逐项求导，即

$$S'(z)=\sum_{n=1}^{\infty}na_nz^{n-1},\ |z|<R; \tag{4.7}$$

(3) 在收敛圆内幂级数可逐项积分，即

$$\int_C S(z)\mathrm{d}z=\sum_{n=0}^{\infty}\int_C a_nz^n\mathrm{d}z=\sum_{n=0}^{\infty}\frac{a_n}{n+1}z^{n+1}, \tag{4.8}$$

$|z|<R$，C 为 $|z|<R$ 内的简单曲线.

4.3 解析函数的泰勒展开

4.3.1 泰勒(Taylor)定理

在上一节中，我们已经知道一个幂级数的和函数在它的收敛圆内部是一个解析函数，现在我们来讨论与之相反的问题，即任何一个解析函数是否能用幂级数来表示？

在高等数学中，函数 $f(x)$在一定条件下，可以在点 x_0 展开成 Taylor 级数

$$f(x)=\sum_{n=0}^{\infty}\frac{f^{(n)}(x_0)}{n!}(x-x_0)^n.$$

在复变函数中我们有类似结论.

定理 4.7(Taylor 展开定理) 设 $f(z)$在区域 D 内解析，z_0 为 D 内一点，R 为 z_0 到∂D

各点的最短距离，则当 $|z-z_0|<R$ 时，$f(z)$可唯一地展开为幂级数

$$f(z)=\sum_{n=0}^{\infty}\frac{f^{(n)}(z_0)}{n!}(z-z_0)^n \tag{4.9}$$

称之为 $f(z)$在 z_0 处的 **Taylor 级数或 Taylor 展开式.**

证 设 z 为圆 C：$|z-z_0|<R$ 内任意一点，则必存在圆周 C_r：$|z-z_0|<r<R$（图 4-1）包含点 z.

由柯西积分公式，有

$$f(z)=\frac{1}{2\pi i}\oint_{C_r}\frac{f(\xi)}{\xi-z}d\xi$$

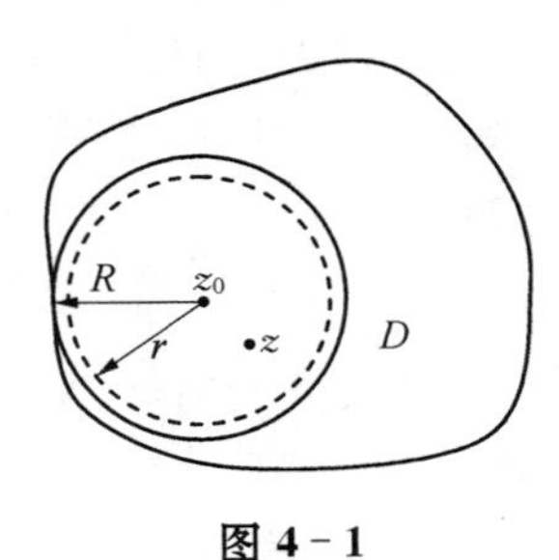

图 4-1

由

$$\frac{f(\xi)}{\xi-z}=\frac{f(\xi)}{\xi-z_0-(z-z_0)}=\frac{f(\xi)}{\xi-z_0}\cdot\frac{1}{1-\dfrac{z-z_0}{\xi-z_0}}$$

由于 ξ 在圆周 C_r 上，而 z 在 C_r 内，所以 $\left|\dfrac{z-z_0}{\xi-z_0}\right|<1$，由例 4.3，有

$$\frac{f(\xi)}{\xi-z}=\sum_{n=0}^{\infty}(z-z_0)^n\cdot\frac{f(\xi)}{(\xi-z_0)^{n+1}}$$

所以

$$f(z)=\frac{1}{2\pi i}\oint_{C_r}\frac{f(\xi)}{\xi-z}d\xi=\sum_{n=0}^{\infty}\left[\frac{1}{2\pi i}\oint_{C_r}\frac{f(\xi)}{(\xi-z_0)^{n+1}}d\xi\right](z-z_0)^n$$

$$=\sum_{n=0}^{\infty}a_n(z-z_0)^n$$

其中，$a_n=\dfrac{1}{2\pi i}\oint_{C_r}\dfrac{f(\xi)}{(\xi-z_0)^{n+1}}d\xi$.

由解析函数的高阶导数公式可知 $a_n=\dfrac{f^{(n)}(z_0)}{n!}$.

下面证唯一性.

假设另有展开式

$$f(z)=a'_n(z-z_0)^n \quad (|z-z_0|<R)$$

两边逐项求导，并令 $z=z_0$，则可得系数

$$a'_n=\frac{f^{(n)}(z_0)}{n!}=a_n(n=0,1,2,\cdots)$$

故展开式是唯一的.

特别地,当 $z_0=0$ 时,$f(z)=\sum_{n=0}^{\infty}\frac{f^{(n)}(0)}{n!}z^n$ 为 $z_0=0$ 点的 Taylor 级数.

说明　(1) 由高阶导数公式,可得

$$\frac{f^{(n)}(z_0)}{n!}=\frac{1}{2\pi i}\oint_{C_r}\frac{f(z)}{(z-z_0)^{n+1}}dz\ (n=1,2,\cdots),$$

C_r 为以 z_0 为圆心且落在 $|z-z_0|<R$ 内的任一圆周;

(2) 定理表明,$f(z)$在 D 内解析,则 $f(z)$在 D 内任意点 z 一定可以展开为幂级数;反之,若 $f(z)$在任意点 $z(\in D)$ 附近可用幂级数表示,即幂级数收敛于 $f(z)$,说明 $f(z)$在 D 内解析.

于是,我们得到函数解析的充分必要条件.

推论 4.1　函数 $f(z)$在 D 内解析的**充分必要条件**是 $f(z)$在 D 内每一点都可用幂级数表示.

推论 4.2　若函数 $f(z)$在 D 内除了有限个奇点 $z_1,z_2,\cdots,z_k$ 外解析,则对任一解析点 $z_0\in D$,$f(z)=\sum_{n=0}^{\infty}\frac{f^{(n)}(z_0)}{n!}(z-z_0)^n$ 的收敛半径 $R=\min\limits_{1\leqslant j\leqslant k}|z_0-z_j|$.

泰勒级数 $f(z)=\sum_{n=0}^{\infty}\frac{f^{(n)}(z_0)}{n!}(z-z_0)^n$ 的收敛半径 $R=\min\limits_{1\leqslant j\leqslant k}|z_0-z_j|$(即等于从 z_0 到距 z_0 最近的一个奇点之间的距离).这是因为 $f(z)$在收敛圆内解析,所以奇点 $z_1,z_2,\cdots,z_k$ 不在收敛圆内,又因为离 z_0 最近的一个奇点不可能在收敛圆外,否则,收敛半径还可扩大,所以,只能在收敛圆周上.

4.3.2　解析函数的泰勒展开法

(1) 直接展开法

直接展开法就是利用泰勒展开式,通过直接计算系数 $a_n=\frac{f^{(n)}(z_0)}{n!}(n=0,1,2,\cdots)$ 把 $f(z)$在 z_0 展开成幂级数.

例 4.7　求 $f(z)=e^z$ 在 $z=0$ 的泰勒展开式.

解　由于 $(e^z)^{(n)}=e^z$,$(e^z)^{(n)}|_{z=0}=1\ (n=0,1,2,\cdots)$,所以有

$$e^z=1+z+\frac{z^2}{2!}+\frac{z^3}{3!}+\cdots+\frac{z^n}{n!}+\cdots=\sum_{n=0}^{\infty}\frac{z^n}{n!}$$

因为 e^z 在复平面上处处解析,所以,等式在复平面内处处成立,且右端幂级数的收敛半径为∞.

例 4.8　求 $f(z)=\sin z$ 在 $z=0$ 的泰勒展开式.

解　由于

$$f'(z)=\cos z=\sin\left(z+\frac{\pi}{2}\right),\ f''(z)=\cos\left(z+\frac{\pi}{2}\right)=\sin\left(z+\frac{2\pi}{2}\right),\ \cdots,\ f^{(n)}(z)=\sin\left(z+\frac{n\pi}{2}\right),$$

所以

$$f^{(n)}(0)=\sin\frac{n\pi}{2}\ (n=0,1,2,\cdots)$$

于是得到

$$\sin z=\sum_{n=0}^{\infty}\frac{\sin\frac{n\pi}{2}}{n!}z^n=z-\frac{z^3}{3!}+\frac{z^5}{5!}-\cdots+(-1)^n\frac{z^{2n+1}}{(2n+1)!}+\cdots\quad(|z|<+\infty)$$

类似可求得

$$\cos z=1-\frac{z^2}{2!}+\frac{z^4}{4!}-\cdots+(-1)^n\frac{z^{2n}}{(2n)!}+\cdots\quad(|z|<+\infty)$$

例 4.9 求函数 $f(z)=(1+z)^\alpha$ 的主值分支 $f(z)=e^{\alpha\ln(1+z)}$ 在 $z=0$ 处的泰勒展开式.

解 由于 $f(z)=e^{\alpha\ln(1+z)}$ 在 $|z|<1$ 解析,所以可在 $|z|<1$ 内展开成幂级数.
易知

$$f'(z)=\alpha e^{\alpha\ln(1+z)}\cdot\frac{1}{1+z}=\alpha e^{(\alpha-1)\ln(1+z)}$$

$$f''(z)=\alpha(\alpha-1)e^{(\alpha-1)\ln(1+z)}\cdot\frac{1}{1+z}=\alpha(\alpha-1)e^{(\alpha-2)\ln(1+z)}$$

$$\vdots$$

$$f^{(n)}(z)=\alpha(\alpha-1)\cdots(\alpha-n+1)e^{(\alpha-n)\ln(1+z)}$$

于是,有

$$f(0)=1,\ f'(0)=\alpha,\ f''(0)=\alpha(\alpha-1),\ \cdots,\ f^{(n)}(0)=\alpha(\alpha-1)\cdots(\alpha-n+1)$$

从而,得到展开式为

$$f(z)=1+\alpha z+\frac{\alpha(\alpha-1)}{2!}z^2+\cdots+\frac{\alpha(\alpha-1)\cdots(\alpha-n+1)}{n!}z^n+\cdots$$

利用直接展开法,当函数 $f(z)$ 较复杂时,计算 $f^{(n)}(z_0)$ 较麻烦,因此我们通常采用间接法进行泰勒展开.

(2) 间接展开法

根据泰勒展开式的唯一性,求函数的泰勒展开式可以借助于一些已知函数的展开式,利用幂级数的运算性质及分析性质(逐项求导、逐项积分)等技巧进行展开的方法,称为**间接展开法**. 利用间接展开法对解析函数进行展开,除了利用以上推出的初等函数的展开式外,还经常用到下面两个函数的展开式

$$\frac{1}{1-z}=1+z+z^2+\cdots+z^n+\cdots=\sum_{n=0}^{\infty}z^n \quad (|z|<1)(\text{由例 4.3 可得}).$$

$$\frac{1}{1+z}=\frac{1}{1-(-z)}=1-z+z^2-\cdots+(-1)^n z^n+\cdots=\sum_{n=0}^{\infty}(-1)^n z^n \quad (|z|<1).$$

这是两个很有用的公式,在函数的泰勒展开以及后面的洛朗展开中将扮演重要的角色.

例 4.10 利用间接展开法求 $f(z)=\cos z$ 在 $z=0$ 的泰勒展开式.

解 由于

$$\sin z=z-\frac{z^3}{3!}+\frac{z^5}{5!}-\cdots+(-1)^n\frac{z^{2n+1}}{(2n+1)!}+\cdots \ (|z|<+\infty)$$

所以

$$\cos z=(\sin z)'=1-\frac{z^2}{2!}+\frac{z^4}{4!}-\cdots+(-1)^n\frac{z^{2n}}{(2n)!}+\cdots \ (|z|<+\infty)$$

此外,$\sin z$, $\cos z$ 在 $z=0$ 的展开式也可由 $e^z=\sum_{n=0}^{\infty}\frac{z^n}{n!}$ 间接得到.

例 4.11 把函数 $\frac{1}{(1+z)^2}$ 展开成 z 的幂级数.

解 因为 $\frac{1}{(1+z)^2}$ 有奇点 $z=-1$,而在 $|z|<1$ 处处解析,所以,它在 $|z|<1$ 内可展开成 z 的幂级数.

由于 $\frac{1}{(1+z)^2}=-\left(\frac{1}{z+1}\right)'$

而

$$\frac{1}{1+z}=1-z+z^2-\cdots+(-1)^n z^n+\cdots=\sum_{n=0}^{\infty}(-1)^n z^n$$

所以,两边求导取负号,即得

$$\frac{1}{(1+z)^2}=-\left(\frac{1}{z+1}\right)'=1-2z+3z^2-4z^3+\cdots+(-1)^{n-1}nz^{n-1}+\cdots \quad (|z|<1).$$

例 4.12 求对数函数主值 $\ln(1+z)$ 在 $z=0$ 处的泰勒展开式.

解 由于 $\ln(1+z)$ 在 $|z|<1$ 解析,所以在 $|z|<1$ 内可展开成泰勒级数.
又因为

$$[\ln(1+z)]'=\frac{1}{1+z}$$

所以

$$\begin{aligned}\ln(1+z) &= \int_0^z \frac{1}{1+z}\mathrm{d}z \\ &= \int_0^z \mathrm{d}z - \int_0^z z\,\mathrm{d}z + \int_0^z z^2\,\mathrm{d}z - \cdots + \int_0^z (-1)^n z^n\,\mathrm{d}z + \cdots \\ &= z - \frac{z^2}{2} + \frac{z^3}{3} - \frac{z^4}{4} + \cdots + (-1)^n \frac{z^{n+1}}{n+1} + \cdots \quad (|z|<1).\end{aligned}$$

例 4.13 将函数 $\frac{e^z}{1-z}$ 在 $z=0$ 展开成幂级数.

解 因为 $\frac{e^z}{1-z}$ 在 $|z|<1$ 内解析,所以展开后的幂级数在 $|z|<1$ 内收敛.

由于

$$e^z = 1 + z + \frac{z^2}{2!} + \frac{z^3}{3!} + \cdots + \frac{z^n}{n!} + \cdots = \sum_{n=0}^{\infty}\frac{z^n}{n!} \quad (|z|<\infty)$$

$$\frac{1}{1-z} = 1 + z + z^2 + \cdots + z^n + \cdots = \sum_{n=0}^{\infty} z^n \quad (|z|<1)$$

当 $|z|<1$ 时,将两式相乘得

$$\frac{e^z}{1-z} = 1 + \left(1+\frac{1}{1!}\right)z + \left(1+\frac{1}{1!}+\frac{1}{2!}\right)z^2 + \left(1+\frac{1}{1!}+\frac{1}{2!}+\frac{1}{3!}\right)z^3 + \cdots$$

例 4.14 将 $f(z)=\frac{1}{3-2z}$ 展开成 $(z+1)$ 的幂级数,并求其收敛半径.

解
$$\begin{aligned} f(z) &= \frac{1}{5-2(z+1)} = \frac{1}{5}\frac{1}{1-\frac{2}{5}(z+1)} \\ &= \frac{1}{5}\sum_{n=0}^{\infty}\left[\frac{2}{5}(z+1)\right]^n = \sum_{n=0}^{\infty}\frac{2^n}{5^{n+1}}(z+1)^n\end{aligned}$$

由于 $\left|\frac{2}{5}(z+1)\right|<1$, 即 $|z+1|<\frac{5}{2}$, 所以,收敛半径 $R=\frac{5}{2}$.

4.4 洛朗级数

在上一节,我们已经看到一个在以 z_0 为中心的圆域内解析的函数 $f(z)$ 可以在该圆域内展开成 $z-z_0$ 的幂级数. 如果 $f(z)$ 在 z_0 处不解析,那么在 z_0 的邻域内就不能用 $z-z_0$ 的幂级数表示. 但是这种情况在实际问题中却经常遇到,因此,在本节我们将讨论在以 z_0 为中心的圆环域内解析函数的级数表示——**洛朗**(Laurent)**级数**.

4.4.1 洛朗级数的概念

我们把函数 $f(z)=\dfrac{1}{(z-1)(z-2)}$ 展开为关于 $z-1$ 的级数形式,即

$$f(z)=\frac{1}{z-2}-\frac{1}{z-1}=-\frac{1}{z-1}-\frac{1}{1-(z-1)}$$

$$=-(z-1)^{-1}-\sum_{n=0}^{\infty}(z-1)^n \quad (0<|z-1|<1)$$

上述级数形式中,既含有 $(z-1)$ 的正方幂项,又含有负方幂项 $(z-1)^{-1}$,这种形式的级数称为**洛朗级数**.

洛朗级数的一般形式为

$$\sum_{n=-\infty}^{\infty}a_n(z-z_0)^n=\sum_{n=-\infty}^{-1}a_n(z-z_0)^n+\sum_{n=0}^{\infty}a_n(z-z_0)^n$$

$$=\cdots+a_{-n}(z-z_0)^{-n}+\cdots+a_{-1}(z-z_0)^{-1}+a_0+a_1(z-z_0)+\cdots+a_n(z-z_0)^n+\cdots \tag{4.10}$$

负方幂项部分也可以写成

$$\sum_{n=1}^{\infty}a_{-n}(z-z_0)^{-n}=a_{-1}(z-z_0)^{-1}+\cdots+a_{-n}(z-z_0)^{-n}+\cdots$$

洛朗级数的标准形式 $(z_0=0)$ 为

$$\sum_{n=-\infty}^{\infty}a_nz^n=\sum_{n=-\infty}^{-1}a_nz^n+\sum_{n=0}^{\infty}a_nz^n=\sum_{n=1}^{\infty}a_{-n}z^{-n}+\sum_{n=0}^{\infty}a_nz^n \tag{4.11}$$

由于洛朗级数中正方幂项与负方幂项分别在常数项 a_0 的两边,各无尽头,因此,洛朗级数没有首项,所以讨论它的收敛性就不能像前面讨论的幂级数那样,求前 n 项和的极限.

显然洛朗级数 $\sum\limits_{n=-\infty}^{\infty}a_nz^n$ 收敛当且仅当 $\sum\limits_{n=-\infty}^{-1}a_nz^n$ 与 $\sum\limits_{n=0}^{\infty}a_nz^n$ 均收敛.

我们知道,级数 $\sum\limits_{n=0}^{\infty}a_nz^n$ 的收敛域是以 $z=0$ 为圆心的圆域. 设收敛半径为 R,即 $|z|<R$. 而 $\sum\limits_{n=-\infty}^{-1}a_nz^n=\sum\limits_{n=1}^{\infty}a_{-n}z^{-n}$ 是一个新型幂级数. 若令 $\xi=z^{-1}$,则

$$\sum_{n=1}^{\infty}a_{-n}z^{-n}=\sum_{n=1}^{\infty}a_{-n}\xi^n=a_{-1}\xi+a_{-2}\xi^2+\cdots+a_{-n}\xi^n+\cdots$$

对 ξ 来说,上式是通常的幂级数(正方幂项级数). 设它的收敛半径为 r_1,即级数在

$|\xi|<r_1$ 内收敛. 因此,如果我们要判定级数 $\sum_{n=-\infty}^{-1} a_n z^n$ 的收敛范围,只需把 ξ 用 z^{-1} 代回去就可以了,即 $\left|\frac{1}{z}\right|<r_1$, 则 $|z|>\frac{1}{r_1}=r$ 时收敛.

因此,当 $r>R$ 时,两级数无公共的收敛范围,此时, $\sum_{n=-\infty}^{\infty} a_n z^n$ 处处发散. 当 $r<R$ 时,两级数公共收敛范围为 $r<|z|<R$, 因此,级数 $\sum_{n=-\infty}^{\infty} a_n z^n$ 在 $r<|z|<R$ 上收敛.

在特殊情形下, r 可能等于 0, R 可能等于 $+\infty$, 即 $0<|z|<+\infty$.

同幂级数在收敛圆内所具有的许多性质类似,洛朗级数在收敛圆环域内的和函数也是解析的,而且级数可以逐项积分和逐项求导.

那么,是不是像前面一样,在圆环域内解析的函数一定能展开成洛朗级数呢? 回答是肯定的. 如前面例子,函数 $f(z)=\frac{1}{(z-1)(z-2)}$ 在 $z=1$ 不解析,但在 $0<|z-1|<1$ 解析,而且可以展开成级数 $f(z)=-(z-1)^{-1}-\sum_{n=0}^{\infty}(z-1)^n$, 只是这个级数含有负方幂项而已.

4.4.2　解析函数的洛朗展开

对于一般情形,我们有如下定理.

定理 4.8(Laurent 定理)　设函数 $f(z)$ 在 $r<|z-z_0|<R$ 内处处解析,则 $f(z)$ 在 $r<|z-z_0|<R$ 内可以展开成洛朗级数,即

$$f(z)=\sum_{n=-\infty}^{\infty} a_n (z-z_0)^n,\ r<|z-z_0|<R \tag{4.12}$$

并且展开式唯一. 其中

$$a_n=\frac{1}{2\pi \mathrm{i}}\oint_C \frac{f(\xi)}{(\xi-z_0)^{n+1}}\mathrm{d}\xi\ (n=0,\ \pm 1,\ \cdots) \tag{4.13}$$

C 为圆环域内绕 z_0 的任何一条正向简单闭曲线.

证　在圆环域内作圆周 $C_1: |z-z_0|=r_1$, $C_2: |z-z_0|=r_2$, 使 $r<r_1<r_2<R$(图 4-2).

设 z 是圆环域 $r_1<|z-z_0|<r_2$ 内任意一点,由柯西积分公式有

$$\begin{aligned} f(z) &= \frac{1}{2\pi \mathrm{i}}\int_{C_2+C_1^-}\frac{f(\xi)}{\xi-z}\mathrm{d}\xi \\ &= \frac{1}{2\pi \mathrm{i}}\oint_{C_2}\frac{f(\xi)}{\xi-z}\mathrm{d}\xi-\frac{1}{2\pi \mathrm{i}}\oint_{C_1}\frac{f(\xi)}{\xi-z}\mathrm{d}\xi \end{aligned}$$

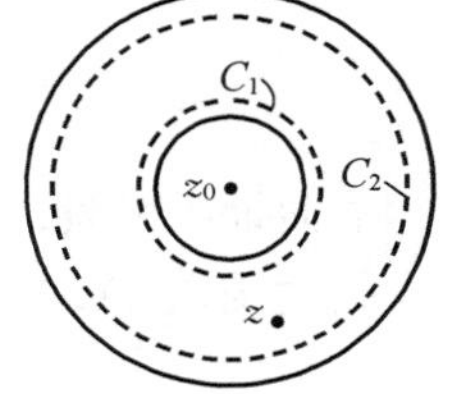

图 4-2

按照定理 4.7 的推导方法,上式右端第一个积分可写成

$$\frac{1}{2\pi i}\oint_{C_2}\frac{f(\xi)}{\xi-z}d\xi=\sum_{n=0}^{\infty}a_n(z-z_0)^n$$

其中
$$a_n=\frac{1}{2\pi i}\oint_{C_2}\frac{f(\xi)}{(\xi-z_0)^{n+1}}d\xi \quad (n=0,1,2,\cdots) \tag{4.14}$$

再考虑第二个积分 $-\frac{1}{2\pi i}\oint_{C_1}\frac{f(\xi)}{\xi-z}d\xi$.

由于 ξ 在 C_1 上,点 z 在 C_1 的外部,所以 $\left|\frac{\xi-z_0}{z-z_0}\right|<1$. 于是

$$\frac{1}{\xi-z}=-\frac{1}{z-z_0}\frac{1}{1-\frac{\xi-z_0}{z-z_0}}=-\sum_{n=1}^{\infty}\frac{(\xi-z_0)^{n-1}}{(z-z_0)^n}$$

$$=-\sum_{n=1}^{\infty}\frac{1}{(\xi-z_0)^{-n+1}}(z-z_0)^{-n}$$

所以

$$-\frac{1}{2\pi i}\oint_{C_1}\frac{f(\xi)}{\xi-z}d\xi=\sum_{n=1}^{\infty}\left[\frac{1}{2\pi i}\oint_{C_1}\frac{f(\xi)}{(\xi-z_0)^{-n+1}}d\xi\right](z-z_0)^{-n}$$

$$=\sum_{n=1}^{\infty}a_{-n}(z-z_0)^{-n}$$

其中

$$a_{-n}=\frac{1}{2\pi i}\oint_{C_1}\frac{f(\xi)}{(\xi-z_0)^{-n+1}}d\xi \quad (n=0,1,2,\cdots). \tag{4.15}$$

综上所述,我们有

$$f(z)=\sum_{n=0}^{\infty}a_n(z-z_0)^n+\sum_{n=1}^{\infty}a_{-n}(z-z_0)^{-n}=\sum_{n=-\infty}^{\infty}a_n(z-z_0)^n.$$

如果在圆环内任意取一条包含 z_0 的简单正向闭曲线 C,则由复合闭路定理,式(4.14)、式(4.15)可以统一用下面的公式表达

$$a_n=\frac{1}{2\pi i}\oint_{C}\frac{f(\xi)}{(\xi-z_0)^{n+1}}d\xi \quad (n=0,\pm1,\cdots). \tag{4.16}$$

下面证唯一性.

假设函数 $f(z)$ 在圆环域内又可展开为

$$f(z)=\sum_{n=-\infty}^{\infty}a'_n(z-z_0)^n$$

以 $(z-z_0)^{-m-1}$ 乘上式的两端，并沿圆周 C 积分，注意到

$$\oint_C (\xi-z_0)^{n-m-1}\mathrm{d}\xi=\begin{cases}2\pi\mathrm{i},\ n=m;\\0,\ n\neq m.\end{cases}$$

$$\oint_C \frac{f(\xi)}{(\xi-z_0)^{m+1}}\mathrm{d}\xi=\sum_{n=-\infty}^{+\infty}a'_n\oint_C(\xi-z_0)^{n-m-1}\mathrm{d}\xi=2\pi\mathrm{i}a'_m$$

可见

$$a'_m=\frac{1}{2\pi\mathrm{i}}\oint_C\frac{f(\xi)}{(\xi-z_0)^{m+1}}\mathrm{d}\xi\quad(m=0,\pm1,\cdots)$$

即展开式是唯一的.

需要注意的是，式(4.13)的积分一般不能利用高阶导数公式把它写成 $\frac{1}{n!}f^{(n)}(z_0)$. 因为，如果 z_0 是 $f(z)$的奇点，那么 $f^{(n)}(z_0)$根本不存在，即使 z_0 不是 $f(z)$的奇点而有 $f^{(n)}(z_0)$ 存在，但在圆域 $|z-z_0|<R$ 内可能还有其他奇点存在，从而简单闭曲线 C 内包含奇点，因此该积分也不能写成 $\frac{1}{n!}f^{(n)}(z_0)$.

另外，如果 $f(z)$在 $|z-z_0|<R$ 内处处解析，那么 $(z-z_0)^{n-1}f(z)$ $(n=1,2,\cdots)$ 在 C 内处处解析，由柯西积分定理知

$$a_{-n}=\frac{1}{2\pi\mathrm{i}}\oint_{C_1}\frac{f(\xi)}{(\xi-z_0)^{-n+1}}\mathrm{d}\xi=0\quad(n=0,1,2,\cdots)$$

这时，洛朗级数成为泰勒级数. 因此，泰勒级数是洛朗级数的特例.

在许多应用中，往往需要把在某点 z_0 不解析但在 z_0 的某去心邻域内解析的函数 $f(z)$ 展开成幂级数，那么就利用洛朗级数来展开.

定理 4.8 给出了将一个在圆环域内解析的函数展开成洛朗级数的一般方法，但这种方法用公式计算 a_n 时往往是很复杂的. 因此，在求函数的洛朗展开式时，通常不用上述公式，而是根据洛朗展开式的唯一性，借助于已知初等函数的泰勒展开式，经代换、逐项求导、逐项积分等计算求得.

例 4.15　求函数 $f(z)=\sin z+\sin\frac{1}{z}$ 在 $0<|z|<+\infty$ 内的洛朗展开式.

解　由于 $\sin z=\sum_{n=0}^{\infty}\frac{(-1)^n}{(2n+1)!}z^{2n+1}\quad(|z|<+\infty)$

而 $\left|\frac{1}{z}\right|<+\infty$，所以

$$\sin\frac{1}{z}=\sum_{n=0}^{\infty}\frac{(-1)^n}{(2n+1)!}\left(\frac{1}{z}\right)^{2n+1}\quad(0<|z|<+\infty)$$

于是得到

$$f(z)=\sum_{n=0}^{\infty}\frac{(-1)^n}{(2n+1)!}z^{2n+1}+\sum_{n=0}^{+\infty}\frac{(-1)^n}{(2n+1)!}z^{-(2n+1)}\quad(0<|z|<+\infty).$$

例 4.16 求函数 $f(z)=z^2\mathrm{e}^{\frac{1}{z}}$ 在 $0<|z|<+\infty$ 内的洛朗展开式.

解 当 $0<|z|<+\infty$ 时，$0<\left|\frac{1}{z}\right|<+\infty$，所以

$$\mathrm{e}^{\frac{1}{z}}=1+\frac{1}{z}+\frac{1}{2!}\frac{1}{z^2}+\cdots+\frac{1}{n!}\frac{1}{z^n}+\cdots$$

从而可得

$$f(z)=z^2\mathrm{e}^{\frac{1}{z}}=z^2+z+\frac{1}{2!}+\frac{1}{3!}\frac{1}{z}+\cdots+\frac{1}{(n+2)!}\frac{1}{z^n}+\cdots\quad(0<|z|<+\infty).$$

例 4.17 求函数 $f(z)=\dfrac{2z+1}{(z-1)(z-2)}$ 在以 $z=0$ 为中心的圆环内的洛朗展开式.

解 由于 $z=1,z=2$ 为 $f(z)$的奇点，把 z 平面分成以 0 为中心的三个圆环：$|z|<1$，$1<|z|<2$，$2<|z|<+\infty$.

由于

$$f(z)=-\frac{3}{z-1}+\frac{5}{z-2}$$

所以

(1) 当 $|z|<1$ 时，$\left|\frac{z}{2}\right|<1$，则有

$$f(z)=\frac{3}{1-z}-\frac{5}{2}\cdot\frac{1}{1-\frac{z}{2}}=3\sum_{n=0}^{\infty}z^n-\frac{5}{2}\sum_{n=0}^{\infty}\left(\frac{z}{2}\right)^n=\sum_{n=0}^{\infty}\left(3-\frac{5}{2^{n+1}}\right)z^n\quad(|z|<1).$$

级数中不含负方幂项(即为泰勒展开式)，是因为 $f(z)$在 $z=0$ 处是解析的.

(2) 当 $1<|z|<2$ 时，$\left|\frac{1}{z}\right|<1$，$\left|\frac{z}{2}\right|<1$，所以

$$f(z)=\frac{-3}{z-1}+\frac{5}{z-2}=-\frac{3}{z}\cdot\frac{1}{1-\frac{1}{z}}-\frac{5}{2}\cdot\frac{1}{1-\frac{z}{2}}=-\frac{3}{z}\sum_{n=0}^{\infty}\left(\frac{1}{z}\right)^n-\frac{5}{2}\sum_{n=0}^{\infty}\left(\frac{z}{2}\right)^n$$

$$=-3\sum_{n=0}^{\infty}z^{-(n+1)}-5\sum_{n=0}^{\infty}\frac{z^n}{2^{n+1}}.$$

(3) 当 $2<|z|<+\infty$ 时，$\left|\frac{1}{z}\right|<1$，$\left|\frac{2}{z}\right|<1$，所以

$$f(z)=-\frac{3}{z-1}+\frac{5}{z-2}=-\frac{1}{z}\cdot\frac{3}{1-\frac{1}{z}}+\frac{1}{z}\cdot\frac{5}{1-\frac{2}{z}}=-\frac{3}{z}\sum_{n=0}^{\infty}\left(\frac{1}{z}\right)^n+\frac{5}{z}\sum_{n=0}^{\infty}\left(\frac{2}{z}\right)^n$$

$$=-3\sum_{n=0}^{\infty}\left(\frac{1}{z}\right)^{n+1}+5\sum_{n=0}^{\infty}\frac{2^n}{z^{n+1}}=\sum_{n=0}^{\infty}\frac{-3+5\cdot 2^n}{z^{n+1}}.$$

例 4.18 求函数 $\frac{1}{(z-1)(z-2)}$ 在 $0<|z-1|<1$ 和 $1<|z-2|<\infty$ 内的洛朗展开式.

解 (1) 在 $0<|z-1|<1$ 内，有

$$f(z)=\frac{1}{(z-1)(z-2)}=\frac{1}{z-1}\cdot\frac{1}{(z-1)-1}$$

$$=-\frac{1}{z-1}\cdot\frac{1}{1-(z-1)}=-(z-1)^{-1}\sum_{n=0}^{\infty}(z-1)^n$$

$$=-\sum_{n=0}^{\infty}(z-1)^{n-1}.$$

(2) 当 $1<|z-2|<\infty$ 时，$\frac{1}{|z-2|}<1$，则

$$f(z)=\frac{1}{(z-1)(z-2)}=\frac{1}{z-2}\cdot\frac{1}{(z-2)+1}$$

$$=\frac{1}{(z-2)^2}\cdot\frac{1}{1+\frac{1}{z-2}}=\frac{1}{(z-2)^2}\sum_{n=0}^{\infty}(-1)^n\frac{1}{(z-2)^n}$$

$$=\sum_{n=0}^{\infty}\frac{(-1)^n}{(z-2)^{n+2}}.$$

从例题中我们还注意到，一个函数 $f(z)$ 在以 z_0 为中心的圆环域内的洛朗级数中尽管含有 $z-z_0$ 的负方幂项，而且 z_0 又是这些项的奇点，但 z_0 可能是函数 $f(z)$ 的奇点也可能不是 $f(z)$ 的奇点. 如例 4.17 的(2)、(3)，中心 $z=0$ 是各负方幂项的奇点，但不是 $f(z)$ 的奇点. 此外，还应注意，若 $f(z)$ 在以 z_0 为中心的不同圆环域(由奇点隔开)内解析，则 $f(z)$ 在各个不同的圆环域内有不同的洛朗展开式(泰勒展开式作为它的特例)，因此不能把这种情况与洛朗展开式的唯一性相混淆. 所谓洛朗展开式的唯一性，是指函数在某一给定的圆环域内的洛朗展开式是唯一的.

本章学习要求

本章主要介绍了复数列的极限、复数项级数及其敛散性判别法,幂级数,幂级数的收敛圆和收敛半径,和函数的解析性,解析函数的泰勒展开式,洛朗级数,解析函数的洛朗展开式.

重点难点:本章重点是幂级数的收敛圆与收敛半径的求法,解析函数的泰勒展开法,在圆环域内解析的函数的洛朗展开方法.难点是在圆环域内解析的函数的洛朗展开.

学习目标:理解复数列、复数项级数及其敛散性判别法,掌握幂级数的收敛圆、收敛半径的求法,熟记一些初等函数的泰勒展开式,掌握解析函数展开为泰勒级数和洛朗级数的条件和展开方法.

习　题　四

4.1　判别下列复数列的收敛性,若收敛,求其极限,其中 $n \to \infty$:

(1) $z_n = \dfrac{1+n\mathrm{i}}{1+n}$;　(2) $z_n = \dfrac{\cos n + \mathrm{i}\sin n}{(1+\mathrm{i})^n}$;　(3) $z_n = \dfrac{\cos n\mathrm{i}}{n}$;　(4) $z_n = \mathrm{e}^{n\mathrm{i}}$.

4.2　判别级数 $\sum\limits_{n=1}^{\infty}(-1)^{n-1}\dfrac{1}{\mathrm{i}+n-1}$ 的敛散性.若收敛,指出是条件收敛还是绝对收敛.

4.3　证明:级数 $\sum\limits_{n=1}^{\infty}\dfrac{\sin nz}{n^2}$,当 z 为实数时,绝对收敛;当 z 不是实数时,发散.

4.4　判别下列级数的收敛性:

(1) $\sum\limits_{n=1}^{\infty}\dfrac{\mathrm{i}^n}{n}$;　(2) $\sum\limits_{n=1}^{\infty}\dfrac{(6+5\mathrm{i})^n}{8^n}$;　(3) $\sum\limits_{n=0}^{\infty}\dfrac{(-1)^n+\mathrm{i}}{2^n}$;　(4) $\sum\limits_{n=0}^{\infty}\dfrac{1+\mathrm{i}}{n+1}$.

4.5　判断下列命题的正误:

(1) 每一个幂级数在它的收敛圆周上处处收敛;

(2) 每一个幂级数的和函数在收敛圆内可能有奇点;

(3) 每一个在 z 点连续的函数一定可以在 z 的邻域内展开成泰勒级数.

4.6　幂级数 $\sum\limits_{n=0}^{\infty}a_n(z-3)^n$ 能否在 $z=1$ 处收敛而在 $z=4$ 处发散?

4.7　求下列幂级数的收敛半径:

(1) $\sum\limits_{n=1}^{\infty}\dfrac{n!}{n^n}z^n$;　(2) $\sum\limits_{n=1}^{\infty}\dfrac{1}{(\ln \mathrm{i}n)^n}z^n$;

(3) $\sum\limits_{n=1}^{\infty}\dfrac{n}{2^n}(z-\mathrm{i})^n$;　(4) $\sum\limits_{n=0}^{\infty}(n+1)(n+2)z^{2n}$;

(5) $\sum\limits_{n=0}^{\infty}\dfrac{z^n}{2^n+\mathrm{i}3^n}$;　(6) $\sum\limits_{n=1}^{\infty}(1-\mathrm{i})^n z^n$.

4.8　证明:幂级数 $\sum\limits_{n=0}^{\infty}(\mathrm{Re}\, c_n)z^n$ 的收敛半径不小于幂级数 $\sum\limits_{n=0}^{\infty}c_n z^n$ 的收敛半径.

4.9　把下列函数展开成 z 的幂级数,并指出它的收敛半径:

(1) $\sin(1+z^2)$； (2) $\dfrac{1}{(1+z^2)^2}$； (3) $\sinh z$； (4) $e^{z^2}\sin z^2$.

4.10 求下列函数在指定点 z_0 处的泰勒展开式：

(1) $\dfrac{z-1}{z+1}$，$z_0=1$； (2) $\dfrac{z}{(z+1)(z+2)}$，$z_0=2$；

(3) $\dfrac{1}{z^2}$，$z_0=-1$； (4) $\dfrac{1}{4-3z}$，$z=1+\mathrm{i}$；

(5) $\sin^2 z$，$z_0=0$； (6) $e^{\frac{z}{1-z}}$，$z_0=0$，写出前四项；

(7) $\displaystyle\int_0^z e^{z^2}\,dz$，$z_0=0$； (8) $\left(\dfrac{z-\mathrm{i}}{z}\right)^{10}$，$z_0=\mathrm{i}$.

4.11 函数 $\tan\dfrac{1}{z}$ 能否在 $0<|z|<R$ 内展开为洛朗级数？说明理由.

4.12 把下列各函数在指定圆环域内展开成洛朗级数：

(1) $\dfrac{1}{z(1-z)^2}$，$0<|z|<1$，$0<|z-1|<1$； (2) $\dfrac{1}{(z^2+1)(z-2)}$，$1<|z|<2$；

(3) $\dfrac{1}{z^2(z-\mathrm{i})}$，在以 i 为中心的圆环内； (4) $e^{\frac{1}{1-z}}$，$1<|z|<+\infty$.

4.13 把下列各函数在指定圆环域内展开成洛朗级数，并计算其沿正向圆周 $|z|=6$ 的积分值：

(1) $\sin\dfrac{1}{1-z}$，$z=1$ 的去心邻域；

(2) $\dfrac{1}{z(z+1)^6}$，$1<|z+1|<\infty$；

(3) $\ln\left(\dfrac{z-\mathrm{i}}{z+\mathrm{i}}\right)$，$2<|z+\mathrm{i}|<\infty$.

4.14 证明函数 $f(z)=\sin\left(z+\dfrac{1}{z}\right)$ 的洛朗级数 $\sum\limits_{n=-\infty}^{\infty}c_n z^n$ 的系数 c_n 满足等式

$$c_n=\frac{1}{2\pi}\int_0^{2\pi}\cos n\theta\sin(2\cos\theta)\,d\theta \quad (n=0,\pm1,\pm2,\cdots).$$

4.15 设 k 为实数且 $|k|<1$，证明：

$$\sum_{n=0}^{\infty}k^n\sin[(n+1)\theta]=\frac{\sin\theta}{1-2k\cos\theta+k^2};$$

$$\sum_{n=0}^{\infty}k^n\cos[(n+1)\theta]=\frac{\cos\theta-k}{1-2k\cos\theta+k^2}.$$

5 留数及其应用

在第3章我们已经知道，若函数在简单闭曲线 C 及其所围成的区域内解析，那么该函数在 C 上的积分为零. 但是如果被积函数在简单闭曲线 C 所围成的区域内有有限个奇点，这些奇点对积分的值是有影响的，用前面讨论的方法计算积分会很困难. 本章我们将介绍利用留数来计算这类积分的方法. 我们会看到，在围线积分的计算中，柯西积分定理和柯西积分公式是留数基本定理的特殊情形. 另外，留数在 Laplace 逆变换的计算中也发挥着重要的作用.

在这一章，我们将以洛朗级数为工具，引入函数的孤立奇点的概念，然后介绍留数的计算以及留数定理，最后我们介绍留数在某些定积分及广义积分中的应用.

5.1 孤立奇点

5.1.1 孤立奇点的三种类型

定义 5.1 设 z_0 是函数 $w=f(z)$ 的奇点，若函数 $f(z)$ 在 z_0 的某去心邻域内是解析的，则称 z_0 为 $f(z)$ 的**孤立奇点**.

例如，$f(z)=\dfrac{1}{z-1}$，$z=1$ 为 $f(z)$ 的孤立奇点. $\dfrac{1}{z}$，$e^{\frac{1}{z}}$，$\sin\dfrac{1}{z}$ 都以 $z=0$ 为孤立奇点.

但需注意，并不是函数的任何奇点都是孤立奇点. 例如，$f(z)=\dfrac{1}{\sin\dfrac{1}{z}}$，$z=0$ 是 $f(z)$ 的一个奇点，除此之外，$z=\dfrac{1}{k\pi}$ $(k=\pm1,\pm2,\cdots)$ 都是 $f(z)$ 的奇点. 由于 $\lim\limits_{|k|\to\infty}\dfrac{1}{k\pi}=0$，即在 $z=0$ 的不论怎样小的去心邻域内，总有 $f(z)$ 的其他奇点存在，所以，$z=0$ 不是 $f(z)$ 的孤立奇点.

设 z_0 为 $f(z)$ 的孤立奇点，则在 z_0 的去心邻域 $0<|z-z_0|<\delta$ 内，$f(z)$ 可以展开为洛朗级数

$$f(z)=\sum_{n=-\infty}^{\infty}a_n(z-z_0)^n=\sum_{n=1}^{\infty}a_{-n}(z-z_0)^{-n}+\sum_{n=0}^{\infty}a_n(z-z_0)^n. \tag{5.1}$$

其中,负方幂项部分 $\sum\limits_{n=1}^{\infty} a_{-n}(z-z_0)^{-n}$ 体现了函数在 z_0 点的奇异性质.我们根据展开式中负方幂项的不同情况,把孤立奇点分为三类:可去奇点、极点和本性奇点.

定义 5.2 在洛朗展开式(5.1)中,若不含 $(z-z_0)$ 的负方幂项(即 $a_{-n}=0$, $n=1$, 2, …),则称 z_0 为 $f(z)$的**可去奇点**.

此时,$f(z)$在 $0<|z-z_0|<\delta$ 的洛朗级数实际上就是泰勒级数,即

$$f(z)=\sum_{n=0}^{\infty} a_n(z-z_0)^n=a_0+a_1(z-z_0)+a_2(z-z_0)^2+\cdots \quad (0<|z-z_0|<\delta)$$

上式中,$\lim\limits_{z\to z_0} f(z)=a_0$. 若令 $f(z_0)=a_0$,则 $f(z)$在 $|z-z_0|<\delta$ 内解析.

例如,$z=0$ 是 $f(z)=\dfrac{\sin z}{z}$ 的可去奇点,因为

$$f(z)=\frac{1}{z}\left(z-\frac{z^3}{3!}+\frac{z^5}{5!}-\cdots\right)=1-\frac{z^2}{3!}+\frac{z^4}{5!}-\cdots \quad (0<|z|<+\infty)$$

不含负方幂项.由此顺便得出一个重要极限$\lim\limits_{z\to 0}\dfrac{\sin z}{z}=1$.

定理 5.1 如果 z_0 是函数 $f(z)$的孤立奇点,则以下结论等价:

(1) $f(z)$在 z_0 的去心邻域内展开成的级数没有负方幂项;

(2) $\lim\limits_{z\to z_0} f(z)$ 存在(为有限值).

证 由(1),$f(z)=a_0+a_1(z-z_0)+\cdots+a_n(z-z_0)^n+\cdots \quad (0<|z-z_0|<R)$

显然,$\lim\limits_{z\to z_0} f(z)=a_0(\neq\infty)$,所以(2)成立.

假设 $f(z)$在 z_0 的某去心邻域 $0<|z-z_0|<\delta$ 内的洛朗级数为

$$f(z)=\sum_{n=-\infty}^{\infty} a_n(z-z_0)^n$$

其中,
$$a_n=\frac{1}{2\pi i}\oint_{|z-z_0|=\delta}\frac{f(\xi)}{(\xi-z_0)^{n+1}}d\xi \quad (n=\pm 1, \pm 2, \cdots)$$

由(2),$\lim\limits_{z\to z_0} f(z)=a_0(\neq\infty)$,于是存在 M,使得在 $0<|z-z_0|<\delta$ (δ 可以充分小)内有 $|f(z)|\leqslant M$,从而

$$|a_n|\leqslant\frac{M}{\delta^n} \quad (n=\pm 1, \pm 2, \cdots)$$

当 $n<0$ 时,令 $\delta\to 0$,即得 $a_n=0$.

因此,(1)中结论成立.

定义 5.3 在函数 $f(z)$的洛朗展开式(5.1)中,若只有有限个 $(z-z_0)$ 的负方幂项,即

存在正整数 m,使得 $a_{-m} \neq 0$, $a_{-n} = 0(n > m)$, 则称孤立奇点 z_0 为 $f(z)$的 **m 级极点**. 即洛朗级数具有形式

$$f(z) = a_{-m}(z - z_0)^{-m} + \cdots + a_{-1}(z - z_0)^{-1} + a_0 + a_1(z - z_0) + \cdots \quad (m \geqslant 1,\ a_{-m} \neq 0)$$

上式可改写为

$$\begin{aligned} f(z) &= (z - z_0)^{-m}[a_{-m} + a_{-m+1}(z - z_0) + a_{-m+2}(z - z_0)^2 + \cdots] \\ &= \frac{h(z)}{(z - z_0)^m}. \end{aligned}$$

这里, $h(z_0) \neq 0$, 并且 $h(z)$在 z_0 的邻域内解析. 反过来,当函数 $f(z)$能表示为上述形式时,不难推出, z_0 为 $f(z)$的 m 级极点. 于是,我们有如下定理.

定理 5.2 z_0 为函数 $f(z)$的 m 级极点**当且仅当**

$$f(z) = \frac{h(z)}{(z - z_0)^m} \tag{5.2}$$

这里, $h(z_0) \neq 0$, 并且 $h(z)$在 z_0 的邻域内解析.

例如, $f(z) = \dfrac{1}{z^2}$ 的孤立奇点 $z = 0$ 是 $f(z)$的二级极点.

$z = 1$ 是 $f(z) = \dfrac{z - 2}{(z^2 + 1)(z - 1)^3}$ 的三级极点, $z = \pm \mathrm{i}$ 是它的一级极点.

由定理 5.2 可得

推论 5.1 z_0 为函数 $f(z)$的 m 级极点,当且仅当 $\lim\limits_{z \to z_0}(z - z_0)^m f(z) = a_{-m}$.

这里, m 为正整数, a_{-m}是不为零的复常数.

定义 5.4 在函数 $f(z)$的洛朗展开式(5.1)中,若含有无穷多个 $(z - z_0)$ 的负方幂项,则称 z_0 为 $f(z)$的**本性奇点**.

关于本性奇点,我们有如下定理.

定理 5.3 z_0 为函数 $f(z)$的本性奇点的**充分必要条件**是 $\lim\limits_{z \to z_0} f(z)$ 不存在也不为无穷大.

例如, $f(z) = \mathrm{e}^{\frac{1}{z}}$, 由于 $f(z) = \mathrm{e}^{\frac{1}{z}} = \sum\limits_{n=0}^{\infty} \dfrac{1}{n!} \dfrac{1}{z^n}$,所以 $z = 0$ 为 $f(z)$的本性奇点.

例 5.1 判别下列函数的孤立奇点及其类型:

(1) $\sin \dfrac{1}{z - 1}$; (2) $\dfrac{1 - \cos z}{z^2}$.

解 (1) 由于 $\sin \dfrac{1}{z - 1}$ 在 $z = 1$ 无意义,所以 $z = 1$ 是 $\sin \dfrac{1}{z - 1}$ 的孤立奇点.

而在 $0<|z-1|<+\infty$ 内，$\sin\dfrac{1}{z-1}=\sum\limits_{n=0}^{\infty}(-1)^n\dfrac{1}{(2n+1)!(z-1)^{2n+1}}$ 有无穷多项负方幂项$\left(\text{或}\lim\limits_{z\to 1}\sin\dfrac{1}{z-1}\text{不存在也不是无穷大}\right)$，所以，$z=1$ 是 $\sin\dfrac{1}{z-1}$ 的本性奇点.

(2) $z=0$ 是函数 $\dfrac{1-\cos z}{z^2}$ 的孤立奇点. 由于

$$\cos z=1-\frac{z^2}{2!}+\frac{z^4}{4!}-\cdots+(-1)^n\frac{z^{2n}}{(2n)!}+\cdots \quad (|z|<+\infty)$$

于是

$$\frac{1-\cos z}{z^2}=\frac{1}{2!}-\frac{z^2}{4!}+\cdots-(-1)^n\frac{z^{2n-2}}{(2n)!}+\cdots \quad (|z|<+\infty)$$

所以，$z=0$ 为 $\dfrac{1-\cos z}{z^2}$ 的可去奇点.

5.1.2　函数的极点和零点的关系

定义 5.5　若不恒为零的解析函数 $f(z)$ 可以表示为

$$f(z)=(z-z_0)^m\varphi(z)\ (m\text{ 为正整数}).$$

其中，$\varphi(z_0)\neq 0$，并且 $\varphi(z)$ 在 z_0 的邻域内解析，则称 z_0 为 $f(z)$ 的 ***m* 级零点**.

例如，$f(z)=z(z-1)^3$，$z=0$ 是 $f(z)$ 的一级零点，$z=1$ 是 $f(z)$ 的三级零点.

定理 5.4　若 z_0 为函数 $f(z)$ 的解析点，则 z_0 为 $f(z)$ 的 m 级零点的**充分必要条件**是 $f^{(k)}(z_0)=0\ (k=0,1,\cdots,m-1)$，且 $f^{(m)}(z_0)\neq 0$.

证　若 z_0 是 $f(z)$ 的 m 级零点，那么 $f(z)$ 可表示成

$$f(z)=(z-z_0)^m\varphi(z)$$

设 $\varphi(z)$ 在 z_0 的 Talor 展开式为

$$\varphi(z)=a_0+a_1(z-z_0)+a_2(z-z_0)^2+\cdots$$

其中 $a_0=\varphi(z_0)\neq 0$. 从而 $f(z)$ 在 z_0 的 Talor 展开式为

$$f(z)=a_0(z-z_0)^m+a_1(z-z_0)^{m+1}+a_2(z-z_0)^{m+2}+\cdots$$

这个式子说明，$f(z)$ 在 z_0 的 Talor 展开式前 m 项的系数都为零.

由 Talor 级数的系数公式可知，$f^{(n)}(z_0)=0(n=0,1,\cdots,m-1)$，而 $\dfrac{f^{(m)}(z_0)}{m!}=a_0\neq 0$. 这就证明了定理的必要条件.

充分条件由读者自行证明.

例如，$f(z)=z^3-1$，$z=1$是$f(z)$的零点.因为$f(1)=0$，$f'(1)=3z^2|_{z=1}=3\neq 0$，从而$z=1$是$f(z)$的一级零点.

定理 5.5 若函数$f(z)$可以表示为形式$f(z)=\dfrac{p(z)}{q(z)}$，且满足：

(1) 函数$p(z)$，$q(z)$在z_0点解析；

(2) $p(z_0)\neq 0$且z_0是$q(z)$的m级零点.

则z_0是$f(z)$的m级极点.

证 由于z_0是$q(z)$的m级零点，于是

$$q(z)=(z-z_0)^m\varphi(z).$$

这里，$\varphi(z)$在z_0点解析，且$\varphi(z_0)\neq 0$.

所以

$$f(z)=\frac{p(z)}{q(z)}=\frac{p(z)/\varphi(z)}{(z-z_0)^m}.$$

由于$p(z)/\varphi(z)$在z_0点解析，且$p(z_0)/q(z_0)\neq 0$，由定理5.2知，z_0是$f(z)$的m级极点.

定理5.5给出了判别一级极点的方法，这种方法有时比定理5.2的方法简单.由定理5.5，我们可以得到如下推论.

推论 5.2 若z_0是$f(z)$的m级极点，则必是$\dfrac{1}{f(z)}$的m级零点；反之亦然.

由推论5.2不难得出如下定理.

定理 5.6 z_0为$f(z)$的极点的**充分必要条件**是$\lim\limits_{z\to z_0}f(z)=\infty$.

上述极限形式是极点的另一特征，但缺点是不能说明极点的级数.

例 5.2 确定$f(z)=\dfrac{\tan(z-1)}{z-1}$的奇点的类型.

解 $f(z)=\dfrac{\tan(z-1)}{z-1}=\dfrac{\sin(z-1)}{(z-1)\cos(z-1)}$

易知，函数$f(z)$的奇点是$z=1$，$z_k=1+\dfrac{2k+1}{2}\pi\ (k=0,\pm 1,\pm 2,\cdots)$.

由于$\lim\limits_{z\to 1}\dfrac{\tan(z-1)}{z-1}=\lim\limits_{z\to 1}\dfrac{\sin(z-1)}{z-1}\cdot\dfrac{1}{\cos(z-1)}=1$

所以，$z=1$为$f(z)$的可去奇点.

由于$\left.\dfrac{\sin(z-1)}{z-1}\right|_{z_k}\neq 0$，而$\cos(z-1)|_{z_k}=0$，

$$[\cos(z-1)]'|_{z_k}=-\sin(z-1)|_{z_k}=-\sin\frac{2k+1}{2}\pi\neq 0,$$

从而 z_k 是 $\cos(z-1)$ 的一级零点，所以 z_k 是 $f(z)$的一级极点.

例 5.3 求 $f(z)=\dfrac{\sin z}{z(\mathrm{e}^z-1)}$ 的孤立奇点及类型.

解 易知，函数 $f(z)$的孤立奇点为 $z=0$, $z_k=2k\pi\mathrm{i}\ (k=\pm1,\pm2,\cdots)$.

$z=0$, 使分母、分子均为 0,不易直接判别其类型.

由于

$$\sin z=z-\frac{z^3}{3!}+\frac{z^5}{5!}-\cdots\ (|z|<+\infty)$$

$$\mathrm{e}^z-1=z+\frac{z^2}{2!}+\frac{z^3}{3!}+\cdots\ (|z|<+\infty)$$

于是得到

$$f(z)=\frac{1}{z}\left(\frac{1-\dfrac{z^2}{3!}+\dfrac{z^4}{5!}-\cdots}{1+\dfrac{z}{2!}+\dfrac{z^2}{3!}+\cdots}\right)=\frac{1}{z}h(z)\ (|z|<+\infty)$$

其中，$h(z)=\dfrac{1-\dfrac{z^2}{3!}+\dfrac{z^4}{5!}-\cdots}{1+\dfrac{z}{2!}+\dfrac{z^2}{3!}+\cdots}$，显然，$h(0)\neq0$，并且 $h(z)$在 $z=0$ 解析，于是 $z=0$ 为 $f(z)$ 的一级极点.

以下考察 $z_k=2k\pi\mathrm{i}\ (k=\pm1,\pm2,\cdots)$.

$$f(z)=\frac{\sin z}{z(\mathrm{e}^z-1)}=\frac{\dfrac{\sin z}{z}}{\mathrm{e}^z-1}，由于 \left.\frac{\sin z}{z}\right|_{z_k}\neq0，而$$

$$(\mathrm{e}^z-1)|_{z_k}=0,\ (\mathrm{e}^z-1)'|_{z_k}=\mathrm{e}^{z_k}\neq0.$$

于是 $z_k=2k\pi\mathrm{i}$ 是 e^z-1 的一级零点，由定理 5.5 知，$z_k=2k\pi\mathrm{i}\ (k=\pm1,\pm2,\cdots)$ 是 $f(z)$ 的一级极点.

例 5.4 证明:有理函数的奇点必为**可去奇点或极点**.

证 设有理函数形式为 $f(z)=\dfrac{P(z)}{Q(z)}$，它除去 $Q(z)$的零点外都解析.

若 z_0 为 $Q(z)$的 m 级零点，则

$$Q(z)=(z-z_0)^m q(z)$$

其中，$q(z)$是一个多项式，且 $q(z_0)\neq0$.

若 $P(z_0)\neq0$，由于

$$\frac{P(z)}{Q(z)}=\frac{1}{(z-z_0)^m}\cdot\frac{P(z)}{q(z)}$$

于是,由定理 5.2 知,z_0 是 $f(z)$的 m 级极点.

若 $P(z_0)=0$,记 $P(z)=(z-z_0)^n p(z)$. 其中,$p(z)$是多项式,且 $p(z_0)\neq 0$,则

$$\frac{P(z)}{Q(z)}=\frac{(z-z_0)^n}{(z-z_0)^m}\cdot\frac{p(z)}{q(z)}$$

当 $n<m$ 时,z_0 是 $f(z)$的极点;当 $n\geqslant m$ 时,z_0 是 $f(z)$的可去奇点.

5.1.3 孤立奇点∞的定义及分类

前面讨论的函数的孤立奇点都是复平面内的有限远的. 现在我们讨论函数在点∞的情形.

定义 5.6 设函数 $f(z)$在无穷远点的去心邻域 $0\leqslant r<|z|<+\infty$ 内解析,则称点∞为 $f(z)$的**孤立奇点**.

利用变换 $\xi=\dfrac{1}{z}$,则 $g(\xi)=f\left(\dfrac{1}{\xi}\right)=f(z)$ 在去心邻域 $0<|\xi|<\dfrac{1}{r}$ $\left(若 r=0,规定 \dfrac{1}{r}=+\infty\right)$ 内解析,于是 $\xi=0$ 是函数 $g(\xi)$的一个孤立奇点. 因此 $g(\xi)$在环形域 $0<|\xi|<\dfrac{1}{r}$ 内可以展开成洛朗级数

$$g(\xi)=\sum_{n=-\infty}^{\infty}a_n\xi^n=\sum_{n=1}^{\infty}a_{-n}\xi^{-n}+\sum_{n=0}^{\infty}a_n\xi^n. \tag{5.3}$$

将 $\xi=\dfrac{1}{z}$ 代入式(5.3)得

$$f(z)=g(\xi)=\sum_{n=0}^{\infty}a_{-n}z^n+\sum_{n=1}^{\infty}a_n z^{-n}. \tag{5.4}$$

式(5.4)相当于把 $g(\xi)$的洛朗展开式(5.3)中的正、负方幂对调所得,并且,当 $z\to\infty$ 时 $f(z)$的极限状态与 $\xi\to 0$ 时 $g(\xi)$的极限状态相同. 因此,我们可以根据 $g(\xi)$在 $\xi=0$ 点的孤立奇点的类型来确定 $f(z)$在∞点的孤立奇点类型. 于是我们有如下定义.

定义 5.7 若 $\xi=\dfrac{1}{z}=0$ 是 $g(\xi)$的可去奇点、m 级极点或本性奇点,则相应地分别称 $z=\infty$ 为 $f(z)$的**可去奇点**、***m* 级极点**或**本性奇点**.

由上面的讨论,以及定理 5.1,定理 5.3 和定理 5.6 可得如下定理.

定理 5.7 $z=\infty$ 是函数 $f(z)$的可去奇点、极点或本性奇点的**充分必要条件**是极限 $\lim\limits_{z\to\infty}f(z)$ 存在、为无穷大或既不存在又不为无穷大.

例 5.5 判别 $z=\infty$ 是否为下列函数的孤立奇点,并指出其类型.

(1) $f(z)=\dfrac{z^2}{z^2+1}$；　(2) $f(z)=\sin z-\cos z$；　(3) $f(z)=1+2z+3z^2+4z^3+5z^4$.

解　(1) 函数 $f(z)$在复平面除去 $z=\pm\mathrm{i}$ 外解析，从而在 $1<|z|<+\infty$ 内解析，所以 $z=\infty$ 是它的孤立奇点.

而
$$\lim_{z\to\infty}\frac{z^2}{z^2+1}=1,$$
所以 $z=\infty$ 为 $f(z)$的可去奇点.

(2) 由于 $\lim\limits_{z\to\infty}f(z)=\lim\limits_{z\to\infty}(\sin z-\cos z)$ 不存在，也不是∞，所以，$z=\infty$ 为 $f(z)$的本性奇点.

(3) 函数 $f(z)$在复平面解析，而函数本身就是在 $|z|<+\infty$ 内的洛朗展开式，所以 $z=\infty$ 是函数 $f(z)=1+2z+3z^2+4z^3+5z^4$ 的孤立奇点，且为四级极点.

5.2　留数

5.2.1　留数的定义

若 $f(z)$在 z_0 的邻域 $|z-z_0|<\delta$ 内解析，则由柯西积分定理知，
$$\oint_C f(z)\mathrm{d}z=0.$$
其中，C 为该邻域内任意一条包含 z_0 的简单闭曲线.

但是，若 z_0 为 $f(z)$的孤立奇点，则$\oint_C f(z)\mathrm{d}z$ 一般来说不再为零. 因此，可将 $f(z)$在邻域 $0<|z-z_0|<\delta$ 内展开成洛朗级数
$$\begin{aligned}f(z)&=\sum_{n=-\infty}^{\infty}a_n(z-z_0)^n\\&=\cdots+a_{-n}(z-z_0)^{-n}+\cdots+a_{-1}(z-z_0)^{-1}+a_0+a_1(z-z_0)+\cdots+a_n(z-z_0)^n+\cdots\end{aligned}$$
两端沿曲线 C 逐项积分，注意到
$$\oint_C\frac{a_{-n}}{(z-z_0)^n}\mathrm{d}z=a_{-n}\oint_C\frac{\mathrm{d}z}{(z-z_0)^n}=\begin{cases}2\pi\mathrm{i}a_{-1},\ n=1;\\0,\ n\neq1.\end{cases}$$
且
$$\oint_C(z-z_0)^n\mathrm{d}z=0\ (n=0,1,2,\cdots).$$
所以
$$\oint_C f(z)\mathrm{d}z=2\pi\mathrm{i}a_{-1}$$

从而,得

$$a_{-1}=\frac{1}{2\pi i}\oint_C f(z)\mathrm{d}z$$

称这个积分值为 $f(z)$在 z_0 点的**留数**(residue),记为

$$\mathrm{Res}[f(z),\ z_0]$$

即
$$\mathrm{Res}[f(z),\ z_0]=\frac{1}{2\pi i}\oint_C f(z)\mathrm{d}z=a_{-1}. \tag{5.5}$$

也就是说,$f(z)$在 z_0 点的留数就是 $f(z)$在以 z_0 为中心的圆环域内的洛朗级数中负方幂项 $a_{-1}(z-z_0)^{-1}$ 的系数 a_{-1}.

由此可见,函数在可去奇点处的留数为零. 而函数在本性奇点的留数一般只能利用定义通过洛朗展开式或者积分计算求得. 下面我们重点讨论函数在极点处的留数.

5.2.2 极点处留数的计算

根据留数的定义,只要求出函数在其奇点处的洛朗展开式中的 $(z-z_0)^{-1}$ 的系数 a_{-1} 即可. 所以应用洛朗展开式计算留数是一般的方法,但这种方法有时是很复杂的. 下面的定理给出了极点处的留数的常用计算方法.

定理 5.8 若 z_0 为 $f(z)$的 m 级极点,则

$$\mathrm{Res}[f(z),\ z_0]=\frac{1}{(m-1)!}\lim_{z\to z_0}\frac{\mathrm{d}^{m-1}}{\mathrm{d}z^{m-1}}[(z-z_0)^m f(z)]. \tag{5.6}$$

证 由于 $f(z)=\dfrac{1}{(z-z_0)^m}[a_{-m}+a_{-m+1}(z-z_0)+\cdots+a_0(z-z_0)^m+\cdots]$, 则

$$(z-z_0)^m f(z)=a_{-m}+a_{-m+1}(z-z_0)+\cdots+a_{-1}(z-z_0)^{m-1}+a_0(z-z_0)^m+\cdots$$

两边求 $m-1$ 阶导数,得

$$\frac{\mathrm{d}^{m-1}}{\mathrm{d}z^{m-1}}(z-z_0)^m f(z)=(m-1)!a_{-1}+[\text{含有}(z-z_0)\text{正方幂的项}]$$

取极限,得

$$\lim_{z\to z_0}\frac{\mathrm{d}^{m-1}}{\mathrm{d}z^{m-1}}(z-z_0)^m f(z)=(m-1)!a_{-1}$$

从而,有

$$a_{-1}=\mathrm{Res}[f(z),\ z_0]=\frac{1}{(m-1)!}\lim_{z\to z_0}\frac{\mathrm{d}^{m-1}}{\mathrm{d}z^{m-1}}(z-z_0)^m f(z).$$

推论 5.3 若 z_0 为 $f(z)$的一级极点,则

$$\mathrm{Res}[f(z), z_0] = \lim_{z \to z_0}(z - z_0)f(z). \tag{5.7}$$

定理 5.9 若 z_0 为 $f(z) = \dfrac{p(z)}{q(z)}$ 的一级极点，其中 $p(z)$、$q(z)$ 在 z_0 解析，且 $p(z_0) \neq 0$, $q(z_0) = 0$, $q'(z_0) \neq 0$，则

$$\mathrm{Res}[f(z), z_0] = \frac{p(z_0)}{q'(z_0)}. \tag{5.8}$$

证 因为 z_0 为 $f(z) = \dfrac{p(z)}{q(z)}$ 的一级极点，所以

$$\mathrm{Res}[f(z), z_0] = \lim_{z \to z_0}(z - z_0)\frac{p(z)}{q(z)} = \lim_{z \to z_0}\frac{p(z)}{\dfrac{q(z) - q(z_0)}{z - z_0}} = \frac{p(z_0)}{q'(z_0)}.$$

例 5.6 求函数 $f(z) = \dfrac{e^z}{z(z-1)^2}$ 在其孤立奇点处的留数.

解 显然，$z_1 = 0$, $z_2 = 1$ 分别是函数 $f(z)$的一级极点和二级极点. 于是

$$\mathrm{Res}[f(z), 0] = \lim_{z \to 0} z \cdot f(z) = \lim_{z \to 0}\frac{e^z}{(z-1)^2} = 1,$$

$$\mathrm{Res}[f(z), 1] = \lim_{z \to 1}\frac{d}{dz}[(z-1)^2 f(z)] = \lim_{z \to 1}\frac{d}{dz}\left(\frac{e^z}{z}\right) = \lim_{z \to 1}\frac{e^z(z-1)}{z^2} = 0.$$

例 5.7 求 $\mathrm{Res}\left[\dfrac{z e^z}{z^2+1}, i\right]$.

解 容易知道 $z = i$ 是 $f(z) = \dfrac{z e^z}{z^2+1}$ 的一级极点，取 $p(z) = z e^z$, $q(z) = z^2 + 1$，则 $f(z) = \dfrac{p(z)}{q(z)}$ 满足定理 5.9 的条件，所以

$$\mathrm{Res}\left[\frac{z e^z}{z^2+1}, i\right] = \frac{p(i)}{q'(i)} = \frac{e^i}{2} = \frac{\cos 1 + i\sin 1}{2}.$$

例 5.8 求 $\mathrm{Res}\left[\dfrac{1}{(z^2+1)^3}, i\right]$.

解 由于 $f(z) = \dfrac{1}{(z+i)^3(z-i)^3}$，所以 $z = i$ 是 $f(z)$的三级极点.

于是

$$\mathrm{Res}[f(z), i] = \frac{1}{(3-1)!}\lim_{z \to i}\frac{d^2}{dz^2}[(z-i)^3 f(z)] = -\frac{3i}{16}.$$

例 5.9　求函数 $f(z)=\dfrac{e^{\frac{1}{z}}}{1-z}$ 在孤立奇点 $z=0$ 点的留数.

解　函数 $f(z)$ 的奇点为 $z=0$, $z=1$. 所以函数在 $0<|z|<1$ 解析,其洛朗展开式为

$$
\begin{aligned}
f(z) &= \frac{e^{\frac{1}{z}}}{1-z} \\
&= (1+z+z^2+\cdots+z^n+\cdots)\left(1+\frac{1}{z}+\frac{1}{2!z^2}+\cdots+\frac{1}{n!z^n}+\cdots\right) \\
&= \cdots+\frac{1}{z}\left(1+\frac{1}{2!}+\cdots+\frac{1}{n!}+\cdots\right)+\cdots
\end{aligned}
$$

所以

$$
\mathrm{Res}[f(z),\ 0]=a_{-1}=\left(1+\frac{1}{2!}+\cdots+\frac{1}{n!}+\cdots\right)=e-1.
$$

5.2.3　留数定理

应用留数可以计算围线积分,我们有下面的定理.

定理 5.10(留数定理)　设 C 为一条简单正向闭曲线,若 $f(z)$ 在 C 上连续,在 C 所包围的区域 D 内除有限个孤立奇点 z_1, z_2, $\cdots$, z_k 外解析,则

$$
\oint_C f(z)\mathrm{d}z=2\pi\mathrm{i}\sum_{j=1}^{k}\mathrm{Res}[f(z),\ z_j]. \tag{5.9}
$$

证　分别以 z_1, z_2, $\cdots$, z_k 为圆心作 k 个互不相交且互不包含的圆周 C_1, C_2, $\cdots$, C_k(图 5-1). 由复合闭路定理,得

$$
\oint_C f(z)\mathrm{d}z=\sum_{j=1}^{k}\oint_{C_j} f(z)\mathrm{d}z
$$

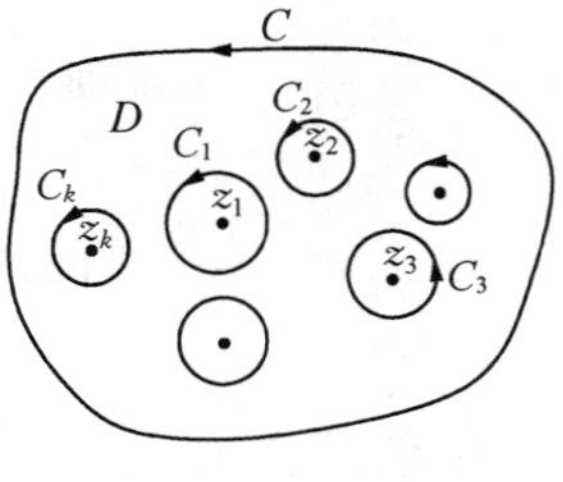

从而有

$$
\frac{1}{2\pi\mathrm{i}}\oint_C f(z)\mathrm{d}z=\sum_{j=1}^{k}\frac{1}{2\pi\mathrm{i}}\oint_{C_j} f(z)\mathrm{d}z=\sum_{j=1}^{k}\mathrm{Res}[f(z),\ z_j]
$$

图 5-1

于是,得到

$$
\oint_C f(z)\mathrm{d}z=2\pi\mathrm{i}\sum_{j=1}^{k}\mathrm{Res}[f(z),\ z_j].
$$

例 5.10　计算积分 $\oint_C \dfrac{z e^z}{z^2-1}\mathrm{d}z$, C 为正向圆周 $|z|=2$.

解法一 $f(z)=\dfrac{z\mathrm{e}^z}{z^2-1}$ 有两个一级极点 $z=\pm1$，且这两个极点在 $|z|<2$ 内，由定理 5.10 有

$$\oint_C \frac{z\mathrm{e}^z}{z^2-1}\mathrm{d}z = 2\pi\mathrm{i}\{\mathrm{Res}[f(z),\ 1]+\mathrm{Res}[f(z),\ -1]\}$$

由于

$$\mathrm{Res}[f(z),\ 1]=\lim_{z\to1}(z-1)f(z)=\lim_{z\to1}\frac{z\mathrm{e}^z}{z+1}=\frac{\mathrm{e}}{2}$$

$$\mathrm{Res}[f(z),\ -1]=\lim_{z\to-1}(z+1)f(z)=\lim_{z\to-1}\frac{z\mathrm{e}^z}{z-1}=\frac{\mathrm{e}^{-1}}{2}$$

于是，得到

$$\oint_C \frac{z\mathrm{e}^z}{z^2-1}\mathrm{d}z = 2\pi\mathrm{i}\left(\frac{\mathrm{e}}{2}+\frac{\mathrm{e}^{-1}}{2}\right)=2\pi\mathrm{i}\cosh 1.$$

解法二 本题也可利用柯西积分公式来求解.

分别以 -1，1 为圆心，做两个互不相交且互不包含的圆周 $|z+1|=r_1$，$|z-1|=r_2$，则

$$\begin{aligned}
\oint_C \frac{z\mathrm{e}^z}{z^2-1}\mathrm{d}z &= \oint_{|z|=2}\frac{z\mathrm{e}^z}{(z+1)(z-1)}\mathrm{d}z \\
&= \oint_{|z+1|=r_1}\frac{z\mathrm{e}^z}{(z+1)(z-1)}\mathrm{d}z+\oint_{|z-1|=r_2}\frac{z\mathrm{e}^z}{(z+1)(z-1)}\mathrm{d}z \\
&= \oint_{|z+1|=r_1}\frac{\frac{z\mathrm{e}^z}{z-1}}{z+1}\mathrm{d}z+\oint_{|z-1|=r_2}\frac{\frac{z\mathrm{e}^z}{z+1}}{z-1}\mathrm{d}z \\
&= 2\pi\mathrm{i}\left.\frac{z\mathrm{e}^z}{z-1}\right|_{z=-1}+2\pi\mathrm{i}\left.\frac{z\mathrm{e}^z}{z+1}\right|_{z=1} \\
&= 2\pi\mathrm{i}\left(\frac{\mathrm{e}^{-1}}{2}+\frac{\mathrm{e}}{2}\right)=2\pi\mathrm{i}\cosh 1.
\end{aligned}$$

例 5.11 求函数 $f(z)=\dfrac{z}{(z-1)^m(z-2)}$ 在 $z=1$ 及 $z=2$ 处的留数，并求积分 $\oint_{|z|=3}f(z)\mathrm{d}z$.

解 由于 $z=1$ 是 $f(z)$ 的 m 级极点，$z=2$ 是 $f(z)$ 的一级极点，且两个极点都在 $|z|<3$ 内，于是由留数定理，得

$$\oint_{|z|=3}f(z)\mathrm{d}z = 2\pi\mathrm{i}\{\mathrm{Res}[f(z),\ 1]+\mathrm{Res}[f(z),\ 2]\}$$

当 $m=1$ 时，

$$\operatorname{Res}[f(z),1]=\lim_{z\to1}(z-1)f(z)=\lim_{z\to1}\frac{z}{z-2}=-1$$

当 $m\geqslant2$ 时，

$$\begin{aligned}\operatorname{Res}[f(z),1]&=\frac{1}{(m-1)!}\lim_{z\to1}[(z-1)^m f(z)]^{(m-1)}\\&=\frac{1}{(m-1)!}\lim_{z\to1}\frac{\mathrm{d}^{m-1}}{\mathrm{d}z^{m-1}}\left[\frac{z}{z-2}\right]\\&=\frac{2}{(m-1)!}\lim_{z\to1}\frac{(-1)^{m-1}(m-1)!}{(z-2)^m}\\&=-2\end{aligned}$$

而

$$\operatorname{Res}[f(z),2]=\lim_{z\to2}(z-2)f(z)=\lim_{z\to2}\frac{z}{(z-1)^m}=2$$

所以

$$\begin{aligned}\oint_{|z|=3}f(z)\mathrm{d}z&=2\pi\mathrm{i}\{\operatorname{Res}[f(z),1]+\operatorname{Res}[f(z),2]\}\\&=\begin{cases}2\pi\mathrm{i},\ m=1;\\0,\ m>1.\end{cases}\end{aligned}$$

例 5.12　计算积分 $\oint_{|z|=6}\tan z\,\mathrm{d}z$.

解　由于 $\tan z=\dfrac{\sin z}{\cos z}$ 的奇点为 $z_k=k\pi+\dfrac{\pi}{2}\ (k=0,\pm1,\cdots)$，且

$$\cos z\,|_{z=z_k}=0,\ (\cos z)'\,|_{z=z_k}=-\sin z\,|_{z=z_k}=-(-1)^k\neq0\ (k=0,\pm1,\cdots)$$

所以，$z=z_k$ 为 $\tan z$ 的一级极点，从而得到

$$\operatorname{Res}[\tan z,z_k]=\left.\frac{\sin z}{(\cos z)'}\right|_{z=z_k}=\left.\frac{\sin z}{-\sin z}\right|_{z=z_k}=-1$$

而在 $|z|<6$ 内的极点有 $z=k\pi+\dfrac{\pi}{2}\ (k=0,\pm1,-2)$.

所以，由留数定理，得到

$$\oint_{|z|=6}\tan z\,\mathrm{d}z=2\pi\mathrm{i}[-1-1-1-1]=-8\pi\mathrm{i}.$$

例 5.13　计算$\oint_{|z|=2}\frac{1}{z-1}\sin\frac{1}{z}\mathrm{d}z$.

解　显然，$z=1$是$f(z)$的一级极点

于是

$$\mathrm{Res}[f(z),1]=\lim_{z\to 1}(z-1)f(z)=\sin 1$$

由于$\lim_{z\to 0}\frac{1}{z-1}\sin\frac{1}{z}$不存在且不为$\infty$，所以，$z=0$为本性奇点. 求$\mathrm{Res}[f(z),0]$，需要求$f(z)$的洛朗展开式中$z^{-1}$的系数.

因为

$$\frac{1}{z-1}=-(1+z+\cdots+z^n+\cdots),\ |z|<1.$$

$$\sin\frac{1}{z}=\frac{1}{z}-\frac{1}{3!z^3}+\frac{1}{5!z^5}-\cdots+\frac{(-1)^n}{(2n+1)!}\cdot\frac{1}{z^{2n+1}}+\cdots\quad(0<|z|<+\infty)$$

所以

$$a_{-1}=-1+\frac{1}{3!}-\frac{1}{5!}+\frac{1}{7!}-\frac{1}{9!}+\cdots$$

$$=-\left(1-\frac{1}{3!}+\frac{1}{5!}-\cdots\right)=-\sin 1$$

因此

$$\oint_{|z|=2}f(z)\mathrm{d}z=0.$$

5.2.4　函数在无穷远点的留数

定义 5.8　若∞为$f(z)$的孤立奇点，即$f(z)$在圆环域$r<|z|<\infty$内解析，则称

$$\frac{1}{2\pi \mathrm{i}}\oint_{C^-}f(z)\mathrm{d}z\quad(C:\ |z|=\rho>r)$$

为$f(z)$在∞的留数，记为$\mathrm{Res}[f(z),\infty]$. 这里$C^-$是指顺时针方向，即

$$\mathrm{Res}[f(z),\infty]=\frac{1}{2\pi \mathrm{i}}\oint_{C^-}f(z)\mathrm{d}z.\tag{5.10}$$

设$f(z)$在$r<|z|<\infty$内的洛朗展开式为

$$f(z)=\sum_{n=-\infty}^{\infty}a_nz^n,$$

则由逐项积分及公式(3.8)得

$$\text{Res}[f(z),\ \infty] = -a_{-1}. \tag{5.11}$$

这说明，$\text{Res}[f(z),\ \infty]$ 等于 $f(z)$ 在点 ∞ 的去心邻域内的洛朗展开式中 $\frac{1}{z}$ 项系数的相反数.

这里需要说明的是，和有限点的留数不同，$z = \infty$ 即使是 $f(z)$ 的可去奇点，$f(z)$ 在 $z = \infty$ 的留数也未必是零. 例如，$f(z) = \frac{1}{z}$，$z = \infty$ 为可去奇点，但 $\text{Res}[f(z),\ \infty] = -1$.

定理 5.11　如果函数 $f(z)$ 在扩充 z 平面上只有有限个孤立奇点(包括无穷远点在内) $z_1,\ z_2,\ \cdots,\ z_n,\ \infty$，则 $f(z)$ 在各点的留数之和为零.

证　假设 C 为一条绕原点且包含 $z_k(k = 1,\ 2,\ \cdots,\ n)$ 在内的正向简单闭曲线，由留数定理以及定义 5.8，有

$$\text{Res}[f(z),\ \infty] + \sum_{k=1}^{n}\text{Res}[f(z),\ z_k] = \frac{1}{2\pi \mathrm{i}}\oint_{C^-} f(z)\mathrm{d}z + \frac{1}{2\pi \mathrm{i}}\oint_{C} f(z)\mathrm{d}z = 0$$

定理 5.11 为我们提供了计算函数沿闭曲线积分的又一种方法.

关于无穷远点的留数计算，我们有如下定理.

定理 5.12

$$\text{Res}[f(z),\ \infty] = -\text{Res}\left[f\left(\frac{1}{z}\right)\cdot \frac{1}{z^2},\ 0\right]. \tag{5.12}$$

证　在无穷远点留数的定义中，取正向简单闭曲线 C 为半径足够大的正向圆周：$|z| = R$. 令 $z = \frac{1}{\xi}$，并设 $z = R\mathrm{e}^{\mathrm{i}\theta}$，$\xi = r\mathrm{e}^{\mathrm{i}\varphi}$，则 $r = \frac{1}{R}$，$\varphi = -\theta$，于是有

$$\begin{aligned}
\text{Res}[f(z),\ \infty] &= \frac{1}{2\pi \mathrm{i}}\oint_{C^-} f(z)\mathrm{d}z = \frac{1}{2\pi \mathrm{i}}\int_0^{-2\pi} f(R\mathrm{e}^{\mathrm{i}\theta})R\mathrm{i}\mathrm{e}^{\mathrm{i}\theta}\mathrm{d}\theta \\
&= -\frac{1}{2\pi \mathrm{i}}\int_0^{2\pi} f\left(\frac{1}{r\mathrm{e}^{\mathrm{i}\varphi}}\right)\frac{\mathrm{i}}{r\mathrm{e}^{\mathrm{i}\varphi}}\mathrm{d}\varphi \\
&= -\frac{1}{2\pi \mathrm{i}}\int_0^{2\pi} f\left(\frac{1}{r\mathrm{e}^{\mathrm{i}\varphi}}\right)\frac{1}{(r\mathrm{e}^{\mathrm{i}\varphi})^2}\mathrm{d}(r\mathrm{e}^{\mathrm{i}\varphi}) \\
&= -\frac{1}{2\pi \mathrm{i}}\int_{|\xi|=\frac{1}{R}} f\left(\frac{1}{\xi}\right)\frac{1}{\xi^2}\mathrm{d}\xi \quad \left(|\xi| = \frac{1}{R}\ \text{为正向}\right)
\end{aligned}$$

由于 $f(z)$ 在 $R < |z| < \infty$ 内解析，从而 $f\left(\frac{1}{\xi}\right)$ 在 $0 < |\xi| < \frac{1}{R}$ 内解析，因此，$f\left(\frac{1}{\xi}\right)\frac{1}{\xi^2}$ 在 $|\xi| < \frac{1}{R}$ 内除了 $\xi = 0$ 外没有其他奇点. 由留数定理，得

$$\frac{1}{2\pi i}\int_{|\xi|=\frac{1}{R}} f\left(\frac{1}{\xi}\right)\frac{1}{\xi^2}d\xi = \text{Res}\left[f\left(\frac{1}{\xi}\right)\frac{1}{\xi^2}, 0\right]$$

所以式(5.12)成立.

此定理说明,函数在无穷远点的留数可以转化为有限点$(z=0)$处的留数来计算.

例 5.14 计算积分$\oint_C \frac{dz}{(z+i)^8(z-1)^2(z-3)}$,其中,$C$为正向圆周:$|z|=2$.

解 记$f(z)=\frac{1}{(z+i)^8(z-1)^2(z-3)}$,则除$\infty$点外,被积函数的奇点有:$-i$, 1, 3,由定理 5.11 得

$$\text{Res}[f(z), -i]+\text{Res}[f(z), 1]+\text{Res}[f(z), 3]+\text{Res}[f(z), \infty]=0.$$

由于奇点$-i$, 1 在圆周C的内部,由留数定理及上式得

$$\begin{aligned}\oint_C \frac{dz}{(z+i)^8(z-1)^2(z-3)} &= 2\pi i\{\text{Res}[f(z), -i]+\text{Res}[f(z), 1]\}\\ &=-2\pi i\{\text{Res}[f(z), 3]+\text{Res}[f(z), \infty]\}\end{aligned}$$

而

$$\text{Res}[f(z), 3]=\lim_{z\to 3}(z-3)f(z)=\lim_{z\to 3}\frac{1}{(z+i)^8(z-1)^2}=\frac{1}{4(3+i)^8}$$

$$\begin{aligned}\text{Res}[f(z), \infty] &=-\text{Res}\left[\frac{1}{\left(\frac{1}{z}+i\right)^8\left(\frac{1}{z}-1\right)^2\left(\frac{1}{z}-3\right)}\cdot\frac{1}{z^2}, 0\right]\\ &=-\text{Res}\left[\frac{z^9}{(1+iz)^8(1-z)^2(1-3z)}, 0\right]=0\end{aligned}$$

所以

$$\begin{aligned}\oint_C \frac{dz}{(z+i)^8(z-1)^2(z-3)} &=-2\pi i\left\{\frac{1}{4(3+i)^8}+0\right\}\\ &=-\frac{\pi i}{2(3+i)^8}.\end{aligned}$$

例 5.15 计算$\oint_C \frac{z^{2n}}{1+z^n}dz$($n$为正整数),$C$为正向圆周:$|z|=r>1$.

解 函数$f(z)=\frac{z^{2n}}{1+z^n}$在圆周$C$内部有$n$个孤立奇点$z_k=e^{i\frac{(2k+1)\pi}{n}}$($k=0, 1, 2, \cdots,$

$n-1$). 而在圆周外只有孤立奇点 $z=\infty$，从而由留数定理及定理 5.11 得

$$\oint_C \frac{z^{2n}}{1+z^n}\mathrm{d}z = -2\pi\mathrm{i}\,\mathrm{Res}[f(z),\ \infty]$$

而在∞的去心邻域 $1<|z|<+\infty$ 内有

$$f(z)=\frac{z^{2n}}{1+z^n}=z^n\frac{1}{1+\dfrac{1}{z^n}}=z^n\left(1-\frac{1}{z^n}+\frac{1}{z^{2n}}-\frac{1}{z^{3n}}+\cdots\right)$$

$$=z^n-1+\frac{1}{z^n}-\frac{1}{z^{2n}}+\cdots$$

展开式中正方幂项的最高次幂为 z^n，且$\dfrac{1}{z}$项的系数 $a_{-1}=\begin{cases}1,\ n=1;\\0,\ n>1.\end{cases}$

所以

$$\mathrm{Res}[f(z),\ \infty]=-a_{-1}=\begin{cases}-1,\ n=1;\\0,\ n>1.\end{cases}$$

故

$$\oint_C \frac{z^{2n}}{1+z^n}\mathrm{d}z=-2\pi\mathrm{i}(-a_{-1})=\begin{cases}2\pi\mathrm{i},\ n=1;\\0,\ n>1.\end{cases}$$

由以上例题可以看出，在计算围线积分时，当被积函数在围线内奇点较多或者含有较高阶的极点时，可以考虑转化为无穷远点的留数来计算.

5.3 利用留数计算实积分

有些实积分由于被积函数的原函数往往不能用初等函数的有限形式表示，因而不能用高等数学的积分方法来计算，而利用留数定理计算这些积分却是非常有效的. 作为留数的一个应用，我们将介绍怎样用留数来计算某些特殊形式的积分.

5.3.1 形如 $\int_0^{2\pi} R(\cos\theta,\ \sin\theta)\mathrm{d}\theta$ 的积分

其中，$R(\cos\theta,\ \sin\theta)$是关于 $\cos\theta$、$\sin\theta$ 的有理函数. 计算形如 $\int_0^{2\pi} R(\cos\theta,\ \sin\theta)\mathrm{d}\theta$ 的积分，首先，将被积函数转化为复数形式，再将积分区间$[0,\ 2\pi]$化为沿闭曲线上的积分. 为此，我们令 $z=\mathrm{e}^{\mathrm{i}\theta}$，则

$$\cos\theta=\frac{\mathrm{e}^{\mathrm{i}\theta}+\mathrm{e}^{-\mathrm{i}\theta}}{2}=\frac{z+z^{-1}}{2}=\frac{1}{2}\left(z+\frac{1}{z}\right)$$

$$\sin\theta=\frac{e^{i\theta}-e^{-i\theta}}{2i}=\frac{z-z^{-1}}{2i}=\frac{1}{2i}\left(z-\frac{1}{z}\right)$$

$$dz=ie^{i\theta}d\theta,\quad 即\ d\theta=\frac{1}{iz}dz$$

于是，$R(\cos\theta,\ \sin\theta)=R\left[\frac{1}{2}\left(z+\frac{1}{z}\right),\ \frac{1}{2i}\left(z-\frac{1}{z}\right)\right]$，当 θ 由 0 变到 2π 时，z 恰好沿圆周 $|z|=1$ 的正向绕行一周，于是

$$\int_0^{2\pi}R(\cos\theta,\ \sin\theta)d\theta=\oint_{|z|=1}R\left[\frac{1}{2}\left(z+\frac{1}{z}\right),\ \frac{1}{2i}\left(z-\frac{1}{z}\right)\right]\cdot\frac{1}{iz}dz=\oint_{|z|=1}f(z)dz$$

即转化为有理函数 $f(z)$在 $|z|=1$ 上的积分.

若 $f(z)$在 $|z|=1$ 上无奇点，而在 $|z|<1$ 内有 $z_1,\ z_2,\ \cdots,\ z_k$ 等 k 个孤立奇点，则由留数定理，有

$$\int_0^{2\pi}R(\cos\theta,\ \sin\theta)d\theta=2\pi i\sum_{j=1}^{k}\text{Res}[f(z),\ z_j].\tag{5.13}$$

例 5.16　计算积分 $I=\int_0^{2\pi}\frac{1}{1-2r\cos\theta+r^2}d\theta\quad(0<r<1)$.

解　令 $z=e^{i\theta}$，则 $\cos\theta=\frac{1}{2}\left(z+\frac{1}{z}\right)$，$d\theta=\frac{1}{iz}dz$.

于是

$$I=\oint_{|z|=1}\frac{1}{1-r\left(z+\frac{1}{z}\right)+r^2}\cdot\frac{1}{iz}dz=\oint_{|z|=1}\frac{1}{i(z-rz^2-r+r^2z)}dz$$

$$=\oint_{|z|=1}\frac{1}{i(1-rz)(z-r)}dz=\oint_{|z|=1}f(z)dz$$

由于 $f(z)$在 $|z|<1$ 内的孤立奇点 $z=r$ 是 $f(z)$的一级极点，于是有

$$I=2\pi i\text{Res}[f(z),\ r]=2\pi i\lim_{z\to r}(z-r)\frac{1}{i(1-zr)(z-r)}=\frac{2\pi}{1-r^2}.$$

例 5.17　计算 $I=\int_0^{2\pi}\frac{\sin^2\theta}{5+4\cos\theta}d\theta$.

解　令 $z=e^{i\theta}$，则

$$I=\oint_{|z|=1}\left[\frac{-(z^2-1)^2}{4z^2}\right]\cdot\frac{1}{5+4\left(\frac{z^2+1}{2z}\right)}\cdot\frac{dz}{iz}$$

$$= \frac{\mathrm{i}}{4}\oint_{|z|=1} \frac{(z^2-1)^2}{z^2(2z^2+5z+2)}\mathrm{d}z$$

$$= \frac{\mathrm{i}}{8}\oint_{|z|=1} \frac{(z^2-1)^2}{z^2\left(z+\frac{1}{2}\right)(z+2)}\mathrm{d}z$$

显然,被积函数 $f(z)=\dfrac{(z^2-1)^2}{z^2\left(z+\frac{1}{2}\right)(z+2)}$ 在 $|z|=1$ 上无奇点,在单位圆 $|z|<1$ 内有一个二级极点 $z=0$ 和一个一级极点 $z=-\dfrac{1}{2}$.

而
$$\mathrm{Res}[f(z),\ 0]=\lim_{z\to 0}\frac{\mathrm{d}}{\mathrm{d}z}\left[z^2\frac{(z^2-1)^2}{z^2\left(z+\frac{1}{2}\right)(z+2)}\right]=-\frac{5}{2}$$

$$\mathrm{Res}\left[f(z),\ -\frac{1}{2}\right]=\lim_{z\to-\frac{1}{2}}\left[\left(z+\frac{1}{2}\right)\frac{(z^2-1)^2}{z^2\left(z+\frac{1}{2}\right)(z+2)}\right]=\frac{3}{2}$$

于是得到

$$I=\int_0^{2\pi}\frac{\sin^2\theta}{5+4\cos\theta}\mathrm{d}\theta=\frac{\mathrm{i}}{8}\cdot 2\pi\mathrm{i}\left(-\frac{5}{2}+\frac{3}{2}\right)=\frac{\pi}{4}.$$

5.3.2 形如 $\int_{-\infty}^{+\infty}R(x)\mathrm{d}x$ 的积分

这里,被积函数 $R(x)=\dfrac{P(x)}{Q(x)}$ 是有理函数,$Q(x)$的次数至少比 $P(x)$次数高两次,并且 $Q(x)$无实根[即 $Q(x)\neq 0$].不妨令

$$R(z)=\frac{P(z)}{Q(z)}=\frac{a_0z^n+a_1z^{n-1}+\cdots+a_n}{b_0z^m+b_1z^{m-1}+\cdots+b_m}\quad [m-n\geqslant 2,\ Q(z)\text{ 在实轴上不为 }0].$$

选取积分路径 C(图 5-2).其中,C_r 是以原点为圆心,r 为半径的上半平面的半圆周,L_r 表示从$(-r,\ 0)$到$(r,\ 0)$的线段.取 r 适当大,使 $R(z)$所有的在上半平面的极点 $z_1,\ z_2,\ \cdots,\ z_k$ 都包含在积分路径 C 之内.

由留数定理,有

$$\oint_C R(z)\mathrm{d}z=\int_{L_r}R(z)\mathrm{d}z+\int_{C_r}R(z)\mathrm{d}z$$

$$=2\pi\mathrm{i}\sum_{j=1}^{k}\mathrm{Res}[R(z),\ z_j]$$

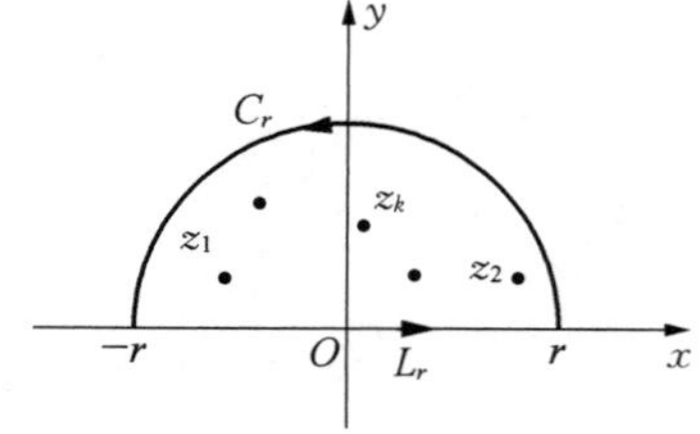

图 5-2

即

$$\int_{-r}^{r} R(z)\mathrm{d}z + \int_{C_r} R(z)\mathrm{d}z = 2\pi \mathrm{i}\sum_{j=1}^{k}\mathrm{Res}[R(z),\ z_j]$$

在 C_r 上，令 $z = r\mathrm{e}^{\mathrm{i}\theta}$，则有

$$\int_{C_r} R(z)\mathrm{d}z = \int_{C_r}\frac{P(z)}{Q(z)}\mathrm{d}z = \int_0^{\pi}\frac{P(r\mathrm{e}^{\mathrm{i}\theta})\mathrm{i}r\mathrm{e}^{\mathrm{i}\theta}}{Q(r\mathrm{e}^{\mathrm{i}\theta})}\mathrm{d}\theta$$

由于 $Q(z)$的次数比 $P(z)$的次数至少高两次，所以

当 $|z| = r\to\infty$ 时，$\dfrac{zP(z)}{Q(z)} = \dfrac{r\mathrm{e}^{\mathrm{i}\theta}P(r\mathrm{e}^{\mathrm{i}\theta})}{Q(r\mathrm{e}^{\mathrm{i}\theta})}\to 0$

于是

$$\lim_{|z|\to\infty}\int_{C_r}\frac{P(z)}{Q(z)}\mathrm{d}z = \lim_{r\to\infty}\int_0^{\pi}\frac{P(r\mathrm{e}^{\mathrm{i}\theta})\mathrm{i}r\mathrm{e}^{\mathrm{i}\theta}}{Q(r\mathrm{e}^{\mathrm{i}\theta})}\mathrm{d}\theta = 0$$

故

$$\int_{-\infty}^{\infty} R(x)\mathrm{d}x = 2\pi \mathrm{i}\sum_{j=1}^{k}\mathrm{Res}[R(z),\ z_j]. \tag{5.14}$$

即该积分等于 $R(z)$在上半平面的所有极点处留数之和的 $2\pi\mathrm{i}$ 倍.

若 $R(x) = \dfrac{P(x)}{Q(x)}$ 为偶函数，则

$$\int_0^{\infty} R(x)\mathrm{d}x = \pi \mathrm{i}\sum_{j=1}^{k}\mathrm{Res}[R(z),\ z_j]. \tag{5.15}$$

其中，$z_j(j=1,2,\cdots,k)$为 $R(z)$在上半平面的极点.

例 5.18 计算 $\displaystyle\int_{-\infty}^{+\infty}\frac{x^2}{(x^2+9)(x^2+4)}\mathrm{d}x$.

解 令 $R(z) = \dfrac{z^2}{(z^2+9)(z^2+4)}$，则 $R(z)$在实轴上无奇点，在上半平面内有两个一级极点 $z_1 = 3\mathrm{i}$，$z_2 = 2\mathrm{i}$. 故有

$$\begin{aligned}\int_{-\infty}^{+\infty}\frac{x^2}{(x^2+9)(x^2+4)}\mathrm{d}x &= 2\pi\mathrm{i}\left\{\mathrm{Res}\left[\frac{z^2}{(z^2+9)(z^2+4)},\ 3\mathrm{i}\right]+\mathrm{Res}\left[\frac{z^2}{(z^2+9)(z^2+4)},\ 2\mathrm{i}\right]\right\}\\ &= 2\pi\mathrm{i}\left\{\lim_{z\to 3\mathrm{i}}(z-3\mathrm{i})\frac{z^2}{(z^2+9)(z^2+4)}+\lim_{z\to 2\mathrm{i}}(z-2\mathrm{i})\frac{z^2}{(z^2+9)(z^2+4)}\right\}\\ &= \frac{\pi}{5}.\end{aligned}$$

例 5.19 计算积分 $\displaystyle\int_0^{+\infty}\frac{x^2}{x^4+1}\mathrm{d}x$.

解 由于 $R(x)=\dfrac{x^2}{x^4+1}$ 为偶函数,所以

$$\int_0^{+\infty}\frac{x^2}{x^4+1}\mathrm{d}x=\frac{1}{2}\int_{-\infty}^{+\infty}\frac{x^2}{x^4+1}\mathrm{d}x$$

令 $R(z)=\dfrac{z^2}{z^4+1}$,则 z^4+1 在实轴上恒不为 0.

$R(z)$在上半平面有两个一级极点:$z_1=\mathrm{e}^{\mathrm{i}\frac{\pi}{4}}$,$z_2=\mathrm{e}^{\mathrm{i}\frac{3\pi}{4}}$. 于是

$$\begin{aligned}\int_0^{+\infty}\frac{x^2}{x^4+1}\mathrm{d}x&=\frac{1}{2}\int_{-\infty}^{\infty}\frac{x^2}{x^4+1}\mathrm{d}x\\&=\pi\mathrm{i}\{\mathrm{Res}[R(z),z_1],\mathrm{Res}[R(z),z_2]\}\end{aligned}$$

由于 $\mathrm{Res}[R(z),z_j]=\left.\dfrac{z^2}{(z^4+1)'}\right|_{z=z_j}=\dfrac{1}{4z_j}\ (j=1,2)$,于是得到

$$\int_0^{+\infty}\frac{x^2}{x^4+1}\mathrm{d}x=\frac{\pi\mathrm{i}}{4}[\mathrm{e}^{-\mathrm{i}\frac{\pi}{4}}+\mathrm{e}^{-\mathrm{i}\frac{3}{4}\pi}]=\frac{\sqrt{2}}{4}\pi.$$

5.3.3 形如 $\int_{-\infty}^{+\infty}R(x)\mathrm{e}^{\mathrm{i}\alpha x}\mathrm{d}x\ (\alpha>0)$ 的积分

被积函数 $R(x)=\dfrac{P(x)}{Q(x)}$ 是有理函数,$Q(x)$的次数至少比 $P(x)$次数高一次,并且 $Q(x)$ 无实根[即 $Q(x)\neq 0$].

为了得到上面积分的计算公式,我们先介绍一个引理.

若尔当引理 设 C_r 为以原点为圆心,r 为半径的上半平面中的正向半圆周,$f(z)$在 C_r 上连续. 若 $\lim\limits_{z\to\infty}f(z)=0$,则

$$\lim_{r\to+\infty}\int_{C_r}f(z)\mathrm{e}^{\mathrm{i}\alpha z}\mathrm{d}z=0\ (\alpha>0).\tag{5.16}$$

证 令 $z=r\mathrm{e}^{\mathrm{i}\theta}(0\leqslant\theta\leqslant\pi)$,则
由于 $\lim\limits_{z\to\infty}f(z)=0$,即对任给的 $\varepsilon>0$,当 r 充分大时,有

$$|f(z)|<\varepsilon$$

于是

$$\begin{aligned}\left|\int_{C_r}f(z)\mathrm{e}^{\mathrm{i}\alpha z}\mathrm{d}z\right|&=\left|\int_0^{\pi}f(r\mathrm{e}^{\mathrm{i}\theta})\mathrm{e}^{\mathrm{i}\alpha r(\cos\theta+\mathrm{i}\sin\theta)}r\mathrm{i}\mathrm{e}^{\mathrm{i}\theta}\mathrm{d}\theta\right|\\&\leqslant r\varepsilon\int_0^{\pi}\mathrm{e}^{-\alpha r\sin\theta}\mathrm{d}\theta\\&=2r\varepsilon\int_0^{\frac{\pi}{2}}\mathrm{e}^{-\alpha r\sin\theta}\mathrm{d}\theta.\end{aligned}$$

注意到当 $\theta \in \left[0, \frac{\pi}{2}\right]$ 时，$\frac{2}{\pi}\theta \leqslant \sin\theta$.

所以

$$\left|\int_{C_r} f(z)\mathrm{e}^{\mathrm{i}\alpha z}\mathrm{d}z\right| \leqslant 2r\varepsilon\int_0^{\frac{\pi}{2}} \mathrm{e}^{-\frac{2}{\pi}\alpha r\theta}\mathrm{d}\theta = \frac{\pi}{\alpha}(1-\mathrm{e}^{-\alpha r})\varepsilon \leqslant \frac{\pi}{\alpha}\varepsilon$$

故

$$\lim_{r\to+\infty}\int_{C_r} f(z)\mathrm{e}^{\mathrm{i}\alpha}\mathrm{d}z = 0\ (\alpha > 0).$$

现在我们来计算上述积分.

类似于 5.3.2 节，选取积分路径 C 为由上半圆周 $C_r: z = r\mathrm{e}^{\mathrm{i}\theta}(0 \leqslant \theta \leqslant \pi)$ 与实轴上的线段$[-r, r]$所围成的封闭曲线，并取 r 充分大，使 C 所围成的区域包含 $R(z)=\dfrac{P(z)}{Q(z)}$在上半平面的所有孤立奇点 $z_1, z_2, \cdots, z_k$，由留数定理，有

$$\int_C R(z)\mathrm{e}^{\mathrm{i}\alpha z}\mathrm{d}z = 2\pi\mathrm{i}\sum_{j=1}^{k}\mathrm{Res}[R(z)\mathrm{e}^{\mathrm{i}\alpha z}, z_j]$$

即

$$\int_{-r}^{r} R(x)\mathrm{e}^{\mathrm{i}\alpha x}\mathrm{d}x + \int_{C_r} R(z)\mathrm{e}^{\mathrm{i}\alpha z}\mathrm{d}z = 2\pi\mathrm{i}\sum_{j=1}^{k}\mathrm{Res}[R(z)\mathrm{e}^{\mathrm{i}\alpha z}, z_j]. \tag{5.17}$$

由于 $Q(z)$比 $P(z)$次数高，即 $\lim\limits_{z\to\infty}R(z) = 0$，所以由若尔当引理可得

$$\lim_{r\to\infty}\int_{C_r} R(z)\mathrm{e}^{\mathrm{i}\alpha z}\mathrm{d}z = 0,$$

于是在式(5.17)两端，令 $r \to \infty$ 得

$$\int_{-\infty}^{+\infty} R(x)\mathrm{e}^{\mathrm{i}\alpha x}\mathrm{d}x = 2\pi\mathrm{i}\sum_{j=1}^{k}\mathrm{Res}[R(z)\mathrm{e}^{\mathrm{i}\alpha z}, z_j]. \tag{5.18}$$

由于 $\mathrm{e}^{\mathrm{i}\alpha x} = \cos\alpha x + \mathrm{i}\sin\alpha x$，所以式(5.18)可写成

$$\int_{-\infty}^{+\infty} R(x)\cos\alpha x\,\mathrm{d}x + \mathrm{i}\int_{-\infty}^{+\infty} R(x)\sin\alpha x\,\mathrm{d}x = 2\pi\mathrm{i}\sum_{j=1}^{k}\mathrm{Res}[R(z)\mathrm{e}^{\mathrm{i}\alpha z}, z_j].$$

因此，要计算积分$\int_{-\infty}^{+\infty} R(x)\cos\alpha x\,\mathrm{d}x$ 或$\int_{-\infty}^{+\infty} R(x)\sin\alpha x\,\mathrm{d}x$，只需计算积分$\int_{-\infty}^{+\infty} R(x)\mathrm{e}^{\mathrm{i}\alpha x}\mathrm{d}x$ 的实部或虚部即可. 这两个积分在 Fourier 积分的理论和应用中经常用到.

例 5.20 计算$\displaystyle\int_{-\infty}^{+\infty}\frac{x\sin x}{x^2-2x+2}\mathrm{d}x$.

解 令 $R(z)=\dfrac{z}{z^2-2z+2}=\dfrac{z}{[z-(1+\mathrm{i})][z-(1-\mathrm{i})]}$，则 $R(z)$ 在上半平面只有一个一级极点 $z=1+\mathrm{i}$，并且

$$\begin{aligned}\operatorname{Res}[R(z)\mathrm{e}^{\mathrm{i}z},\ 1+\mathrm{i}]&=\left.\frac{z\mathrm{e}^{\mathrm{i}z}}{(z^2-2z+2)'}\right|_{z=1+\mathrm{i}}\\&=\frac{(1+\mathrm{i})\mathrm{e}^{\mathrm{i}(\mathrm{i}+1)}}{2\mathrm{i}}\\&=\frac{(1+\mathrm{i})(\cos 1+\mathrm{i}\sin 1)}{2\mathrm{e}\mathrm{i}}\\&=\frac{(\cos 1-\sin 1)+\mathrm{i}(\sin 1+\cos 1)}{2\mathrm{e}\mathrm{i}}\end{aligned}$$

于是

$$\begin{aligned}\int_{-\infty}^{+\infty}\frac{x\mathrm{e}^{\mathrm{i}x}}{x^2-2x+2}\mathrm{d}x&=\int_{-\infty}^{+\infty}\frac{x\cos x}{x^2-2x+2}\mathrm{d}x+\mathrm{i}\int_{-\infty}^{+\infty}\frac{x\sin x}{x^2-2x+2}\mathrm{d}x\\&=2\pi\mathrm{i}\operatorname{Res}[R(z)\mathrm{e}^{\mathrm{i}z},1+\mathrm{i}]\\&=\frac{\pi}{\mathrm{e}}[(\cos 1-\sin 1)+\mathrm{i}(\sin 1+\cos 1)]\end{aligned}$$

所以

$$\int_{-\infty}^{+\infty}\frac{x\sin x}{x^2-2x+2}\mathrm{d}x=\frac{\pi}{\mathrm{e}}(\sin 1+\cos 1).$$

例 5.21 计算 $\displaystyle\int_{0}^{+\infty}\frac{\cos ax}{(x^2+b^2)^2}\mathrm{d}x\quad(a>0,\ b>0)$.

解 令 $R(z)=\dfrac{1}{(z^2+b^2)^2}$，显然，$R(z)$ 在上半平面只有一个二级极点 $z=b\mathrm{i}$. 由式(5.18)可得

$$\begin{aligned}\int_{-\infty}^{+\infty}\frac{\mathrm{e}^{\mathrm{i}ax}}{(x^2+b^2)^2}\mathrm{d}x&=2\pi\mathrm{i}\operatorname{Res}\left[\frac{\mathrm{e}^{\mathrm{i}az}}{(z^2+b^2)^2},\ b\mathrm{i}\right]\\&=2\pi\mathrm{i}\lim_{z\to b\mathrm{i}}\frac{\mathrm{d}}{\mathrm{d}z}\left[(z-b\mathrm{i})^2\frac{\mathrm{e}^{\mathrm{i}az}}{(z^2+b^2)^2}\right]\\&=\frac{(ab+1)\pi}{2b^3}\mathrm{e}^{-ab}\end{aligned}$$

所以

$$\int_0^{+\infty} \frac{\cos ax}{(x^2+b^2)^2}\mathrm{d}x = \frac{1}{2}\int_{-\infty}^{+\infty} \frac{\cos ax}{(x^2+b^2)^2}\mathrm{d}x$$
$$= \frac{1}{2}\mathrm{Re}\left[\int_{-\infty}^{+\infty} \frac{\mathrm{e}^{\mathrm{i}ax}}{(x^2+b^2)^2}\mathrm{d}x\right]$$
$$= \frac{(ab+1)\pi}{4b^3}\mathrm{e}^{-ab}.$$

在 5.3.2 节和 5.3.3 节所述的积分中，要求被积函数 $R(z)$ 在实轴上没有奇点. 对于 $R(z)$ 在实轴上有孤立奇点的情形，可适当改变积分路径，使得积分可求，有兴趣的读者可参考文献[1].

5.4* 辐角原理及其应用

本节将利用留数理论，通过计算积分 $\oint_C \frac{f'(z)}{f(z)}\mathrm{d}z$，推出一个重要的原理——辐角原理，从而可以研究函数 $f(z)$ 在一个区域内的零点的个数问题.

5.4.1 对数留数

由于 $\frac{\mathrm{d}}{\mathrm{d}z}[\ln f(z)]=\frac{f'(z)}{f(z)}$，所以我们把积分 $\frac{1}{2\pi\mathrm{i}}\oint_C \frac{f'(z)}{f(z)}\mathrm{d}z$ 称为 $f(z)$ 的**对数留数**. 显然，函数 $f(z)$ 的零点和奇点都可能是 $\frac{f'(z)}{f(z)}$ 的奇点.

引理 5.1 (1) 若 $z=z_0$ 是函数 $f(z)$ 的 n 级极点，则 $z=z_0$ 是函数 $\frac{f'(z)}{f(z)}$ 的一级极点，且 $\mathrm{Res}\left[\frac{f'(z)}{f(z)},z_0\right]=-n$；

(2) 若 $z=z_0$ 是 $f(z)$ 的 m 级零点，则 $z=z_0$ 是函数 $\frac{f'(z)}{f(z)}$ 的一级极点，且 $\mathrm{Res}\left[\frac{f'(z)}{f(z)},z_0\right]=m$.

证 (1) 若 $z=z_0$ 是 $f(z)$ 的 n 级极点，则在 $z=z_0$ 的去心邻域内

$$f(z)=\frac{\varphi(z)}{(z-z_0)^n}$$

其中，$\varphi(z)$ 在 $z=z_0$ 的邻域内解析，且 $\varphi(z_0)\neq 0$，于是

$$f'(z)=\frac{(z-z_0)^n\varphi'(z)-n(z-z_0)^{n-1}\varphi(z)}{(z-z_0)^{2n}}$$

从而

$$\frac{f'(z)}{f(z)}=-\frac{n}{z-z_0}+\frac{\varphi'(z)}{\varphi(z)}$$

而$\dfrac{\varphi'(z)}{\varphi(z)}$在 $z=z_0$ 的邻域内解析,所以 $z=z_0$ 为$\dfrac{f'(z)}{f(z)}$的一级极点,且

$$\text{Res}\left[\frac{f'(z)}{f(z)},z_0\right]=-n$$

(2)的证明留做习题,请读者自己证明.关于对数留数,有如下重要定理.

定理 5.13 若函数 $f(z)$在简单闭曲线 C 所围的区域内除去有限个极点外处处解析,并在 C 上解析且不为零,则有

$$\frac{1}{2\pi \mathrm{i}}\oint \frac{f'(z)}{f(z)}\mathrm{d}z=M-N \tag{5.19}$$

其中,M、N 分别表示 $f(z)$在 C 所围区域内的零点和极点的个数.(一个 n 级零点或极点按 n 个零点或极点计算)

证 设 $f(z)$在曲线 C 所围的区域内的零点为 $z=a_k(k=1,2,\cdots,p)$,其级相应地为 m_k,极点为 $z=b_j(j=1,2,\cdots,q)$,其级相应地为 n_j.

则由留数定理及引理 5.1,得

$$\begin{aligned}\frac{1}{2\pi \mathrm{i}}\oint \frac{f'(z)}{f(z)}\mathrm{d}z&=\sum_{k=1}^{p}\text{Res}\left[\frac{f'(z)}{f(z)},a_k\right]+\sum_{j=1}^{q}\text{Res}\left[\frac{f'(z)}{f(z)},b_j\right]\\&=\sum_{k=1}^{p}m_k+\sum_{j=1}^{q}(-n_j)\\&=M-N.\end{aligned}$$

5.4.2 辐角原理

若将(5.19)式左端的形式改写为

$$\begin{aligned}\frac{1}{2\pi \mathrm{i}}\oint_C \frac{f'(z)}{f(z)}\mathrm{d}z&=\frac{1}{2\pi \mathrm{i}}\oint_C \frac{\mathrm{d}}{\mathrm{d}z}[\ln f(z)]\mathrm{d}z\\&=\frac{1}{2\pi \mathrm{i}}\left\{\oint_C \mathrm{d}\ln|f(z)|+\mathrm{i}\oint_C \mathrm{d}[\arg f(z)]\right\}\end{aligned}$$

(图 5-3)当 z 从 C 上一点 z_0 出发,沿 C 的正向绕行一周而回到 z_0 时,$\ln f(z)$的实部从 $\ln|f(z_0)|$开始连续地变化,最终又回到 $\ln|f(z_0)|$.但其虚部 $\arg f(z)$绕行一周后会发生变化.若令 $\arg f(z_0)=\varphi_0$,φ_1 为其绕行后的值.于是有

$$\begin{aligned}\frac{1}{2\pi \mathrm{i}}\oint_C \frac{f'(z)}{f(z)}\mathrm{d}z&=\frac{1}{2\pi \mathrm{i}}\{[\ln|f(z_0)|+\mathrm{i}\varphi_1]-[\ln|f(z_0)|+\mathrm{i}\varphi_0]\}\\&=\frac{\varphi_1-\varphi_0}{2\pi}=\frac{\Delta_C \arg f(z)}{2\pi}\end{aligned}$$

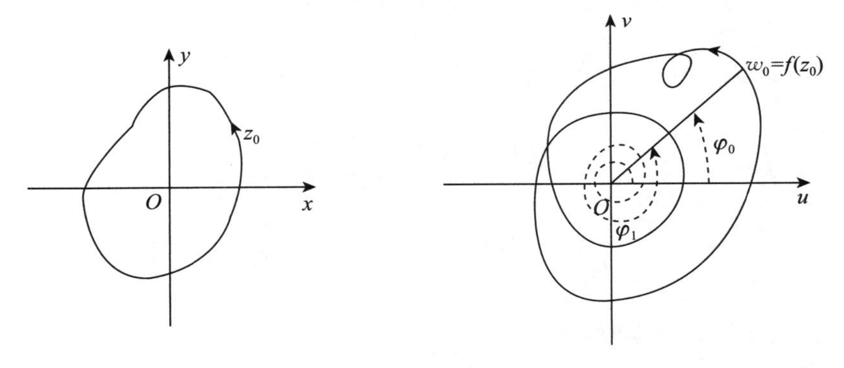

图 5－3

其中 $\Delta_C \arg f(z)$表示 z 沿曲线 C 的正向绕行一周后 $\arg f(z)$的改变量，它是 2π 的整数倍. 由定理 5.13，显然有

$$\frac{1}{2\pi}\Delta_C \arg f(z)=M-N$$

由此得出如下定理.

定理 5.14(辐角原理)　在定理 5.13 的条件下，$f(z)$在曲线 C 所围区域内的零点个数与极点个数之差，等于当 z 沿 C 的正向绕行一周后 $\arg f(z)$的改变量除以 2π，即

$$M-N=\frac{1}{2\pi}\Delta_C \arg f(z) \tag{5.20}$$

特别地，当 $f(z)$在曲线 C 及 C 所包含的区域内解析且 $f(z)$在 C 上不为零时，则 $f(z)$在 C 内的零点个数为

$$M=\frac{1}{2\pi}\Delta_C \arg f(z).$$

5.4.3　儒歇(Rouché)定理

利用辐角原理，可以考察函数零点的分布情况，这就是著名的儒歇定理.

定理 5.15(儒歇定理)　若函数 $f(z)$与 $g(z)$在简单闭曲线 C 上及 C 所围的区域内均解析，并且在 C 上满足，$|f(z)|>|g(z)|$，则函数 $f(z)$与 $f(z)+g(z)$在 C 所围的区域内的零点个数相同.

证　设 $f(z)$及 $f(z)+g(z)$在 C 内的零点个数分别为 M_1, M_2

由于在 C 上，$|f(z)|>|g(z)|$

$$|f(z)+g(z)|\geqslant|f(z)|-|g(z)|>0$$

所以 $f(z)$ 与 $f(z)+g(z)$ 在 C 上均无零点. 由辐角原理知

$$M_2=\frac{1}{2\pi}\Delta_C\arg[f(z)+g(z)]$$

$$=\frac{1}{2\pi}\Delta_C\arg\left\{f(z)\left[1+\frac{g(z)}{f(z)}\right]\right\}$$

$$=\frac{1}{2\pi}\Delta_C\arg f(z)+\frac{1}{2\pi}\Delta_C\arg\left[1+\frac{g(z)}{f(z)}\right]$$

根据所给条件,当 z 沿 C 变动时,令 $w=1+\dfrac{g(z)}{f(z)}$,则

$$|w-1|=\left|\frac{g(z)}{f(z)}\right|<1$$

即点 w 落在圆域 $|w-1|<1$ 内,因此点 $w=1+\dfrac{g(z)}{f(z)}$ 不会围绕原点 $w=0$ 变动,从而

$$\Delta_C\arg\left[1+\frac{g(z)}{f(z)}\right]=0$$

于是有

$$\Delta_C\arg[f(z)+g(z)]=\Delta_C\arg f(z)$$

因此

$$M_2=\frac{1}{2\pi}\Delta_C\arg f(z)=M_1$$

例 5.22 试求方程 $z^4-6z+3=0$ 在 $|z|<1$ 与 $1<|z|<2$ 内根的个数.

解 设 $f(z)=-6z \quad g(z)=z^4+3$

则由于在圆周 $|z|=1$ 上, $|-6z|>|z^4+3|$

即

$$|f(z)|>|g(z)|$$

由儒歇定理知, $f(z)$ 与 $f(z)+g(z)$ 在 $|z|<1$ 内的零点个数相同,因为 $f(z)=-6z$ 在 $|z|<1$ 内只有一个零点,所以 $f(z)+g(z)$ 在 $|z|<1$ 内也只有一个零点,即方程 $z^4-6z+3=0$ 在 $|z|<1$ 内只有一个根.

另设 $f(z)=z^4$, $g(z)=z^4-6z+3$,则由于在 $|z|=2$ 上

$$|z^4|>|-6z+3|,\text{即}\,|f(z)|>|g(z)-f(z)|$$

所以由儒歇定理, $f(z)$ 与 $f(z)+g(z)-f(z)=g(z)$ 在 $|z|<2$ 内零点的个数相同. 而 $f(z)=z^4$ 在 $|z|<2$ 内有 4 个零点($z=0$ 为 4 级零点),所以 $g(z)=z^4-6z+3$ 在 $|z|<2$ 内也有 4 个零点.

又因为方程 $z^4-6z+3=0$ 在 $|z|<1$ 内只有一个根,而在圆周 $|z|=1$ 上

$$|-6z+3|>|z^4|$$

即

$$|g(z)-f(z)|>|f(z)|$$

所以在$|z|=1$上$g(z)\neq 0$,从而$g(z)=z^4-6z+3$在$1<|z|<2$有3个零点,即方程$z^4-6z+3=0$在$1<|z|<2$内有3个根.

例 5.23　证明代数学基本定理:n次代数方程

$$P_n(z)=a_0z^n+a_1z^{n-1}+\cdots+a_{n-1}z+a_n=0 \quad (a_0\neq 0)$$

必有n个根.

证　令$f(z)=a_0z^n$,$g(z)=a_1z^{n-1}+\cdots+a_n$,令$R$充分大,不妨取

$$R>\max\left\{\frac{|a_1|+\cdots+|a_n|}{|a_0|},1\right\}$$

则在$|z|=R$上,有

$$\begin{aligned}|f(z)|=|a_0z^n|=|a_0|R^n &>(|a_1|+|a_2|+\cdots+|a_n|)R^{n-1}\\&>|a_1|R^{n-1}+|a_2|R^{n-2}+\cdots+|a_{n-1}|R+|a_n|\\&\geqslant|g(z)|.\end{aligned}$$

由儒歇定理知,$P_n(z)=f(z)+g(z)$与$f(z)$在$|z|<R$内零点个数相同,即有n个零点.所以$f(z)+g(z)=a_0z^n+a_1z^{n-1}+\cdots+a_{m-1}z+a_n$在$|z|<R$内有$n$个零点.

又因为当$|z|\geqslant R$时,$|f(z)|>|g(z)|$,因此当$|z|\geqslant R$时,$f(z)+g(z)\neq 0$,否则,将有$|f(z)|=|g(z)|$与上述关于$|f(z)|>|g(z)|$矛盾,因此$P_n(z)=0$有n个根.

本章学习要求

本章的主要内容有孤立奇点及其分类,留数的定义与计算,留数定理及其应用,利用留数求一些实积分.

重点难点:本章的重点是留数定理以及利用留数定理求复积分和一些实积分.难点是无穷远点的留数及其应用.

学习目标:会对孤立奇点进行分类,理解孤立奇点处留数概念的实质,掌握留数的计算方法,掌握利用留数定理计算沿封闭曲线积分的方法,理解利用留数计算一些实积分的解题思想和方法.

习　题　五

5.1　指出下列函数的奇点及其类型(不考虑∞点),若是极点,指出它的级:

(1) $\dfrac{1}{z^3-z^2-z+1}$;　(2) $\dfrac{1}{z^3(z^2+1)^2}$;　(3) $e^{\frac{z}{1-z}}$;　(4) $\dfrac{z^{2n}}{1+z^n}$;

(5) $\dfrac{\ln(z+1)}{z}$;　(6) $\dfrac{\sin z}{z^3}$;　(7) $\dfrac{1}{z^2(e^z-1)}$;　(8) $\dfrac{e^z\sin z}{z^2}$.

5.2　若 $f(z)$在 z_0 点解析,$g(z)$在 z_0 点有本性极点,问 z_0 点是下列函数的哪类奇点?

(1) $f(z)+g(z)$;　(2) $f(z)\cdot g(z)$;　(3) $\dfrac{f(z)}{g(z)}$.

5.3　证明:如果 z_0 是 $f(z)$的 $m(m>1)$ 级零点,那么 z_0 是 $f'(z)$的 $m-1$ 级零点.

5.4　求下列函数在各奇点(不考虑∞点)的留数:

(1) $\dfrac{1-e^{2z}}{z^4}$;　(2) $\dfrac{\cos z}{z-i}$;

(3) $\dfrac{1}{(1+z^2)^3}$;　(4) $\dfrac{1}{z}\left\{\dfrac{1}{z+1}+\cdots+\dfrac{1}{(z+1)^n}\right\}$;

(5) $z^2\sin\dfrac{1}{z}$;　(6) $\dfrac{\sinh z}{\cosh z}$.

5.5　用三种方法求 $f(z)=\dfrac{5z-2}{z(z-1)}$ 的留数.

5.6　计算下列函数在 $z=\infty$ 的留数:

(1) e^{1/z^2};　(2) $\cos z-\sin z$;　(3) $\dfrac{2z}{3+z^2}$;　(4) $\dfrac{e^z}{z^2-1}$.

5.7　证明:若 z_0 是 $f(z)$的 m 级零点,则 z_0 是 $g(z)=\dfrac{f'(z)}{f(z)}$ 的一级极点.

5.8　设 $\varphi(z)$在 z_0 解析,z_0 为 $f(z)$的一级极点,且 $\mathrm{Res}[f(z),\ z_0]=A$,证明:

$$\mathrm{Res}[f(z)\varphi(z),\ z_0]=A\varphi(z_0).$$

5.9　利用留数定理计算下列积分:

(1) $\oint_C \dfrac{1}{1+z^4}\mathrm{d}z,\ C{:}x^2+y^2=2x$;　(2) $\oint_C \dfrac{3z^3+2}{(z-1)(z^2+9)}\mathrm{d}z,\ C{:}\ |z|=4$;

(3) $\oint_C \dfrac{\sin z}{z}\mathrm{d}z,\ C{:}\ |z|=\dfrac{3}{2}$;　(4) $\oint_C \tan\pi z\,\mathrm{d}z,\ C{:}\ |z|=3$.

5.10　计算下列积分,C 为正向圆周:

(1) $\oint_C \dfrac{z^{13}}{(z^2+5)^3(z^4+1)^2}\mathrm{d}z,\ C{:}\ |z|=3$;　(2) $\oint_C \dfrac{1}{(z-1)(z^5-1)}\mathrm{d}z,\ C{:}\ |z|=\dfrac{3}{2}$;

(3) $\oint_C \dfrac{2i}{z^2+2az-1}\mathrm{d}z,\ a>1,\ C{:}\ |z|=1$;　(4) $\oint_{|z|=2} \dfrac{z^3}{1+z}e^{\frac{1}{z}}\mathrm{d}z$.

5.11　计算下列积分:

(1) $\int_0^{2\pi}\dfrac{\mathrm{d}\theta}{a+b\cos\theta}\quad(0<b<a)$;　(2) $\int_0^{\pi}\dfrac{\mathrm{d}\theta}{a^2+\sin^2\theta}\quad(a>0)$;

(3) $\int_{-\infty}^{+\infty}\dfrac{x^2-x+2}{x^4+10x^2+9}\mathrm{d}x$;　(4) $\int_0^{+\infty}\dfrac{x^2+1}{x^4+1}\mathrm{d}x$;

(5) $\int_0^{+\infty}\dfrac{x\sin ax}{x^2+b^2}\mathrm{d}x\quad(a>0,\ b>0)$;　(6) $\int_{-\infty}^{+\infty}\dfrac{\sin x}{x^2+4x+5}\mathrm{d}x$;

(7) $\int_0^{+\infty}\dfrac{x^2}{(x^2+1)(x^2+4)}\mathrm{d}x$;　(8) $\int_{-\infty}^{+\infty}\dfrac{(x+1)\cos x}{x^2+4x+5}\mathrm{d}x$.

5.12*　证明方程 $z^4+6z+1=0$ 在$\dfrac{1}{2}<|z|<2$ 内有三个根.

5.13* 求方程 $z^4-8z+10$ 在 $|z|<1$ 和 $1<|z|<3$ 内根的个数.

5.14* 设函数 $f(x)$ 在 $|z|<1$ 内解析,且 $|f(x)|<1$,试证方程 $f(z)=z$ 在 $|z|<1$ 内有且只有一个根.

阶段复习题二

1. 填空题

(1) 设幂级数 $\sum_{n=0}^{\infty}a_n(z-2)^n$ 在 $z=4$ 处收敛而在 $z=2+2\mathrm{i}$ 处发散,则其收敛半径 $R=$________,该幂级数在________绝对收敛.

(2) 幂级数 $\sum_{n=1}^{\infty}\mathrm{e}^{\mathrm{i}\frac{\pi}{n}}z^n$ 在________绝对收敛,在________发散.

(3) $z=\infty$ 为函数 $f(z)=\dfrac{z^7}{(z-1)(1-z^2)^2}$ 的 m 级极点,则 $m=$ ________.

(4) 设 $f(z)=\cot z$,则 $\mathrm{Re}[f(z),k\pi]=$ ________.

(5) 积分 $\oint_{|z|=7}\dfrac{1+z}{1-\cos z}\mathrm{d}z=$ ________.

(6) 积分 $\int_0^{+\infty}\dfrac{\sin 2x}{x(1+x^2)}\mathrm{d}x=$ ________.

2. 选择题

(1) 幂级数 $\sum_{n=1}^{\infty}(1+\sqrt{3}\mathrm{i})^n z^n$ 的收敛半径为(　　).

(A) 1　　(B) $\dfrac{1}{\sqrt{2}}$　　(C) $\sqrt{2}$　　(D) $\dfrac{1}{2}$

(2) 级数 $\sum_{n=1}^{\infty}\dfrac{2^n}{(z-3)^n}+\sum_{n=0}^{\infty}(-1)^n\left(1-\dfrac{z}{3}\right)^n$ 的收敛圆环为(　　).

(A) $\dfrac{1}{3}<|z-3|<\dfrac{1}{2}$　　(B) $0<|z-3|<2$

(C) $0<|z-3|<3$　　(D) $2<|z-3|<3$

(3) $\dfrac{1}{1+\cos z}$ 在点 $z=0$ 的泰勒展开式中,z^3 项的系数为(　　).

(A) 0　　(B) $-\dfrac{1}{2}$　　(C) $\dfrac{1}{2}$　　(D) 2

(4) 设 $\dfrac{1}{1+z^2}=\sum_{n=-\infty}^{+\infty}c_n z^n\ (|z|>1)$,则 $c_0=$ (　　).

(A) 1　　(B) 0　　(C) -1　　(D) 2

(5) $\mathrm{Res}\left[\cos\dfrac{1}{z},0\right]=$ (　　).

(A) 0　　(B) 1　　(C) $\dfrac{1}{2}$　　(D) $-\dfrac{1}{2}$

(6) $\oint_{|z|=2}\dfrac{\mathrm{d}z}{z^5-1}=$ (　　).

(A) 0 (B) $2\pi i$ (C) $5\sqrt{2}\pi i$ (D) $\frac{\sqrt{2}}{5}\pi i$

(7) 设函数 $f(z)$与 $g(z)$分别以 $z=a$ 为本性奇点和 m 级极点,则 $z=a$ 为函数 $f(z)g(z)$的(　　).

(A) 可去奇点 (B) 本性奇点 (C) m 级极点 (D) 小于 m 的极点

(8) 设 $z=a$ 为解析函数 $f(z)$的 m 级零点,则 $\text{Res}\left[\frac{f'(z)}{f(z)}, a\right]=$(　　).

(A) m (B) $-m$ (C) $m-1$ (D) $-(m-1)$

3. 求下列幂级数的收敛半径:

(1) $\sum_{n=1}^{\infty}\cosh\left(\frac{i}{n}\right)(z-1)^n$; (2) $\sum_{n=1}^{\infty}(-1)^n\left(1+\sin\frac{1}{n}\right)^{-n^2}z^n$.

4. 确定下列级数的敛散性:

(1) $i+i^2+\cdots+i^n+\cdots$; (2) $i+\frac{1}{2}i^2+\cdots+\frac{1}{n}i^n+\cdots$.

5. 求函数 $f(z)=\frac{2-3z}{2z^2-3z+1}$ 在 $z=-1$ 的邻域内的泰勒展开式.

6. 将下列函数展成洛朗级数:

(1) $f(z)=\frac{e^z}{1-z}$, $0<|z-1|<+\infty$;

(2) $\frac{1}{(z^2+1)}$,在 $z=i$ 为圆心的圆环域内;

(3) $\frac{1}{z(i-z)}$ 在 $z=i$ 的去心邻域内.

7. 求函数 $f(z)=\frac{3z+2}{z^2(z+2)}$ 在有限奇点处的留数.

8. 点∞是函数 $f(z)=\frac{z-5}{2z+3}$ 的什么奇点?求出函数在点∞的留数.

9. 计算下列积分:

(1) $\int_{|z|=3}\frac{dz}{z^3(z^{10}-2)}$; (2) $\int_0^{2\pi}\frac{\sin\theta}{5+4\cos\theta}d\theta$;

(3) $\int_{-\infty}^{+\infty}\frac{x^2dx}{(x^2+1)^2(x^2+2x+2)}$.

10. 计算积分 $I=\frac{1}{2\pi i}\oint_C\frac{dz}{(z-2)(z-4)\cdots(z-98)(z-100)}$, C: $|z|=99$.

6 Fourier 变换

在工程技术运算中，为了把较复杂的运算转化为较简单的运算，常常采用变换的方法. 例如，在初等数学中，通过取对数可以把乘除运算转化为简单的加减运算，我们称之为对数变换. 再如解析几何中的坐标变换、线性代数中的线性变换等，都属于这种情形.

从本章开始，我们将学习在实际问题中应用非常广泛的一类变换——积分变换.

所谓积分变换，就是把某函数类 A 中的任意一个函数 $f(t)$，通过含有参变量 τ 的积分

$$F(\tau)=\int_a^b f(t)k(t,\ \tau)\mathrm{d}t$$

转化成另一个函数类 B 中的函数 $F(\tau)$，这里 $k(t,\ \tau)$ 是一个确定的二元函数，通常我们称为该**积分变换的核**. 称 $f(t)$ 为**像原函数**，$F(\tau)$ 为 $f(t)$ 的**像函数**. 在一定条件下，像原函数与像函数是一一对应而且变换是可逆的. 当选取不同的积分域和核函数时，就得到不同名称的积分变换. 最重要的积分变换有 Fourier 变换和 Laplace 变换. 由于不同应用的需要，还有其他一些积分变换，其中应用较为广泛的有 Z 变换、梅林(Mellin)变换和汉克尔(Hankel)变换. 另外还有近年来在 Fourier 变换基础上迅速发展并广泛应用的小波变换.

本章及第 7 章我们将重点介绍 Fourier 变换和 Laplace 变换，它们在各种工程技术领域中被广泛地应用，如通信、雷达、导航和信号处理等领域，它们已经成为工程技术领域不可缺少的运算工具，是信息科学殿堂的基石.

6.1 Fourier 积分公式

在高等数学中，我们讨论过周期函数展开为 Fourier 级数的问题，即若 $f_T(t)$ 为周期为 T 的函数，并且在 $\left[-\frac{T}{2},\ \frac{T}{2}\right]$ 上满足 Dirichlet 条件$\Big($即 $f_T(t)$ 在 $\left[-\frac{T}{2},\ \frac{T}{2}\right]$ 区间上连续或只有有限个第一类间断点，且至多只有有限个极值点$\Big)$，则 $f_T(t)$ 的 Fourier 级数

$$f_T(t)=\frac{a_0}{2}+\sum_{n=1}^{+\infty}(a_n\cos n\omega t+b_n\sin n\omega t) \tag{6.1}$$

在 $\left[-\frac{T}{2},\ \frac{T}{2}\right]$ 上处处收敛，且在 $f_T(t)$ 的连续点，级数(6.1)收敛于 $f_T(t)$，在 $f_T(t)$ 的间断点

t_0 处,级数(6.1)收敛于$\frac{1}{2}[f_T(t_0-0)+f_T(t_0+0)]$.

其中

$$\omega=\frac{2\pi}{T},\ a_0=\frac{2}{T}\int_{-\frac{T}{2}}^{\frac{T}{2}}f_T(t)\mathrm{d}t,$$

$$a_n=\frac{2}{T}\int_{-\frac{T}{2}}^{\frac{T}{2}}f_T(t)\cos n\omega t\,\mathrm{d}t\quad(n=1,2,\cdots)$$

$$b_n=\frac{2}{T}\int_{-\frac{T}{2}}^{\frac{T}{2}}f_T(t)\sin n\omega t\,\mathrm{d}t\quad(n=1,2,\cdots)$$

为了应用方便,我们把 Fourier 级数改写成复数形式.

利用欧拉公式

$$\cos\theta=\frac{\mathrm{e}^{\mathrm{i}\theta}+\mathrm{e}^{-\mathrm{i}\theta}}{2},\ \sin\theta=\frac{\mathrm{e}^{\mathrm{i}\theta}-\mathrm{e}^{-\mathrm{i}\theta}}{2\mathrm{i}}$$

在 $f_T(t)$的连续点

$$f_T(t)=\frac{a_0}{2}+\sum_{n=1}^{+\infty}\left(a_n\frac{\mathrm{e}^{\mathrm{i}n\omega t}+\mathrm{e}^{-\mathrm{i}n\omega t}}{2}+b_n\frac{\mathrm{e}^{\mathrm{i}n\omega t}-\mathrm{e}^{-\mathrm{i}n\omega t}}{2\mathrm{i}}\right)$$

$$=\frac{a_0}{2}+\sum_{n=1}^{+\infty}\left[\frac{a_n-\mathrm{i}b_n}{2}\mathrm{e}^{\mathrm{i}n\omega t}+\frac{a_n+\mathrm{i}b_n}{2}\mathrm{e}^{-\mathrm{i}n\omega t}\right]$$

令

$$c_0=\frac{a_0}{2}=\frac{1}{T}\int_{-\frac{T}{2}}^{\frac{T}{2}}f_T(t)\mathrm{d}t,$$

$$c_n=\frac{a_n-\mathrm{i}b_n}{2}$$

$$=\frac{1}{T}\left[\int_{-\frac{T}{2}}^{\frac{T}{2}}f_T(t)\cos n\omega t\,\mathrm{d}t-\mathrm{i}\int_{-\frac{T}{2}}^{\frac{T}{2}}f_T(t)\sin n\omega t\,\mathrm{d}t\right]$$

$$=\frac{1}{T}\int_{-\frac{T}{2}}^{\frac{T}{2}}f_T(t)[\cos n\omega t-\mathrm{i}\sin n\omega t]\mathrm{d}t$$

$$=\frac{1}{T}\int_{-\frac{T}{2}}^{\frac{T}{2}}f_T(t)\mathrm{e}^{-\mathrm{i}n\omega t}\mathrm{d}t\quad(n=1,2,\cdots),$$

$$c_{-n}=\frac{a_n+\mathrm{i}b_n}{2}=\frac{1}{T}\int_{-\frac{T}{2}}^{\frac{T}{2}}f_T(t)\mathrm{e}^{\mathrm{i}n\omega t}\mathrm{d}t\quad(n=1,2,\cdots),$$

于是,c_0,c_n, c_{-n}可以合写成一个式子,即

$$c_n = \frac{1}{T}\int_{-\frac{T}{2}}^{\frac{T}{2}} f_T(t)\mathrm{e}^{-\mathrm{i}n\omega t}\,\mathrm{d}t \quad (n = 0, \pm 1, \pm 2, \cdots)$$

若记 $\omega_n = n\omega$ $(n = 0, \pm 1, \pm 2, \cdots)$，则有

$$f_T(t) = \sum_{n=-\infty}^{+\infty} c_n \mathrm{e}^{\mathrm{i}\omega_n t} = \frac{1}{T}\sum_{n=-\infty}^{+\infty}\left[\int_{-\frac{T}{2}}^{\frac{T}{2}} f_T(t)\mathrm{e}^{-\mathrm{i}\omega_n t}\,\mathrm{d}t\right]\mathrm{e}^{\mathrm{i}\omega_n t}. \tag{6.2}$$

这就是 Fourier 级数的**复指数形式**.

在此基础上,我们讨论非周期函数的展开问题.

如果 $f(t)$是定义在$(-\infty, +\infty)$上的非周期函数,则可以把 $f(t)$看作周期为 T 的函数当$T \to +\infty$时的极限. 为了说明这一点,我们作周期为 T 的函数 $f_T(t)$,使其在$\left[-\frac{T}{2}, \frac{T}{2}\right]$之内等于 $f(t)$,而在$\left[-\frac{T}{2}, \frac{T}{2}\right]$之外按周期 T 向左右延拓(图 6-1).

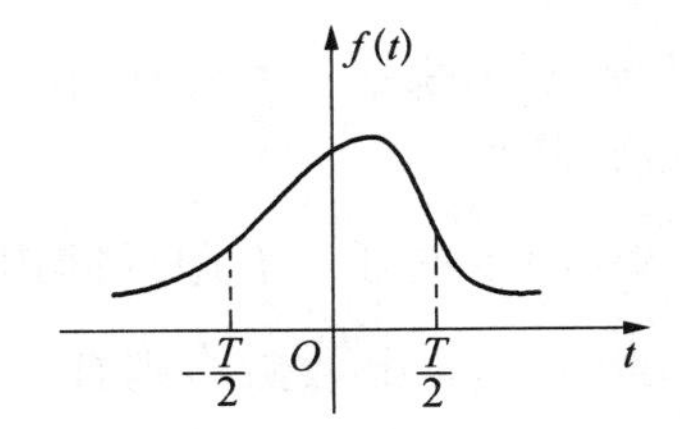

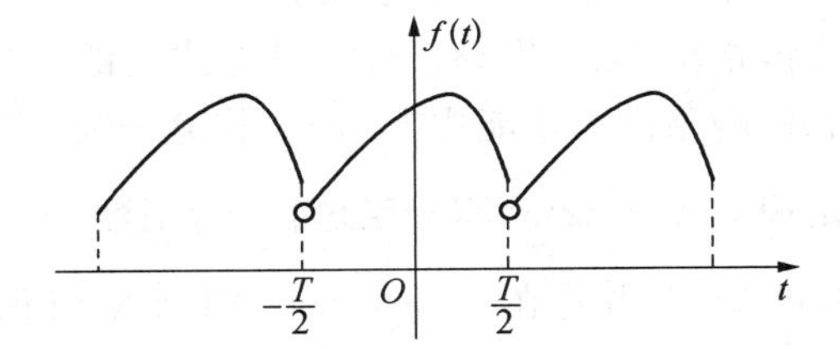

图 6-1

于是, $f(t) = \lim\limits_{T\to+\infty} f_T(t) = \lim\limits_{T\to+\infty}\frac{1}{T}\sum\limits_{n=-\infty}^{+\infty}\left[\int_{-\frac{T}{2}}^{\frac{T}{2}} f_T(t)\mathrm{e}^{-\mathrm{i}\omega_n t}\,\mathrm{d}t\right]\mathrm{e}^{\mathrm{i}\omega_n t}$.

当 n 取一切整数时,ω_n所对应的离散点便均匀地分布在整个数轴上,如图 6-2 所示.

$O \quad \omega_1 \quad \omega_2 \quad \omega_3 \quad \omega_4 \quad \cdots \quad \omega_{n-1} \quad \omega_n \quad \omega$

图 6-2

若相邻两点的距离以 $\Delta\omega$ 表示,即

$$\Delta\omega = \omega_n - \omega_{n-1} = \frac{2\pi}{T} \text{ 或 } T = \frac{2\pi}{\Delta\omega}$$

则当 $T \to +\infty$ 时,$\Delta\omega \to 0$, 因此上式又可写为

$$f(t) = \lim_{\Delta\omega\to 0}\frac{1}{2\pi}\sum_{n=-\infty}^{+\infty}\left[\int_{-\frac{T}{2}}^{\frac{T}{2}} f_T(t)\mathrm{e}^{-\mathrm{i}\omega_n t}\,\mathrm{d}t\right]\mathrm{e}^{\mathrm{i}\omega_n t}\Delta\omega$$

记

$$f(t) = \lim_{\Delta\omega\to 0}\frac{1}{2\pi}\sum_{n=-\infty}^{+\infty}\varphi(\omega_n)\mathrm{e}^{\mathrm{i}\omega_n t}\Delta\omega. \tag{6.3}$$

其中，$\varphi(\omega_n)=\int_{-\frac{T}{2}}^{\frac{T}{2}}f_T(t)\mathrm{e}^{-\mathrm{i}\omega_n t}\mathrm{d}t$.

则当 $T\to+\infty(\Delta\omega\to 0)$ 时，积分 $\int_{-\frac{T}{2}}^{\frac{T}{2}}f_T(t)\mathrm{e}^{-\mathrm{i}\omega_n t}\mathrm{d}t$ 的上限和下限分别变成 $+\infty$ 和 $-\infty$，$f_T(t)\to f(t)$，同时，均匀分布在整个数轴上的离散变量 ω_n 变成了连续变量 ω. 于是

$$\varphi(\omega)=\lim_{T\to+\infty}\varphi(\omega_n)=\int_{-\infty}^{+\infty}f(t)\mathrm{e}^{-\mathrm{i}\omega t}\mathrm{d}t.$$

再由定积分的定义，把式(6.3)中求极限看作是对 ω 的积分，于是

$$f(t)=\frac{1}{2\pi}\int_{-\infty}^{+\infty}\varphi(\omega)\mathrm{e}^{\mathrm{i}\omega t}\mathrm{d}\omega=\frac{1}{2\pi}\int_{-\infty}^{+\infty}\left[\int_{-\infty}^{+\infty}f(t)\mathrm{e}^{-\mathrm{i}\omega t}\mathrm{d}t\right]\mathrm{e}^{\mathrm{i}\omega t}\mathrm{d}\omega. \tag{6.4}$$

这样就得到了 $f(t)$ 的一个积分形式的展开式，称之为非周期函数 $f(t)$ 的 **Fourier 积分公式**. 等号右端称为 **Fourier 积分**.

应该指出，以上推导过程只是形式上的推导，忽略了推导条件，那么究竟一个非周期函数在怎样的条件下才能用 Fourier 积分来表示呢？我们有如下定理.

定理 6.1(Fourier 积分定理)　若函数 $f(t)$ 在 $(-\infty,+\infty)$ 上的任一有限区间内满足 Dirichlet 条件，并且在 $(-\infty,+\infty)$ 上绝对可积 $\left(\text{即积分}\int_{-\infty}^{+\infty}|f(t)|\mathrm{d}t\text{ 收敛}\right)$，则有

$$\frac{1}{2\pi}\int_{-\infty}^{+\infty}\left[\int_{-\infty}^{+\infty}f(t)\mathrm{e}^{-\mathrm{i}\omega t}\mathrm{d}t\right]\mathrm{e}^{\mathrm{i}\omega t}\mathrm{d}\omega=\begin{cases}f(t), & \text{当 } t \text{ 为 } f(t) \text{ 的连续点；}\\ \dfrac{f(t+0)+f(t-0)}{2}, & \text{当 } t \text{ 为 } f(t) \text{ 的间断点.}\end{cases}$$

这个定理的条件是充分的，它的证明需要更多的数学知识，此处从略.

例 6.1　试求函数 $f(t)=\begin{cases}1, & |t|\leqslant 1\\ 0, & |t|>1\end{cases}$ 的 Fourier 积分，并由此证明 $\int_0^{+\infty}\frac{\sin\omega}{\omega}\mathrm{d}\omega=\frac{\pi}{2}$.

解　由式(6.4)有

$$\begin{aligned}f(t)&=\frac{1}{2\pi}\int_{-\infty}^{+\infty}\left[\int_{-\infty}^{+\infty}f(t)\mathrm{e}^{-\mathrm{i}\omega t}\mathrm{d}t\right]\mathrm{e}^{\mathrm{i}\omega t}\mathrm{d}\omega\\&=\frac{1}{2\pi}\int_{-\infty}^{+\infty}\left[\int_{-1}^{1}(\cos\omega t-\mathrm{i}\sin\omega t)\mathrm{d}t\right]\mathrm{e}^{\mathrm{i}\omega t}\mathrm{d}\omega\\&=\frac{1}{\pi}\int_{-\infty}^{+\infty}\left[\int_{0}^{1}\cos\omega t\,\mathrm{d}t\right]\mathrm{e}^{\mathrm{i}\omega t}\mathrm{d}\omega\\&=\frac{1}{\pi}\int_{-\infty}^{+\infty}\frac{\sin\omega}{\omega}(\cos\omega t+\mathrm{i}\sin\omega t)\mathrm{d}\omega\\&=\frac{2}{\pi}\int_{0}^{+\infty}\frac{\sin\omega\cos\omega t}{\omega}\mathrm{d}\omega\quad(t\neq\pm 1)\end{aligned}$$

当 $t=\pm 1$ 时，

$$f(t)=\frac{f(\pm 1+0)+f(\pm 1-0)}{2}=\frac{1}{2}$$

所以

$$\frac{2}{\pi}\int_0^{+\infty}\frac{\sin\omega\cos\omega t}{\omega}\mathrm{d}\omega=\begin{cases}1, & |t|<1;\\ \dfrac{1}{2}, & |t|=1;\\ 0, & |t|>1.\end{cases}$$

即

$$\int_0^{+\infty}\frac{\sin\omega\cos\omega t}{\omega}\mathrm{d}\omega=\begin{cases}\dfrac{\pi}{2}, & |t|<1;\\ \dfrac{\pi}{4}, & |t|=1;\\ 0, & |t|>1.\end{cases}$$

当 $t=0$ 时,有

$$\int_0^{+\infty}\frac{\sin\omega}{\omega}\mathrm{d}\omega=\frac{\pi}{2}.$$

这就是著名的 **Dirichlet 积分**.

6.2　Fourier 变换

6.2.1　Fourier 变换的概念

在上一节中,我们已经得到 Fourier 积分公式

$$f(t)=\frac{1}{2\pi}\int_{-\infty}^{+\infty}\left[\int_{-\infty}^{+\infty}f(t)\mathrm{e}^{-\mathrm{i}\omega t}\mathrm{d}t\right]\mathrm{e}^{\mathrm{i}\omega t}\mathrm{d}\omega.$$

令

$$F(\omega)=\int_{-\infty}^{+\infty}f(t)\mathrm{e}^{-\mathrm{i}\omega t}\mathrm{d}t,\tag{6.5}$$

则

$$f(t)=\frac{1}{2\pi}\int_{-\infty}^{+\infty}F(\omega)\mathrm{e}^{\mathrm{i}\omega t}\mathrm{d}\omega.\tag{6.6}$$

上面两个公式表明,$f(t)$与 $F(\omega)$通过指定的积分运算可以相互表示,我们称式(6.5)为

$f(t)$的 **Fourier 变换**,记为

$$F(\omega)=\mathscr{F}[f(t)].$$

函数 $F(\omega)$称为 $f(t)$的**像函数**.

称式(6.6)为 $F(\omega)$的 **Fourier 逆变换**,记为

$$f(t)=\mathscr{F}^{-1}[F(\omega)].$$

函数 $f(t)$称为 $F(\omega)$的**像原函数**.

这样,$f(t)$与 $F(\omega)$构成一个 Fourier 变换对. 由于 Fourier 变换是定义在 Fourier 积分的基础上的,因此,Fourier 积分存在定理的条件,也就是函数 $f(t)$的 Fourier 变换存在的条件.

例 6.2 求指数衰减函数

$$f(t)=\begin{cases}0, & t<0;\\ e^{-\beta t}, & t\geqslant 0\end{cases}\quad(\beta>0)$$

的 Fourier 变换及其 Fourier 积分表达式. 这个函数是无线电技术中常用的函数.

解 由式(6.5)有

$$\begin{aligned}F(\omega)=\mathscr{F}[f(t)]&=\int_{-\infty}^{+\infty}f(t)e^{-i\omega t}\,dt\\&=\int_{0}^{+\infty}e^{-(\beta+i\omega)t}\,dt\\&=\frac{-1}{\beta+i\omega}e^{-(\beta+i\omega)t}\Big|_{0}^{+\infty}=\frac{1}{\beta+i\omega}=\frac{\beta-i\omega}{\beta^2+\omega^2}\end{aligned}$$

由式(6.6)有

$$\begin{aligned}f(t)=\mathscr{F}^{-1}[F(\omega)]&=\frac{1}{2\pi}\int_{-\infty}^{+\infty}\frac{(\beta-i\omega)}{\beta^2+\omega^2}e^{i\omega t}\,d\omega\\&=\frac{1}{2\pi}\int_{-\infty}^{+\infty}\frac{(\beta-i\omega)(\cos\omega t+i\sin\omega t)}{\beta^2+\omega^2}d\omega\\&=\frac{1}{2\pi}\left(\int_{-\infty}^{+\infty}\frac{\beta\cos\omega t+\omega\sin\omega t}{\beta^2+\omega^2}d\omega+i\int_{-\infty}^{+\infty}\frac{\beta\sin\omega t-\omega\cos\omega t}{\beta^2+\omega^2}d\omega\right)\end{aligned}$$

注意到上式被积函数的奇偶性,可得 $f(t)$的 Fourier 积分表达式

$$f(t)=\frac{1}{\pi}\int_{0}^{+\infty}\frac{\beta\cos\omega t+\omega\sin\omega t}{\beta^2+\omega^2}d\omega$$

当 $t=0$ 时,上式左端应为$\frac{1}{2}$代替,由此可以得到一个含有参变量的广义积分的结果

$$\int_0^{+\infty}\frac{\beta\cos\omega t+\omega\sin\omega t}{\beta^2+\omega^2}\mathrm{d}\omega=\begin{cases}\pi\mathrm{e}^{-\beta t}, & t>0;\\ \dfrac{\pi}{2}, & t=0;\\ 0, & t<0.\end{cases}$$

例 6.3 求函数 $f(t)=\begin{cases}\sin t, & |t|\leqslant\pi;\\ 0, & |t|>\pi\end{cases}$ 的 Fourier 变换,并证明

$$\int_0^{+\infty}\frac{\sin\omega\pi\sin\omega t}{1-\omega^2}\mathrm{d}\omega=\begin{cases}\dfrac{\pi}{2}\sin t, & |t|\leqslant\pi;\\ 0, & |t|>\pi.\end{cases}$$

解

$$\begin{aligned}F(\omega)=\mathscr{F}[f(t)]&=\int_{-\infty}^{+\infty}f(t)\mathrm{e}^{-\mathrm{i}\omega t}\mathrm{d}t\\&=\int_{-\pi}^{\pi}\sin t\mathrm{e}^{-\mathrm{i}\omega t}\mathrm{d}t\\&=\int_{-\pi}^{\pi}\sin t(\cos\omega t-\mathrm{i}\sin\omega t)\mathrm{d}t\\&=-\mathrm{i}\int_{-\pi}^{\pi}\sin t\sin\omega t\mathrm{d}t\\&=\frac{\mathrm{i}}{2}\int_{-\pi}^{\pi}[\cos(1+\omega)t-\cos(1-\omega)t]\mathrm{d}t\\&=\frac{\mathrm{i}}{2}\left[\frac{1}{1+\omega}\sin(1+\omega)t\Big|_{-\pi}^{\pi}-\frac{1}{1-\omega}\sin(1-\omega)t\Big|_{-\pi}^{\pi}\right]\\&=\frac{-2\mathrm{i}\sin\omega\pi}{1-\omega^2}\end{aligned}$$

由于

$$\begin{aligned}\mathscr{F}^{-1}[F(\omega)]&=\frac{1}{2\pi}\int_{-\infty}^{+\infty}F(\omega)\mathrm{e}^{\mathrm{i}\omega t}\mathrm{d}\omega\\&=\frac{1}{2\pi}\int_{-\infty}^{+\infty}\frac{-2\mathrm{i}\sin\omega\pi}{1-\omega^2}(\cos\omega t+\mathrm{i}\sin\omega t)\mathrm{d}\omega\\&=\frac{2}{\pi}\int_0^{+\infty}\frac{\sin\omega\pi\sin\omega t}{1-\omega^2}\mathrm{d}\omega\\&=\begin{cases}\sin t, & |t|\leqslant\pi;\\ 0, & |t|>\pi.\end{cases}\end{aligned}$$

于是

$$\int_0^{+\infty} \frac{\sin\omega\pi \sin\omega t}{1-\omega^2} \mathrm{d}\omega = \begin{cases} \dfrac{\pi}{2}\sin t, & |t| \leqslant \pi; \\ 0, & |t| > \pi. \end{cases}$$

6.2.2 Fourier 变换的物理定义——非周期函数的频谱

我们知道,若 $f_T(t)$是以 T 为周期的非正弦函数,只要满足 Dirichlet 条件就可以展开为 Fourier 级数

$$f_T(t) = \frac{a_0}{2} + \sum_{n=1}^{\infty}(a_n \cos n\omega t + b_n \sin n\omega t).$$

其中,$\omega = \dfrac{2\pi}{T}$.

令 $\omega_n = n\omega = \dfrac{2n\pi}{T}$, 则有

$$f_T(t) = \frac{a_0}{2} + \sum_{n=1}^{\infty}(a_n \cos \omega_n t + b_n \sin \omega_n t).$$

我们称 $a_n \cos\omega_n t + b_n \sin\omega_n t$ 为 $f_T(t)$ 的第 n 次谐波,$\omega_n = n\omega$ 为**第 n 次谐波的频率**. 由于

$$a_n \cos\omega_n t + b_n \sin\omega_n t = A_n \sin(\omega_n t + \varphi_n)$$

其中,$A_n = \sqrt{a_n^2 + b_n^2}$ $(n = 1, 2, \cdots)$ 称为**第 n 次谐波的振幅**.

而
$$A_0 = \left|\frac{a_0}{2}\right|.$$

当 $f_T(t)$的 Fourier 级数为复数形式时,即当 $f(t) = \sum\limits_{n=-\infty}^{+\infty} c_n \mathrm{e}^{\mathrm{i}\omega_n t}$ 时, 第 n 次谐波为

$$c_n \mathrm{e}^{\mathrm{i}\omega_n t} + c_{-n} \mathrm{e}^{-\mathrm{i}\omega_n t}.$$

这里, $c_0 = \dfrac{a_0}{2}$, $c_n = \dfrac{a_n - \mathrm{i}b_n}{2}$, $c_{-n} = \dfrac{a_n + \mathrm{i}b_n}{2}$.

并且
$$|c_n| = |c_{-n}| = \frac{\sqrt{a_n^2 + b_n^2}}{2} \quad (n = 1, 2, \cdots).$$

所以,以 T 为周期的非正弦函数 $f_T(t)$的第 n 次谐波的振幅为

$$A_0 = |c_0|, A_n = 2|c_n| \ (n = 1, 2, \cdots). \tag{6.7}$$

当 n 取不同的数值时,相应会得到不同的频率和振幅,所以式(6.7)描述了各次谐波的振幅随频率变化的分布情况. 为了更直观,我们通常在直角坐标系下,描述各次谐波的振幅

和频率之间的关系. 用横坐标表示频率 ω_n,纵坐标表示振幅 A_n. 在横轴上作出不同的频率 $0, \omega, 2\omega, \cdots$,在这些点上都作一条垂直于横轴的直线段,其长度等于对应的振幅 $A_n(n=1, 2, \cdots)$,称$A_n(n=1, 2, \cdots)$ 为 $f_T(t)$的**振幅频谱**(简称**频谱**),这样的图形称为**频谱图**. 由于 $n=0, 1, 2, \cdots$, 所以频谱 A_n 的图形是不连续的,称为**离散频谱**. 它清楚地说明了一个非正弦周期函数包含了哪些频率分量以及各分量所占的比例(振幅大小)如何.

例 6.4 求周期为 T 的函数

$$f_T(t)=\begin{cases}0, & -\dfrac{T}{2}<t<0;\\ 2, & 0<t<\dfrac{T}{2}\end{cases}$$

的离散频谱,并作出频谱图.

解 令 $\omega=\dfrac{2\pi}{T}$,当 $n=0$ 时,$c_0=\dfrac{1}{T}\int_{-\frac{T}{2}}^{\frac{T}{2}} f(t)\mathrm{d}t=\dfrac{1}{T}\int_0^{\frac{T}{2}} 2\mathrm{d}t=1$

当 $n\neq 0$ 时,$c_n=\dfrac{1}{T}\int_{-\frac{T}{2}}^{\frac{T}{2}} f_T(t)\mathrm{e}^{-\mathrm{i}n\omega t}\mathrm{d}t=\dfrac{2}{T}\int_0^{\frac{T}{2}}\mathrm{e}^{-\mathrm{i}n\omega t}\mathrm{d}t=\dfrac{\mathrm{i}}{n\pi}(\mathrm{e}^{-\mathrm{i}n\frac{\omega T}{2}}-1)$

$$=\frac{\mathrm{i}}{n\pi}(\mathrm{e}^{-\mathrm{i}n\pi}-1)=\begin{cases}0, & n \text{ 为偶数};\\ -\dfrac{2\mathrm{i}}{n\pi}, & n \text{ 为奇数}.\end{cases}$$

所以 $f_T(t)$的 Fourier 级数的复数形式为

$$f_T(t)=1+\sum_{n=-\infty}^{+\infty}\frac{-2\mathrm{i}}{(2n-1)\pi}\mathrm{e}^{\mathrm{i}(2n-1)\omega t},$$

频谱为
$$A_n=\begin{cases}2, & n=0;\\ 0, & n=\pm 2, \pm 4, \cdots\\ \dfrac{4}{|n|\pi}, & n=\pm 1, \pm 3, \cdots\end{cases} \quad (\text{图 } 6-3)$$

作图如下

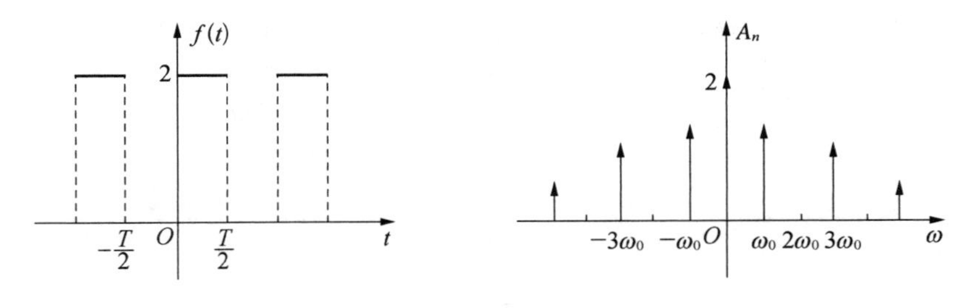

图 6-3

对于非周期函数 $f(t)$,当它满足 Fourier 积分定理的条件时,则在 $f(t)$的连续点有

$$f(t)=\frac{1}{2\pi}\int_{-\infty}^{+\infty}F(\omega)\mathrm{e}^{\mathrm{i}\omega t}\,\mathrm{d}\omega$$

其中,$F(\omega)=\int_{-\infty}^{+\infty}f(t)\mathrm{e}^{-\mathrm{i}\omega t}\,\mathrm{d}t$ 为 $f(t)$ 的 Fourier 变换,我们称之为 $f(t)$ 的**频谱函数**,它的模 $|F(\omega)|$ 称之为 $f(t)$ 的**振幅频谱**(亦简称为**频谱**). 由于 ω 是连续变化的,这时的频谱图是连续曲线,所以称为**连续频谱**.

因此,对一个时间函数作 Fourier 变换,就是求这个时间函数的频谱函数,反之,进行 Fourier 逆变换,就是求时间函数了. 在信号处理中,多以信号的频谱函数进行信号分析.

另外,我们还可以证明,频谱 $|F(\omega)|$ 是频率 ω 的偶函数,即

$$|F(\omega)|=|F(-\omega)|.$$

事实上,

$$F(\omega)=\int_{-\infty}^{+\infty}f(t)\mathrm{e}^{-\mathrm{i}\omega t}\,\mathrm{d}t=\int_{-\infty}^{+\infty}f(t)(\cos\omega t-\mathrm{i}\sin\omega t)\,\mathrm{d}t$$

$$|F(\omega)|=\sqrt{\left(\int_{-\infty}^{+\infty}f(t)\cos\omega t\,\mathrm{d}t\right)^2+\left(\int_{-\infty}^{+\infty}f(t)\sin\omega t\,\mathrm{d}t\right)^2}$$

$$\begin{aligned}|F(-\omega)|&=\sqrt{\left(\int_{-\infty}^{+\infty}f(t)\cos(-\omega)t\,\mathrm{d}t\right)^2+\left(\int_{-\infty}^{+\infty}f(t)\sin(-\omega)t\,\mathrm{d}t\right)^2}\\&=|F(\omega)|\end{aligned}$$

利用这一性质,在作频谱图时,只需作出 $(0,+\infty)$ 上的图形,然后根据对称性就可以得出在 $(-\infty,0)$ 上的情形.

例 6.5 作指数衰减函数 $f(t)=\begin{cases}\mathrm{e}^{-\beta t}, & t\geqslant 0;\\ 0, & t<0\end{cases}$ $(\beta>0)$ 的频谱图.

解 因为 $F(\omega)=\dfrac{1}{\beta+\mathrm{i}\omega}=\dfrac{\beta-\mathrm{i}\omega}{\beta^2+\omega^2}$,所以 $|F(\omega)|=\dfrac{1}{\sqrt{\beta^2+\omega^2}}$.

频谱图如图 6-4 所示.

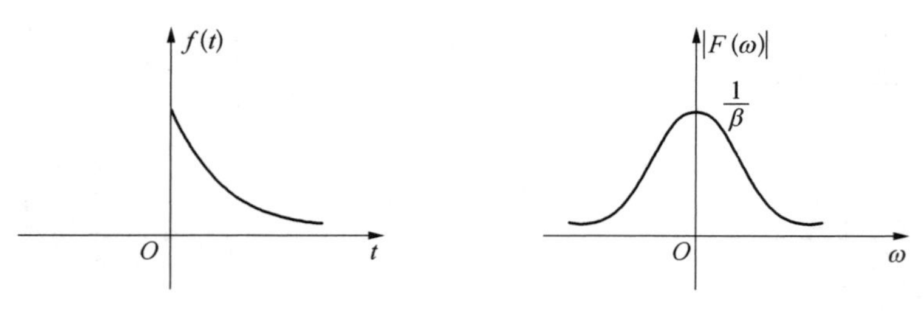

图 6-4

例 6.6 作单个矩形脉冲函数

$$f(t)=\begin{cases}E, -\frac{\tau}{2}<t<\frac{\tau}{2};\\0, 其他\end{cases}$$

的频谱图.

解 根据 Fourier 变换的定义,有

$$F(\omega)=\int_{-\infty}^{+\infty}f(t)e^{-i\omega t}dt=\int_{-\frac{\tau}{2}}^{\frac{\tau}{2}}Ee^{-i\omega t}dt$$

$$=-\frac{E}{i\omega}e^{-i\omega t}\Big|_{-\frac{\tau}{2}}^{\frac{\tau}{2}}=\frac{E}{i\omega}(e^{i\frac{\omega\tau}{2}}-e^{-i\frac{\omega\tau}{2}})$$

$$=\frac{2E}{\omega}\sin\frac{\omega\tau}{2}\ (\omega\neq 0)$$

当 $\omega=0$ 时,$F(\omega)=E\tau$,于是

$$F(\omega)=\begin{cases}\frac{2E}{\omega}\sin\frac{\omega\tau}{2}, & \omega\neq 0;\\E\tau, & \omega=0.\end{cases}$$

$$|F(\omega)|=\begin{cases}2E\left|\frac{\sin(\omega\tau/2)}{\omega}\right|, & \omega\neq 0;\\E\tau, & \omega=0.\end{cases}$$

其频谱图如图 6-5 所示(这里只画出 $\omega\geqslant 0$ 部分).

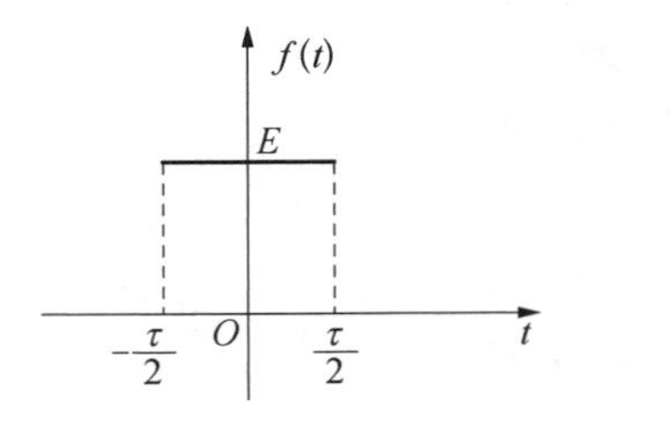

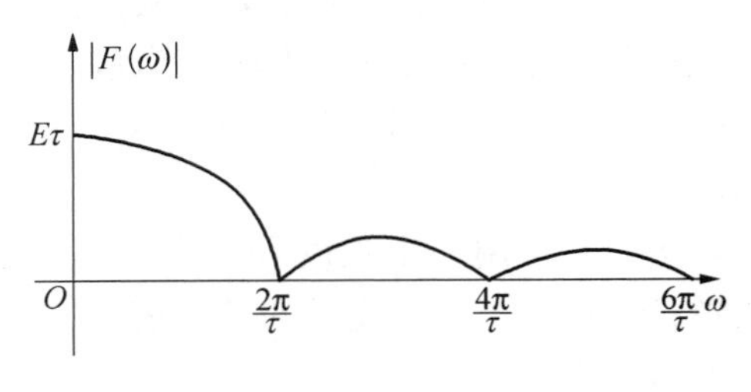

图 6-5

在物理学和工程技术中,会遇到许多非周期函数,这些函数的频谱也具有相应的意义.如位移、速度、压力、电流以及电压等物理量的频谱. 此外,还常会遇到功率或能量的频谱.因此,频谱在工程技术中有着广泛的应用.

6.3 δ 函数及其 Fourier 变换

在物理学和工程技术中,常常会遇到质量或能量在空间或时间上高度集中的现象,如瞬间作用的冲击力、瞬间电流及瞬时电动势等物理现象. 为了研究这类问题,我们引入一种新的函数——δ 函数.

6.3.1 δ 函数的定义和性质

为了比较自然地引入 δ 函数,我们先看一个具体的例子.

例 6.7 在电流为零的电路中,设某一瞬时(设 $t=0$ 时)进入一个单位电量的脉冲,确定此时电路上的电流强度 $I(t)$.

解 若以 $q(t)$ 表示上述电路中的电荷函数,则

$$q(t)=\begin{cases}0, & t\neq 0;\\ 1, & t=0.\end{cases}$$

由于电流强度是电荷函数对时间的变化率,即

$$I(t)=\frac{\mathrm{d}q(t)}{\mathrm{d}t}=\lim_{\Delta t\to 0}\frac{q(t+\Delta t)-q(t)}{\Delta t}=\begin{cases}0, & t\neq 0;\\ \infty, & t=0.\end{cases}$$

这表明,上述电路的电流强度不能用通常意义下的函数类中的任何函数来表示. 因此,我们必须引入一个新的函数,这个函数称为 **Dirac 函数**,简单地记为 **δ 函数**,也称为**单位脉冲函数**.

定义 6.1 称满足下列条件的函数为 δ 函数:

(1) 当 $t\neq 0$ 时,$\delta(t)=0$;

(2) $\int_{-\infty}^{+\infty}\delta(t)\mathrm{d}t=1$.

这个定义是由狄拉克(Dirac)给出的一种直观的定义方式,在理论上是不严格的. 它不是经典意义上的函数,而是一个**广义函数**,所以它没有普通意义下的“函数值”. 关于 δ 函数的严格定义和广义函数理论,已超出了工科数学的教学范围. 因此,我们对 δ 函数的数学理论只作启示性的介绍.

在工程上, 通常用一个长度等于 1 的有向线段来表示**单位脉冲函数**(图 6-6). 这个线段的长度表示 δ 函数的积分值, 称为 δ 函数的强度.

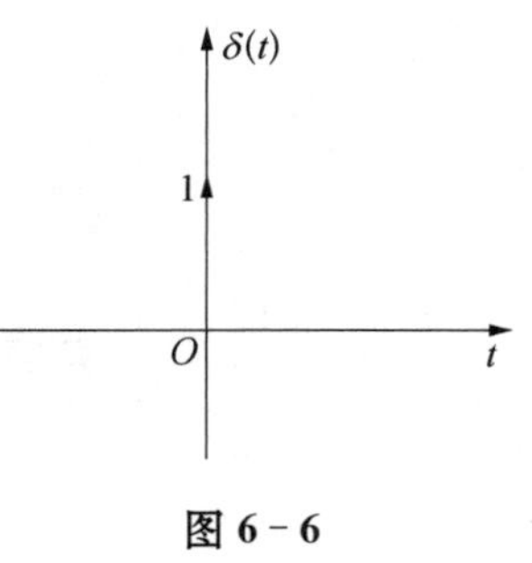

图 6-6

δ 函数具有下列性质.

(1) 对任意的连续函数 $f(t)$,都有

$$\int_{-\infty}^{+\infty}\delta(t)f(t)\mathrm{d}t=f(0). \tag{6.8}$$

更一般地,若 $f(t)$ 在 $t=t_0$ 点连续,则

$$\int_{-\infty}^{+\infty}\delta(t-t_0)f(t)\mathrm{d}t=f(t_0). \tag{6.9}$$

这个性质称为**筛选性质**. 它表明,尽管函数本身没有普通意义下的函数值,但它与任何一个连续函数的乘积在$(-\infty, +\infty)$上的积分都有确定的值. 这一性质使得 δ 函数在近代

物理和工程技术中有着较为广泛的应用.

(2) δ 函数是偶函数,即 $\delta(t)=\delta(-t)$.

(3) $\int_{-\infty}^{t}\delta(t)\mathrm{d}t=u(t)$, $\dfrac{\mathrm{d}u(t)}{\mathrm{d}t}=\delta(t)$.

其中, $u(t)=\begin{cases}0, & t<0;\\ 1, & t>0\end{cases}$ 称为**单位阶跃函数.**

(4) 对任意的有连续导数的函数 $f(t)$,都有

$$\int_{-\infty}^{+\infty}\delta'(t)f(t)\mathrm{d}t=-f'(0)$$

一般地,对任意的有连续 n 阶导数的函数 $f(t)$,有

$$\int_{-\infty}^{+\infty}\delta^{(n)}(t)f(t)\mathrm{d}t=(-1)^n f^{(n)}(0).$$

6.3.2 δ 函数的 Fourier 变换

由式(6.8),我们可以很方便地求出 δ 函数的 Fourier 变换

$$F(\omega)=\mathscr{F}[\delta(t)]=\int_{-\infty}^{+\infty}\delta(t)\mathrm{e}^{-\mathrm{i}\omega t}\mathrm{d}t=\mathrm{e}^{-\mathrm{i}\omega t}\big|_{t=0}=1 \tag{6.10}$$

$$\delta(t)=\mathscr{F}^{-1}[1]=\frac{1}{2\pi}\int_{-\infty}^{+\infty}1\cdot\mathrm{e}^{\mathrm{i}\omega t}\mathrm{d}w \tag{6.11}$$

因此,$\delta(t)$和常数 1 构成了一组 Fourier 变换对. 同理,$\delta(t-t_0)$和 $\mathrm{e}^{-\mathrm{i}\omega t_0}$ 也构成了一个 Fourier 变换对.

这里需要指出的是,上面的广义积分虽然是经典意义上的形式,却是按照式(6.8)来定义的,而不是普通意义下的积分值,所以 $\delta(t)$的 Fourier 变换是一种广义的 Fourier 变换.

引入 δ 函数后,有许多在物理学和工程技术中常用的重要的函数如单位阶跃函数、常数、正弦函数、余弦函数等,虽然它们不满足傅氏积分存在定理中绝对可积条件,但其广义Fourier 变换是存在的,利用 δ 函数及其 Fourier 变换就很容易求出这些函数的 Fourier 变换.

例 6.8 证明:(1) $f(t)=1$ 的 Fourier 变换为 $F(\omega)=2\pi\delta(\omega)$;

(2) $f(t)=\mathrm{e}^{\mathrm{i}\omega_0 t}$ 的 Fourier 变换为 $F(\omega)=2\pi\delta(\omega-\omega_0)$.

证 (1) 由于 $\dfrac{1}{2\pi}\int_{-\infty}^{+\infty}F(\omega)\mathrm{e}^{\mathrm{i}\omega t}\mathrm{d}\omega=\int_{-\infty}^{+\infty}\delta(\omega)\mathrm{e}^{\mathrm{i}\omega t}\mathrm{d}\omega=\mathrm{e}^{\mathrm{i}\omega t}\big|_{\omega=0}=1$

所以 $\mathscr{F}[1]=2\pi\delta(\omega)$.

因此, $f(t)=1$ 与 $F(\omega)=2\pi\delta(\omega)$ 构成了一组 Fourier 变换对.

(2) 因为

$$\frac{1}{2\pi}\int_{-\infty}^{+\infty}F(\omega)\mathrm{e}^{\mathrm{i}\omega t}\mathrm{d}\omega=\int_{-\infty}^{+\infty}\delta(\omega-\omega_0)\mathrm{e}^{\mathrm{i}\omega t}\mathrm{d}\omega=\mathrm{e}^{\mathrm{i}\omega t}\big|_{\omega=\omega_0}=\mathrm{e}^{\mathrm{i}\omega_0 t}$$

所以 $\mathscr{F}[e^{i\omega_0 t}]=2\pi\delta(\omega-\omega_0)$

即 $f(t)=e^{i\omega_0 t}$ 与 $F(\omega)=2\pi\delta(\omega-\omega_0)$ 构成了一组 Fourier 变换对.

由例 6.8 可得

$$\int_{-\infty}^{+\infty} e^{-i\omega t}dt=2\pi\delta(\omega)$$

$$\int_{-\infty}^{+\infty} e^{-i(\omega-\omega_0)t}dt=2\pi\delta(\omega-\omega_0)$$

显然,这两个积分在普通意义下是不存在的,这里的积分被赋予了 δ 函数的意义.

例 6.9 求 $f(t)=\sin\omega_0 t$ 的 Fourier 变换.

解 由 Fourier 变换的定义及例 6.8 有

$$\begin{aligned}F(\omega)=\mathscr{F}[\sin\omega_0 t]&=\int_{-\infty}^{+\infty} e^{-i\omega t}\sin\omega_0 t\,dt\\&=\int_{-\infty}^{+\infty}\frac{1}{2i}(e^{i\omega_0 t}-e^{-i\omega_0 t})\cdot e^{-i\omega t}dt\\&=\frac{1}{2i}\int_{-\infty}^{+\infty}[e^{-i(\omega-\omega_0)t}-e^{-i(\omega+\omega_0)t}]dt\\&=i\pi[\delta(\omega+\omega_0)-\delta(\omega-\omega_0)].\end{aligned}$$

同理可求出 $\cos\omega_0 t$ 的 Fourier 变换为 $\mathscr{F}[\cos\omega_0 t]=\pi[\delta(\omega+\omega_0)+\delta(\omega-\omega_0)]$.

例 6.10 证明单位阶跃函数 $u(t)=\begin{cases}0, & t<0;\\1, & t>0\end{cases}$ 的 Fourier 变换为

$$F(\omega)=\frac{1}{i\omega}+\pi\delta(\omega).$$

证 由 Fourier 逆变换的定义,有

$$\begin{aligned}f(t)=\mathscr{F}^{-1}[F(\omega)]&=\frac{1}{2\pi}\int_{-\infty}^{+\infty}\left[\frac{1}{i\omega}+\pi\delta(\omega)\right]e^{i\omega t}d\omega\\&=\frac{1}{2\pi}\int_{-\infty}^{+\infty}\pi\delta(\omega)e^{i\omega t}d\omega+\frac{1}{2\pi}\int_{-\infty}^{+\infty}\frac{1}{i\omega}e^{i\omega t}d\omega\\&=\frac{1}{2}e^{i\omega t}\Big|_{\omega=0}+\frac{1}{2\pi}\int_{-\infty}^{+\infty}\frac{\cos\omega t+i\sin\omega t}{i\omega}d\omega\\&=\frac{1}{2}+\frac{1}{\pi}\int_{0}^{+\infty}\frac{\sin\omega t}{\omega}d\omega\end{aligned}$$

由例 6.1 知

$$\int_{0}^{+\infty}\frac{\sin\omega}{\omega}d\omega=\frac{\pi}{2}$$

所以有

$$\int_0^{+\infty}\frac{\sin\omega t}{\omega}\mathrm{d}\omega=\begin{cases}-\dfrac{\pi}{2}, & t<0;\\ 0, & t=0;\\ \dfrac{\pi}{2}, & t>0.\end{cases}$$

其中,当 $t<0$ 时,可令 $u=-\omega t$

$$\int_0^{+\infty}\frac{\sin\omega t}{\omega}\mathrm{d}\omega=\int_0^{+\infty}\frac{\sin(-u)}{u}\mathrm{d}u=-\int_0^{+\infty}\frac{\sin u}{u}\mathrm{d}u=-\frac{\pi}{2}$$

因此,当 $t\neq 0$ 时

$$f(t)=\frac{1}{2}+\frac{1}{\pi}\int_0^{+\infty}\frac{\sin\omega t}{\omega}\mathrm{d}\omega=\begin{cases}0, & t<0;\\ 1, & t>0\end{cases}=u(t).$$

即在 $t\neq 0$ 时,单位阶跃函数 $u(t)$ 和 $F(\omega)=\dfrac{1}{\mathrm{i}\omega}+\pi\delta(\omega)$ 构成了一组 Fourier 对.

例 6.11 求函数 $f(t)=\dfrac{1}{2}\left[\delta(t+a)+\delta(t-a)+\delta\left(t+\dfrac{a}{2}\right)+\delta\left(t-\dfrac{a}{2}\right)\right]$ 的 Fourier 变换.

解 利用 δ 函数的筛选性质,有

$$\begin{aligned}F(\omega)&=\mathscr{F}[f(t)]=\int_{-\infty}^{+\infty}f(t)\mathrm{e}^{-\mathrm{i}\omega t}\mathrm{d}t\\ &=\frac{1}{2}\left[\int_{-\infty}^{+\infty}\delta(t+a)\mathrm{e}^{-\mathrm{i}\omega t}\mathrm{d}t+\int_{-\infty}^{+\infty}\delta(t-a)\mathrm{e}^{-\mathrm{i}\omega t}\mathrm{d}t+\int_{-\infty}^{+\infty}\delta\left(t+\frac{a}{2}\right)\mathrm{e}^{-\mathrm{i}\omega t}\mathrm{d}t+\int_{-\infty}^{+\infty}\delta\left(t-\frac{a}{2}\right)\mathrm{e}^{-\mathrm{i}\omega t}\mathrm{d}t\right]\\ &=\frac{1}{2}\left[\mathrm{e}^{-\mathrm{i}\omega t}\big|_{t=-a}+\mathrm{e}^{-\mathrm{i}\omega t}\big|_{t=a}+\mathrm{e}^{-\mathrm{i}\omega t}\big|_{t=-\frac{a}{2}}+\mathrm{e}^{-\mathrm{i}\omega t}\big|_{t=\frac{a}{2}}\right]\\ &=\frac{1}{2}\left[\mathrm{e}^{\mathrm{i}\omega a}+\mathrm{e}^{-\mathrm{i}\omega a}+\mathrm{e}^{\mathrm{i}\omega\frac{a}{2}}+\mathrm{e}^{-\mathrm{i}\omega\frac{a}{2}}\right]\\ &=\cos\omega a+\cos\frac{\omega a}{2}.\end{aligned}$$

6.4 Fourier 变换的性质

Fourier 变换有许多重要的性质,这些性质可以简化 Fourier 变换的计算,在实际应用中是十分重要的. 为了叙述方便,我们假定进行 Fourier 变换的函数均满足 Fourier 变换存在

的条件.

6.4.1　线性性质

设 $\mathscr{F}[f_1(t)]=F_1(\omega)$, $\mathscr{F}[f_2(t)]=F_2(\omega)$, α,β 为常数.
则

$$\mathscr{F}[\alpha f_1(t)+\beta f_2(t)]=\alpha F_1(\omega)+\beta F_2(\omega). \tag{6.12}$$

这个性质表明,函数的线性组合的 Fourier 变换等于各函数的 Fourier 变换的线性组合,它的证明只需根据定义即可推出.

同样,Fourier 逆变换也具有类似的性质,即

$$\mathscr{F}^{-1}[\alpha F_1(\omega)+\beta F_2(\omega)]=\alpha f_1(t)+\beta f_2(t). \tag{6.13}$$

例 6.12　求 $f(t)=a+b\sin^2 t$ (a, b 是常数)的频谱函数.

解　$\mathscr{F}[a+b\sin^2 t]=\mathscr{F}\left[a+\frac{b}{2}(1-\cos 2t)\right]=\left(a+\frac{b}{2}\right)\mathscr{F}[1]-\frac{b}{2}\mathscr{F}[\cos 2t]$

$$=(2a+b)\pi\delta(\omega)-\frac{b\pi}{2}[\delta(\omega+2)+\delta(\omega-2)].$$

6.4.2　位移性质

设 $\mathscr{F}[f(t)]=F(\omega)$,则

$$\mathscr{F}[f(t\pm t_0)]=\mathrm{e}^{\pm \mathrm{i}\omega t_0}F(\omega). \tag{6.14}$$

其中 t_0 为常数.

证　令 $u=t\pm t_0$, 则

$$\mathscr{F}[f(t\pm t_0)]=\int_{-\infty}^{+\infty}f(t\pm t_0)\mathrm{e}^{-\mathrm{i}\omega t}\mathrm{d}t=\int_{-\infty}^{+\infty}f(u)\mathrm{e}^{-\mathrm{i}\omega(u\pm t_0)}\mathrm{d}u$$

$$=\mathrm{e}^{\pm \mathrm{i}\omega t_0}\int_{-\infty}^{+\infty}f(u)\mathrm{e}^{-\mathrm{i}\omega u}\mathrm{d}u=\mathrm{e}^{\pm \mathrm{i}\omega t_0}F(\omega).$$

式(6.14)在信号处理技术中称为**时移性**,它表示连续信号函数 $f(t)$在时域的移位,相应于它的频谱函数在频域上乘因子 $\mathrm{e}^{\pm \mathrm{i}\omega t_0}$. 它意味着各频率分量的相位发生了相应的变化,这是十分合理的. 同样,Fourier 逆变换也具有类似的位移性质,即

$$\mathscr{F}^{-1}[F(\omega\mp\omega_0)]=\mathrm{e}^{\pm \mathrm{i}\omega_0 t}f(t).\ (\omega_0\ \text{为常数}) \tag{6.15}$$

式(6.15)在信号处理技术中被称为**频移性**,表明连续信号 $f(t)$和单位复指数信号 $\mathrm{e}^{\pm \mathrm{i}\omega_0 t}$相乘,相应于频谱函数 $F(\omega)$在频域的移位. 应用这一性质可以实现连续时间信号的频谱搬移.

例 6.13 求 $\mathscr{F}[\delta(t-t_0)]$及 $\mathscr{F}[e^{i\omega_0 t}]$.

解 由于 $\mathscr{F}[\delta(t)]=1$，由位移性质

$$\mathscr{F}[\delta(t-t_0)]=e^{-i\omega t_0}\mathscr{F}[\delta(t)]=e^{-i\omega t_0}$$

又由于 $\mathscr{F}[1]=2\pi\delta(\omega)$，由像函数的位移性质得

$$\mathscr{F}[e^{i\omega_0 t}]=2\pi\delta(\omega-\omega_0).$$

例 6.14 求单个矩形脉冲函数

$$f(t)=\begin{cases}E, & 0<t<\tau;\\ 0, & \text{其他}\end{cases}$$

的频谱函数.

解 根据例 6.6，单个矩形脉冲函数 $f_1(t)=\begin{cases}E, & -\dfrac{\tau}{2}<t<\dfrac{\tau}{2};\\ 0, & \text{其他}\end{cases}$ 的频谱函数为

$$F_1(\omega)=\frac{2E}{\omega}\sin\frac{\omega\tau}{2}$$

而 $f(t)=f_1\left(t-\dfrac{\tau}{2}\right)$，于是由位移性质得

$$\begin{aligned}F(\omega)&=\mathscr{F}[f(t)]=\mathscr{F}\left[f_1\left(t-\frac{\tau}{2}\right)\right]\\&=e^{-i\omega\frac{\tau}{2}}\mathscr{F}[f_1(t)]=\frac{2E}{\omega}e^{-\frac{i\omega\tau}{2}}\sin\frac{\omega\tau}{2}\end{aligned}$$

且 $|F(\omega)|=|F_1(\omega)|=\left|\dfrac{2E}{\omega}\sin\dfrac{\omega\tau}{2}\right|$ 与例 6.6 的结果一致.

6.4.3 微分性质

若 $f(t)$ 在 $(-\infty,+\infty)$ 内连续或只有有限个可去间断点，且 $\lim\limits_{|t|\to+\infty}f(t)=0$，$\mathscr{F}[f(t)]=F(\omega)$，则

$$\mathscr{F}[f'(t)]=i\omega F(\omega)\tag{6.16}$$

证 由 Fourier 变换定义，并利用分部积分得

$$\begin{aligned}\mathscr{F}[f'(t)]&=\int_{-\infty}^{+\infty}f'(t)e^{-i\omega t}\,dt\\&=f(t)e^{-i\omega t}\Big|_{-\infty}^{+\infty}+i\omega\int_{-\infty}^{+\infty}f(t)e^{-i\omega t}\,dt\end{aligned}$$

因为 ω、t 均为实数,所以

$$|e^{-i\omega t}| = 1,\ |f(t)e^{-i\omega t}| = |f(t)|$$

再由假设可得

$$\mathscr{F}[f'(t)] = i\omega F(\omega).$$

这个性质说明一个函数的导数的 Fourier 变换等于这个函数的 Fourier 变换乘因子 $i\omega$.

推论 若 $f^{(k)}(t)$在$(-\infty,+\infty)$上连续或只有有限个可去间断点,且 $\lim\limits_{|t|\to+\infty} f^{(k)}(t) = 0\ (k=0,1,2,\cdots,n-1)$,则

$$\mathscr{F}[f^{(n)}(t)] = (i\omega)^n \mathscr{F}[f(t)]. \tag{6.17}$$

例 6.15 求具有电动势 $f(t)$的 LRC 电路(图 6-7)的电流,其中 L 是电感,R 是电阻,C 是电容,$f(t)$是电动势.

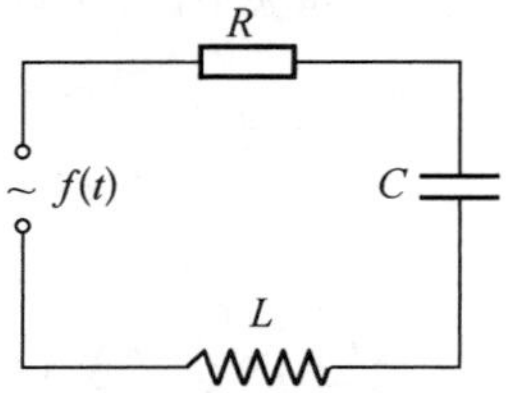

解 设 $I(t)$表示电路在 t 时刻的电流,根据基尔霍夫定律,$I(t)$满足如下积分、微分方程

$$L\frac{dI}{dt} + RI(t) + \frac{1}{C}\int_{-\infty}^{t} I(t)dt = f(t)$$

图 6-7

方程两端关于 t 求导数,得

$$L\frac{d^2I}{dt^2} + R\frac{dI}{dt} + \frac{1}{C}I = f'(t)$$

两边取 Fourier 变换,并利用微分性质,记 $I(\omega) = \mathscr{F}[I(t)]$, $F(\omega) = \mathscr{F}[f(t)]$,有

$$-L\omega^2 I(\omega) + R(i\omega)I(\omega) + \frac{1}{C}I(\omega) = i\omega F(\omega)$$

从而

$$I(\omega) = \frac{i\omega F(\omega)}{Ri\omega + \frac{1}{C} - L\omega^2}$$

于是

$$I(t) = \mathscr{F}^{-1}[I(\omega)] = \frac{1}{2\pi}\int_{-\infty}^{+\infty} \frac{i\omega F(\omega)e^{i\omega t}}{Ri\omega + \frac{1}{C} - L\omega^2} d\omega.$$

6.4.4 像函数的微分性质

设 $\mathscr{F}[f(t)] = F(\omega)$,则

$$\frac{d}{d\omega}F(\omega) = -i\mathscr{F}[tf(t)]. \tag{6.18}$$

证 $$\frac{\mathrm{d}}{\mathrm{d}\omega}F(\omega)=\frac{\mathrm{d}}{\mathrm{d}\omega}\int_{-\infty}^{+\infty}f(t)\mathrm{e}^{-\mathrm{i}\omega t}\mathrm{d}t=\int_{-\infty}^{+\infty}\frac{\mathrm{d}}{\mathrm{d}\omega}[f(t)\mathrm{e}^{-\mathrm{i}\omega t}]\mathrm{d}t$$
$$=\int_{-\infty}^{+\infty}-\mathrm{i}tf(t)\mathrm{e}^{-\mathrm{i}\omega t}\mathrm{d}t=-\mathrm{i}\mathscr{F}[tf(t)].$$

上述推导过程将求导和积分运算进行了交换，这种交换是有条件的，今后在证明中碰到类似的问题时，总假定这两种运算是可交换的.

这个性质表明，若已知 $f(t)$的 Fourier 变换，可由此求得 $tf(t)$的 Fourier 变换.

更一般地，有 $$\frac{\mathrm{d}^nF(\omega)}{\mathrm{d}\omega^n}=(-\mathrm{i})^n\mathscr{F}[t^nf(t)]. \tag{6.19}$$

例 6.16 已知函数 $f(t)=\begin{cases}0, & t<0;\\ \mathrm{e}^{-\beta t}, & t\geqslant 0\end{cases}$ $(\beta>0)$，求 $\mathscr{F}[tf(t)]$及 $\mathscr{F}[t^2f(t)]$.

解 由例 6.2 知，$F(\omega)=\mathscr{F}[f(t)]=\dfrac{1}{\beta+\mathrm{i}\omega}$

利用像函数的微分性质，有

$$\mathscr{F}[tf(t)]=\mathrm{i}\frac{\mathrm{d}}{\mathrm{d}\omega}F(\omega)=\frac{1}{(\beta+\mathrm{i}\omega)^2}$$
$$\mathscr{F}[t^2f(t)]=\mathrm{i}^2\cdot\frac{\mathrm{d}^2}{\mathrm{d}\omega^2}F(\omega)=\frac{2}{(\beta+\mathrm{i}\omega)^3}.$$

6.4.5 积分性质

设 $g(t)=\int_{-\infty}^{t}f(t)\mathrm{d}t$，若 $\lim\limits_{t\to+\infty}g(t)=0$，则
$$\mathscr{F}\left[\int_{-\infty}^{t}f(t)\mathrm{d}t\right]=\frac{1}{\mathrm{i}\omega}\mathscr{F}[f(t)]. \tag{6.20}$$

证 由于 $g'(t)=f(t)$，由微分性质有
$$\mathscr{F}[f(t)]=\mathscr{F}[g'(t)]=\mathrm{i}\omega\mathscr{F}[g(t)]$$

即

$$\mathscr{F}\left[\int_{-\infty}^{t}f(t)\mathrm{d}t\right]=\frac{1}{\mathrm{i}\omega}\mathscr{F}[f(t)].$$

这个性质表明一个函数积分后的 Fourier 变换等于这个函数的 Fourier 变换除以因子 $\mathrm{i}\omega$.

例 6.17 求解微分积分方程

$$ax'(t)+bx(t)+c\int_{-\infty}^{t}x(t)\mathrm{d}t=h(t)$$

的解. 其中,$-\infty<t<+\infty$, a, b, c 均为常数.

解 记 $\mathscr{F}[x(t)]=X(\omega)$, $\mathscr{F}[h(t)]=H(\omega)$
上述方程两端取 Fourier 变换,并利用线性性质、微分性质及积分性质得

$$a\mathrm{i}\omega X(\omega)+bX(\omega)+\frac{c}{\mathrm{i}\omega}X(\omega)=H(\omega)$$

$$X(\omega)=\frac{H(\omega)}{b+\mathrm{i}\left(a\omega-\dfrac{c}{\omega}\right)}$$

取 Fourier 逆变换得

$$x(t)=\frac{1}{2\pi}\int_{-\infty}^{+\infty}X(\omega)\mathrm{e}^{\mathrm{i}\omega t}\mathrm{d}\omega=\frac{1}{2\pi}\int_{-\infty}^{+\infty}\frac{H(\omega)}{b+\mathrm{i}\left(a\omega-\dfrac{c}{\omega}\right)}\mathrm{e}^{\mathrm{i}\omega t}\mathrm{d}\omega.$$

6.4.6 对称性质

若 $F(\omega)=\mathscr{F}[f(t)]$, 则

$$\mathscr{F}[F(t)]=2\pi f(-\omega). \tag{6.21}$$

证 由 $f(t)=\dfrac{1}{2\pi}\displaystyle\int_{-\infty}^{+\infty}F(\omega)\mathrm{e}^{\mathrm{i}\omega t}\mathrm{d}\omega$ 得

$$f(-t)=\frac{1}{2\pi}\int_{-\infty}^{+\infty}F(\omega)\mathrm{e}^{-\mathrm{i}\omega t}\mathrm{d}\omega$$

将 t 与 ω 互换,得

$$f(-\omega)=\frac{1}{2\pi}\int_{-\infty}^{+\infty}F(t)\mathrm{e}^{-\mathrm{i}\omega t}\mathrm{d}t=\frac{1}{2\pi}\mathscr{F}[F(t)]$$

于是

$$\mathscr{F}[F(t)]=2\pi f(-\omega).$$

这个性质说明了 Fourier 变换与其逆变换的对称关系.

6.4.7 相似性质

设 $F(\omega)=\mathscr{F}[f(t)]$, a 为非零常数,则

$$\mathscr{F}[f(at)]=\frac{1}{|a|}F\left(\frac{\omega}{a}\right). \tag{6.22}$$

证 令 $u = at$，则有

当 $a > 0$ 时，$\mathscr{F}[f(at)] = \frac{1}{a}\int_{-\infty}^{+\infty} f(u)\mathrm{e}^{-\mathrm{i}\omega\frac{u}{a}}\,\mathrm{d}u = \frac{1}{a}F\left(\frac{\omega}{a}\right)$；

当 $a < 0$ 时，$\mathscr{F}[f(at)] = \frac{1}{a}\int_{+\infty}^{-\infty} f(u)\mathrm{e}^{-\mathrm{i}\omega\frac{u}{a}}\,\mathrm{d}u = -\frac{1}{a}\int_{-\infty}^{+\infty} f(u)\mathrm{e}^{-\mathrm{i}\omega\frac{u}{a}}\,\mathrm{d}u = -\frac{1}{a}F\left(\frac{\omega}{a}\right)$.

综合上述情形，得

$$\mathscr{F}[f(at)] = \frac{1}{|a|}F\left(\frac{\omega}{a}\right)$$

同样，Fourier 逆变换也具有类似的相似性质，即

$$\mathscr{F}^{-1}[F(a\omega)] = \frac{1}{|a|}f\left(\frac{t}{a}\right)\ (a \neq 0). \tag{6.23}$$

例 6.18 设 $\mathscr{F}[f(t)] = F(\omega)$，$g(t) = (t-2)f(-2t)$. 求 $\mathscr{F}[g(t)]$.

解 由相似性质有

$$\mathscr{F}[f(-2t)] = \frac{1}{2}F\left[-\frac{\omega}{2}\right]$$

再由线性性质及像函数的微分性质，有

$$\begin{aligned}\mathscr{F}[g(t)] &= \mathscr{F}[(t-2)f(-2t)] \\ &= \mathscr{F}[tf(-2t)] - 2\mathscr{F}[f(-2t)] \\ &= -\frac{1}{\mathrm{i}}\frac{\mathrm{d}}{\mathrm{d}\omega}\left[\frac{1}{2}F\left(-\frac{\omega}{2}\right)\right] - F\left(-\frac{\omega}{2}\right) \\ &= \frac{1}{4\mathrm{i}}F'\left(-\frac{\omega}{2}\right) - F\left(-\frac{\omega}{2}\right).\end{aligned}$$

6.4.8* 能量积分

设 $F(w) = \mathscr{F}[f(t)]$，则

$$\int_{-\infty}^{+\infty}[f(t)]^2\,\mathrm{d}t = \frac{1}{2\pi}\int_{-\infty}^{+\infty} |F(w)|^2\,\mathrm{d}w \tag{6.24}$$

式(6.24)又称为**巴塞瓦(Parseval)等式**.

证 由 Fourier 变换定义

$$F(w) = \mathscr{F}[f(t)] = \int_{-\infty}^{+\infty} f(t)\mathrm{e}^{-\mathrm{i}wt}\,\mathrm{d}t$$

$$\overline{F(w)} = \int_{-\infty}^{+\infty} f(t)\mathrm{e}^{\mathrm{i}wt}\,\mathrm{d}t$$

所以

$$\begin{aligned}\frac{1}{2\pi}\int_{-\infty}^{+\infty}|F(w)|^2\mathrm{d}w &= \frac{1}{2\pi}\int_{-\infty}^{+\infty}F(w)\,\overline{F(w)}\mathrm{d}w \\ &= \frac{1}{2\pi}\int_{-\infty}^{+\infty}F(w)\left[\int_{-\infty}^{+\infty}f(t)\mathrm{e}^{\mathrm{i}wt}\mathrm{d}t\right]\mathrm{d}w \\ &= \int_{-\infty}^{+\infty}f(t)\left[\frac{1}{2\pi}\int_{-\infty}^{+\infty}F(w)\mathrm{e}^{\mathrm{i}wt}\mathrm{d}w\right]\mathrm{d}t \\ &= \int_{-\infty}^{+\infty}[f(t)]^2\mathrm{d}t.\end{aligned}$$

6.4.9* 乘积定理

设 $F_1(w)=\mathscr{F}[f_1(t)]$, $F_2(w)=\mathscr{F}[f_2(t)]$

则
$$\int_{-\infty}^{+\infty}f_1(t)f_2(t)\mathrm{d}t = \frac{1}{2\pi}\int_{-\infty}^{+\infty}\overline{F_1(w)}F_2(w)\mathrm{d}w = \frac{1}{2\pi}\int_{-\infty}^{+\infty}F_1(w)\,\overline{F_2(w)}\mathrm{d}w \tag{6.25}$$

证
$$\begin{aligned}\int_{-\infty}^{+\infty}f_1(t)f_2(t)\mathrm{d}t &= \int_{-\infty}^{+\infty}f_1(t)\left[\frac{1}{2\pi}\int_{-\infty}^{+\infty}F_2(w)\mathrm{e}^{\mathrm{i}wt}\mathrm{d}w\right]\mathrm{d}t \\ &= \frac{1}{2\pi}\int_{-\infty}^{+\infty}F_2(w)\left[\int_{-\infty}^{+\infty}f_1(t)\mathrm{e}^{\mathrm{i}wt}\mathrm{d}t\right]\mathrm{d}w \\ &= \frac{1}{2\pi}\int_{-\infty}^{+\infty}F_2(w)\left[\int_{-\infty}^{+\infty}f_1(t)\,\overline{\mathrm{e}^{-\mathrm{i}wt}}\mathrm{d}t\right]\mathrm{d}w \\ &= \frac{1}{2\pi}\int_{-\infty}^{+\infty}F_2(w)\left[\overline{\int_{-\infty}^{+\infty}f_1(t)\,\mathrm{e}^{-\mathrm{i}wt}\mathrm{d}t}\right]\mathrm{d}w \\ &= \frac{1}{2\pi}\int_{-\infty}^{+\infty}\overline{F_1(w)}F_2(w)\mathrm{d}w.\end{aligned}$$

同理可证

$$\int_{-\infty}^{+\infty}f_1(t)f_2(t)\mathrm{d}t = \frac{1}{2\pi}\int_{-\infty}^{+\infty}F_1(w)\,\overline{F_2(w)}\mathrm{d}w.$$

6.5 Fourier 变换的卷积性质

定义 6.2 设 $f_1(t)$ 与 $f_2(t)$ 在 $(-\infty, +\infty)$ 内绝对可积,则称由含参变量 t 的广义积分

$$\int_{-\infty}^{+\infty}f_1(\tau)f_2(t-\tau)\mathrm{d}\tau$$

所确定的函数为 $f_1(t)$ 与 $f_2(t)$ 的**卷积**,记为

$$f_1(t) * f_2(t)$$

即

$$f_1(t) * f_2(t) = \int_{-\infty}^{+\infty} f_1(\tau) f_2(t-\tau) \mathrm{d}\tau. \tag{6.26}$$

根据定义,很容易知道卷积满足

交换律: $f_1(t) * f_2(t) = f_2(t) * f_1(t)$

分配律: $f_1(t) * [f_2(t) + f_3(t)] = f_1(t) * f_2(t) + f_1(t) * f_3(t)$.

例 6.19 若

$$f_1(t) = \begin{cases} 0, & t < 0; \\ 1, & t \geqslant 0. \end{cases} \quad f_2(t) = \begin{cases} 0, & t < 0; \\ \mathrm{e}^{-t}, & t \geqslant 0. \end{cases}$$

求 $f_1(t) * f_2(t)$.

解 由卷积的定义

$$f_1(t) * f_2(t) = \int_{-\infty}^{+\infty} f_1(\tau) f_2(t-\tau) \mathrm{d}\tau$$

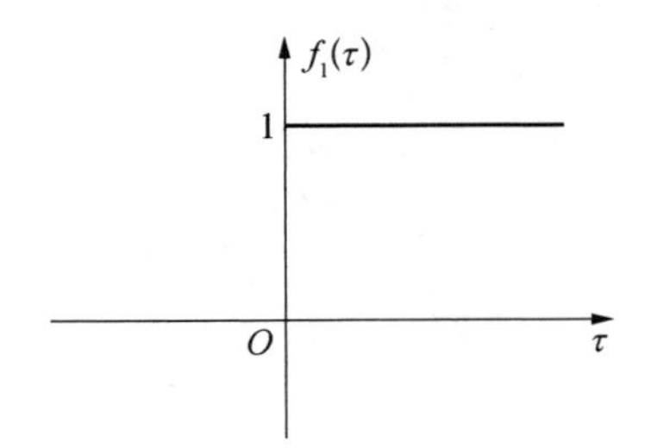

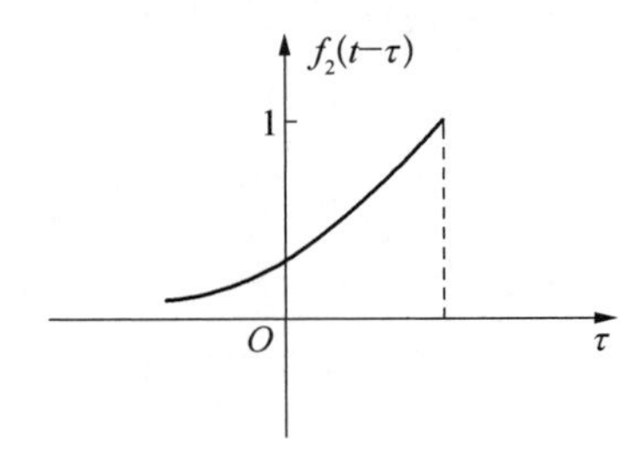

图 6-8

由图 6-8 可得

当 $t < 0$ 时, $f_1(t) * f_2(t) = 0$;

当 $t \geqslant 0$ 时, $f_1(t) * f_2(t) = \int_0^t f_1(\tau) f_2(t-\tau) \mathrm{d}\tau = \int_0^t 1 \cdot \mathrm{e}^{-(t-\tau)} \mathrm{d}\tau$

$$= \mathrm{e}^{-t} \int_0^t \mathrm{e}^{\tau} \mathrm{d}\tau = 1 - \mathrm{e}^{-t}$$

因此

$$f_1(t) * f_2(t) = \begin{cases} 0, & t < 0; \\ 1 - \mathrm{e}^{-t}, & t \geqslant 0. \end{cases}$$

例 6.20　已知 $f_1(t)=\begin{cases}1, & |t|\leqslant 1;\\ 0, & |t|>1.\end{cases}$ $f_2(t)=t^2u(t)$，求 $f_1(t)*f_2(t)$.

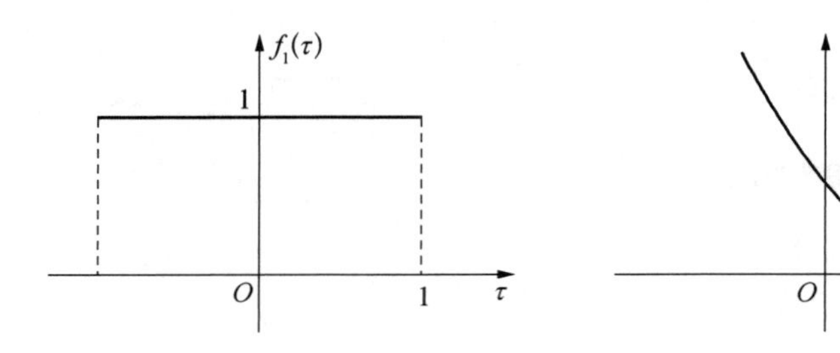

图 6-9

解　由卷积的定义

$$f_1(t)*f_2(t)=\int_{-\infty}^{+\infty}f_1(\tau)f_2(t-\tau)\mathrm{d}\tau$$

当 $t<-1$ 时，$f_1(t)*f_2(t)=0$；

当 $-1\leqslant t\leqslant 1$ 时，$f_1(t)*f_2(t)=\int_{-1}^{t}1\cdot(t-\tau)^2\mathrm{d}\tau=\frac{1}{3}(t+1)^3$；

当 $t>1$ 时，$f_1(t)*f_2(t)=\int_{-1}^{1}1\cdot(t-\tau)^2\mathrm{d}\tau=\frac{1}{3}(6t^2+2)$

因此

$$f_1(t)*f_2(t)=\begin{cases}0, & t<-1;\\ \dfrac{(t+1)^3}{3}, & -1\leqslant t\leqslant 1;\\ \dfrac{(6t^2+2)}{3}, & t>1.\end{cases}$$

卷积在 Fourier 分析的应用中，有着广泛而重要的应用，这是由下面的卷积定理所决定的.

定理 6.2　**(卷积定理)** 假定 $f_1(t)$，$f_2(t)$ 都满足 Fourier 积分定理中的条件，且 $\mathscr{F}[f_1(t)]=F_1(\omega)$，$\mathscr{F}[f_2(t)]=F_2(\omega)$，则

$$\mathscr{F}[f_1(t)*f_2(t)]=F_1(\omega)\cdot F_2(\omega). \tag{6.27}$$

或

$$\mathscr{F}^{-1}[F_1(\omega)\cdot F_2(\omega)]=f_1(t)*f_2(t)$$

$$\mathscr{F}[f_1(t)\cdot f_2(t)]=\frac{1}{2\pi}F_1(\omega)*F_2(\omega). \tag{6.28}$$

证
$$\mathscr{F}[f_1(t)*f_2(t)]=\int_{-\infty}^{+\infty}[f_1(t)*f_2(t)]\mathrm{e}^{-\mathrm{i}\omega t}\mathrm{d}t$$
$$=\int_{-\infty}^{+\infty}\left[\int_{-\infty}^{+\infty}f_1(\tau)\cdot f_2(t-\tau)\mathrm{d}\tau\right]\mathrm{e}^{-\mathrm{i}\omega t}\mathrm{d}t$$

令 $u=t-\tau$，并交换积分次序，得

$$\mathscr{F}[f_1(t)*f_2(t)]=\int_{-\infty}^{+\infty}f_1(\tau)\mathrm{d}\tau\int_{-\infty}^{+\infty}f_2(u)\mathrm{e}^{-\mathrm{i}\omega(u+\tau)}\mathrm{d}u$$
$$=\int_{-\infty}^{+\infty}f_1(\tau)\mathrm{e}^{-\mathrm{i}\omega\tau}\mathrm{d}\tau\cdot\int_{-\infty}^{+\infty}f_2(u)\mathrm{e}^{-\mathrm{i}\omega u}\mathrm{d}u$$
$$=F_1(\omega)\cdot F_2(\omega).$$

这个性质表明，两个函数卷积的 Fourier 变换等于这两个函数 Fourier 变换的乘积. 用类似的方法可以推导得到式(6.28).

显然，利用卷积定理可以简化卷积计算，因此，卷积在分析线性系统时很有用. 此外，利用卷积定理还可以简化某些函数的 Fourier 变换计算.

例 6.21 设函数 $f(t)=\mathrm{e}^{-\beta t}u(t)\cos\omega_0 t\ (\beta>0)$，求 $\mathscr{F}[f(t)]$.

解 由式(6.28)得

$$\mathscr{F}[f(t)]=\frac{1}{2\pi}\mathscr{F}[\mathrm{e}^{-\beta t}u(t)]*\mathscr{F}[\cos\omega_0 t]$$

而 $\mathscr{F}[\mathrm{e}^{-\beta t}u(t)]=\dfrac{1}{\beta+\mathrm{i}\omega}$

$$\mathscr{F}[\cos\omega_0 t]=\pi[\delta(\omega+\omega_0)+\delta(\omega-\omega_0)]$$

因此有

$$\mathscr{F}[f(t)]=\frac{1}{2\pi}\int_{-\infty}^{+\infty}\frac{\pi}{\beta+\mathrm{i}\tau}[\delta(\omega+\omega_0-\tau)+\delta(\omega-\omega_0-\tau)]\mathrm{d}\tau$$
$$=\frac{1}{2}\left[\frac{1}{\beta+\mathrm{i}(\omega+\omega_0)}+\frac{1}{\beta+\mathrm{i}(\omega-\omega_0)}\right]$$
$$=\frac{\beta+\mathrm{i}\omega}{(\beta+\mathrm{i}\omega)^2+\omega_0^2}.$$

例 6.22 求解积分方程

$$g(t)=h(t)+\int_{-\infty}^{+\infty}f(\tau)g(t-\tau)\mathrm{d}\tau.$$

其中 $h(t)$，$f(t)$为已知函数，且 $g(t)$，$h(t)$和 $f(t)$的 Fourier 变换均存在.

解 记 $\mathscr{F}[g(t)]=G(\omega)$, $\mathscr{F}[h(t)]=H(\omega)$, $\mathscr{F}[f(t)]=F(\omega)$
由卷积定义有

$$\int_{-\infty}^{+\infty} f(\tau)\cdot g(t-\tau)=f(t)*g(t)$$

于是,对原方程两端取 Fourier 变换,并由卷积定理可得

$$G(\omega)=H(\omega)+F(\omega)\cdot G(\omega)$$

所以

$$G(\omega)=\frac{H(\omega)}{1-F(\omega)}$$

再由 Fourier 逆变换,可求得积分方程的解为

$$g(t)=\frac{1}{2\pi}\int_{-\infty}^{+\infty} G(\omega)\mathrm{e}^{\mathrm{i}\omega t}\,\mathrm{d}\omega=\frac{1}{2\pi}\int_{-\infty}^{+\infty}\frac{H(\omega)}{1-F(\omega)}\mathrm{e}^{\mathrm{i}\omega t}\,\mathrm{d}\omega.$$

Fourier 变换的性质在 Fourier 变换计算中起到了很好的简化作用. 另外,在计算 Fourier变换时还可以借助 Fourier 变换表(附录一),对于较复杂的函数,可以把它们看作表中简单函数的某种组合,再结合 Fourier 变换的性质得到最后的结果.

本章学习要求

本章主要介绍了 Fourier 积分定理,Fourier 积分公式,Fourier 变换及逆变换,Fourier 变换的性质,δ 函数及其 Fourier 积分变换,Fourier 变换的卷积.

重点难点:本章的重点是 Fourier 变换的定义及其性质,难点是对 δ 函数及其 Fourier 积分变换的理解.

学习目标:重点掌握 Fourier 变换的定义及其简单性质,了解 δ 函数及其性质,了解 δ 函数 Fourier 积分变换. 了解卷积的定义及卷积定理的应用.

习 题 六

6.1 求下列函数的 Fourier 积分:

(1) $f(t)=\begin{cases}-1, & -1<t<0;\\ 1, & 0<t<1;\\ 0, & \text{其他}.\end{cases}$

(2) $f(t)=\begin{cases}0, & t<0;\\ \mathrm{e}^{-t}\sin 2t, & t\geqslant 0.\end{cases}$

(3) $f(t)=\begin{cases}1-t^2, & |t|\leqslant 1;\\ 0, & |t|>1.\end{cases}$

6.2 求如图所示三角形脉冲函数的频谱函数.

6.2 题图

6.3 求下列函数的 Fourier 变换,并证明所列的积分等式:

(1) $f(t)=\mathrm{e}^{-|t|}\cos t$,证明 $\displaystyle\int_0^{+\infty}\frac{\omega^2+2}{\omega^4+4}\cos\omega t\,\mathrm{d}\omega=\frac{\pi}{2}\mathrm{e}^{-|t|}\cos t$.

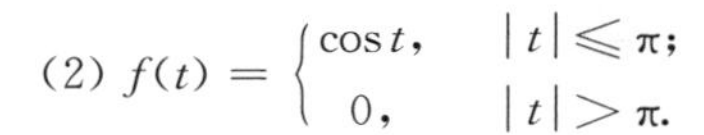

(2) $f(t)=\begin{cases}\cos t, & |t|\leqslant\pi;\\ 0, & |t|>\pi.\end{cases}$

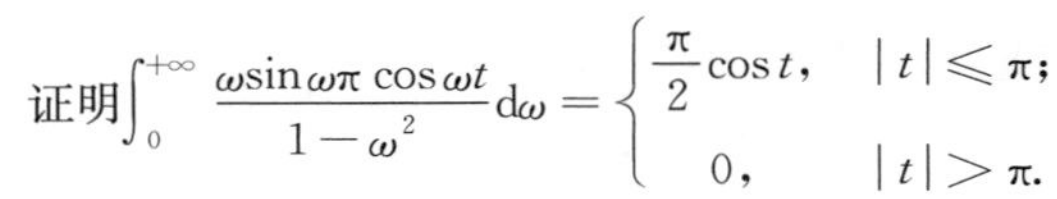

证明 $\displaystyle\int_0^{+\infty}\frac{\omega\sin\omega\pi\cos\omega t}{1-\omega^2}\mathrm{d}\omega=\begin{cases}\dfrac{\pi}{2}\cos t, & |t|\leqslant\pi;\\ 0, & |t|>\pi.\end{cases}$

(3) $f(t)=\mathrm{e}^{-\beta|t|}\ (\beta>0)$,证明 $\displaystyle\int_0^{+\infty}\frac{\cos\omega t}{\beta^2+\omega^2}\mathrm{d}\omega=\frac{\pi}{2\beta}\mathrm{e}^{-\beta|t|}$.

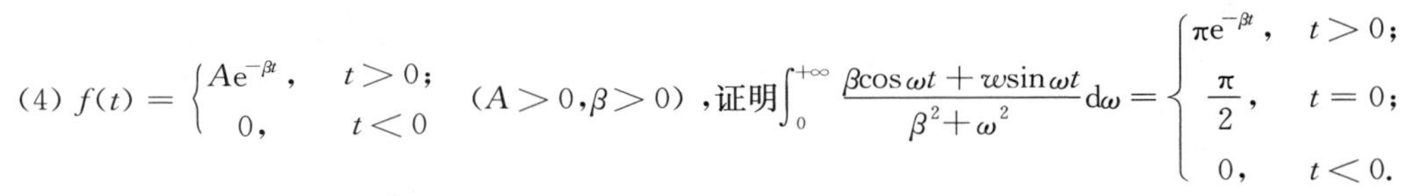

(4) $f(t)=\begin{cases}A\mathrm{e}^{-\beta t}, & t>0;\\ 0, & t<0\end{cases}$ $(A>0,\beta>0)$,证明 $\displaystyle\int_0^{+\infty}\frac{\beta\cos\omega t+w\sin\omega t}{\beta^2+\omega^2}\mathrm{d}\omega=\begin{cases}\pi\mathrm{e}^{-\beta t}, & t>0;\\ \dfrac{\pi}{2}, & t=0;\\ 0, & t<0.\end{cases}$

6.4 求矩形脉冲函数 $f(t)=\begin{cases}A, & 0\leqslant t\leqslant\tau;\\ 0, & \text{其他}\end{cases}$ 的 Fourier 变换.

6.5 若 $F(\omega)=\mathscr{F}[f(t)]$,证明:

$$\mathscr{F}[f(t)\cos\omega_0 t]=\frac{1}{2}[F(\omega-\omega_0)+F(\omega+\omega_0)];$$

$$\mathscr{F}[f(t)\sin\omega_0 t]=\frac{1}{2\mathrm{i}}[F(\omega-\omega_0)-F(\omega+\omega_0)].$$

6.6 求下列函数的 Fourier 变换:

(1) $f(t)=\sin t\cos t$;
(2) $f(t)=\mathrm{e}^{2\mathrm{i}t}\sin^2 t$;
(3) $f(t)=t\sin t$;
(4) $f(t)=\sin^3 t$;
(5) $f(t)=3\delta(t+1)-\delta''(t-1)+2$;
(6) $f(t)=\mathrm{e}^{\mathrm{i}\omega_0 t}u(t)$;
(7) $f(t)=tu(t)\mathrm{e}^{-\beta t}\sin\omega_0 t\ (\beta>0)$;
(8) $f(t)=\mathrm{e}^{-\beta t}u(t)\cdot\cos\omega_0 t$.

6.7 求下列函数的 Fourier 逆变换:

(1) $F(\omega)=\omega\sin\omega t_0$;
(2) $F(\omega)=\pi[\delta(\omega+\omega_0)+\delta(\omega-\omega_0)]$.

6.8 设 $\mathscr{F}[f(t)]=F(\omega)$,$a$ 为非零常数,试证明:

(1) $\mathscr{F}[f(at-t_0)]=\dfrac{1}{|a|}F\left(\dfrac{\omega}{a}\right)\mathrm{e}^{-\mathrm{i}\frac{\omega}{a}t_0}$;
(2) $\mathscr{F}[f(t_0-at)]=\dfrac{1}{|a|}F\left(-\dfrac{\omega}{a}\right)\mathrm{e}^{-\mathrm{i}\frac{\omega}{a}t_0}$.

6.9 已知 $F(\omega)=\mathscr{F}[f(t)]$,利用 Fourier 变换的性质求下列函数的 Fourier 变换:

(1) $tf(3t)$; (2) $(t-2)f(t)$; (3) $tf'(t)$; (4) $f(1-t)$; (5) $f(2t-5)$.

6.10 求函数 $f(t)=\sin\left(5t+\dfrac{\pi}{3}\right)$ 的 Fourier 变换.

6.11 证明下列等式:

(1) $f_1(t)*f_2(t)=f_2(t)*f_1(t)$;

(2) $f_1(t)*[f_2(t)*f_3(t)]=[f_1(t)*f_2(t)]*f_3(t)$;

(3) $e^{at}[f_1(t)*f_2(t)]=[e^{at}f_1(t)]*[e^{at}f_3(t)]$ (a 为常数).

6.12　若 $f_1(t)=\begin{cases}0, & t<0;\\ e^{-t}, & t\geqslant 0.\end{cases}$ $f_2(t)=\begin{cases}\sin t, & 0\leqslant t\leqslant \dfrac{\pi}{2};\\ 0, & \text{其他}.\end{cases}$

求 $f_1(t)*f_2(t)$.

6.13　已知 $f(t)=\cos\omega_0 t\cdot u(t)$，求 $\mathscr{F}[f(t)]$.

6.14　若 $F_1(\omega)=\mathscr{F}[f_1(t)]$，$F_2(\omega)=\mathscr{F}[f_2(t)]$. 证明：

$$\mathscr{F}[f_1(t)\cdot f_2(t)]=\frac{1}{2\pi}F_1(\omega)*F_2(\omega).$$

7 Laplace 变换

7.1 Laplace 变换的概念

7.1.1 Laplace 变换的定义

从第 6 章我们知道,能够进行 Fourier 变换的函数 $f(t)$必须在$(-\infty, +\infty)$上有定义,但在物理、无线电技术等许多实际问题中,许多以时间 t 为自变量的函数往往在 $t<0$ 时是无意义或者是不需要考虑的,这样的函数便不能进行 Fourier 变换. 另外,在古典意义下 Fourier 变换存在的条件是函数 $f(t)$除了满足狄利克雷条件外,还要在$(-\infty, +\infty)$上绝对可积. 但是许多常见的函数(如常数函数、单位阶跃函数、正弦函数、余弦函数以及线性函数)均不能满足这个要求. 由于以上两个缺点,使得 Fourier 变换的应用范围在较大程度上受到了限制.

为了使函数 $f(t)$在进行 Fourier 变换时避免上述两个缺点,我们对函数 $f(t)$进行改造. 首先,根据单位阶跃函数 $u(t)$的特点,将 $f(t)$乘 $u(t)$,得到的函数 $f(t)u(t)$在 $t<0$ 时为零,而在 $t\geqslant 0$ 时仍为 $f(t)$;其次,某些函数 $f(t)$不满足绝对可积条件的原因往往是因为当 $t\to 0$ 时,$|f(t)|$减小太慢的缘故. 而指数衰减函数 $e^{-\beta t}(\beta>0)$ 具有当 $t\to 0$ 时,衰减非常快的特点,所以可用 $e^{-\beta t}(\beta>0)$ 去乘 $f(t)u(t)$,得到函数 $f(t)u(t)e^{-\beta t}$;当 $t\to 0$ 时,其绝对值就递减得快了.

因此,对于实际问题中的一些常用函数,通过上述改造,只要 β 足够大,就有可能使其变得绝对可积. 对函数 $f(t)u(t)e^{-\beta t}$ 取 Fourier 变换

$$\mathscr{F}[f(t)u(t)e^{-\beta t}]=\int_0^{+\infty}f(t)e^{-\beta t}e^{-i\omega t}dt=\int_0^{+\infty}f(t)e^{-(\beta+i\omega)t}dt$$

$$=\int_0^{+\infty}f(u)e^{-st}dt$$

其中,$s=\beta+i\omega$.

可见,对改造后的函数 $f(t)u(t)e^{-\beta t}$进行 Fourier 变换后,得到一种新的积分变换式

$$F(s)=\int_0^{+\infty}f(t)e^{-st}dt$$

这就是本章将要讨论的 Laplace 变换.

定义 7.1 设函数 $f(t)$在 $[0,+\infty)$ 上有定义,而积分

$$\int_0^{+\infty} f(t)\mathrm{e}^{-st}\,\mathrm{d}t \ (s \text{ 是一个复变量})$$

在复平面内 s 的某一区域内收敛,则由此积分所确定的函数

$$F(s) = \int_0^{+\infty} f(t)\mathrm{e}^{-st}\,\mathrm{d}t \tag{7.1}$$

称为函数 $f(t)$的 **Laplace 变换**,记为

$$F(s) = \mathscr{L}[f(t)].$$

相应地,$f(t)$称为 $F(s)$的 **Laplace 逆变换**,记为

$$f(t) = \mathscr{L}^{-1}[F(s)]. \tag{7.2}$$

也称 $F(s)$和 $f(t)$为**像函数**和**像原函数**.

由式(7.1)可以看出,函数 $f(t)$ $(t\geqslant 0)$ 的 Laplace 变换实质上就是函数 $f(t)u(t)\mathrm{e}^{-\beta t}$ 的 Fourier 变换. Laplace 变换的引入,扩大了 Fourier 变换的使用范围. Laplace 变换在电学、力学、自动控制等工程技术与科学领域中都有着广泛的应用.

例 7.1 求单位阶跃函数 $u(t) = \begin{cases} 0, & t<0; \\ 1, & t>0 \end{cases}$ 的 Laplace 变换.

解 由式(7.1),得

$$\mathscr{L}[u(t)] = \int_0^{+\infty} u(t)\mathrm{e}^{-st}\,\mathrm{d}t = \int_0^{+\infty} \mathrm{e}^{-st}\,\mathrm{d}t$$

由于

$$|\mathrm{e}^{-st}| = \mathrm{e}^{-\mathrm{Re}(s)t}$$

所以,当且仅当 $\mathrm{Re}(s)>0$ 时, $\lim\limits_{t\to+\infty}\mathrm{e}^{-\mathrm{Re}(s)t}$存在且等于零,即$\int_0^{+\infty}\mathrm{e}^{-st}\,\mathrm{d}t$ 绝对收敛.

因此

$$\mathscr{L}[u(t)] = \frac{1}{s}\ [\mathrm{Re}(s)>0].$$

例 7.2 求 $\mathscr{L}[a\mathrm{e}^{bt}]$,其中 a、b 为复常数.

解 由式(7.1),得

$$\mathscr{L}[a\mathrm{e}^{bt}] = \int_0^{+\infty} a\mathrm{e}^{bt}\cdot\mathrm{e}^{-st}\,\mathrm{d}t = a\int_0^{+\infty}\mathrm{e}^{(b-s)t}\,\mathrm{d}t = a\int_0^{+\infty}\mathrm{e}^{-(s-b)t}\,\mathrm{d}t$$

由于 $|\mathrm{e}^{-(s-b)t}| = \mathrm{e}^{-\mathrm{Re}(s-b)t}$,

故当 $\mathrm{Re}(s)>\mathrm{Re}(b)$ 时,

$\int_0^{+\infty} |e^{-(s-b)t}| dt < +\infty$，即$\int_0^{+\infty} e^{-(s-b)t} dt$ 绝对收敛.

因此
$$\mathscr{L}[ae^{bt}] = \frac{a}{s-b}.$$

例 7.3　求正弦函数 $f(t) = \sin kt$ 的 Laplace 变换，k 为实常数.

解　由式(7.1)得

$$\mathscr{L}[\sin kt] = \int_0^{+\infty} \sin kt \, e^{-st} dt = \int_0^{+\infty} \frac{e^{ikt} - e^{-ikt}}{2i} e^{-st} dt$$
$$= \frac{1}{2i}\int_0^{+\infty} [e^{-(s-ik)t} - e^{-(s+ik)t}] dt$$
$$= \frac{1}{2i}\int_0^{+\infty} e^{-(s-ik)t} dt - \frac{1}{2i}\int_0^{+\infty} e^{-(s+ik)t} dt$$

由于 $|e^{-(s-ik)t}| = e^{-\mathrm{Re}(s)t}$，故当 $\mathrm{Re}(s) > 0$ 时，上述两个积分均绝对收敛，于是

$$\mathscr{L}[\sin kt] = \frac{1}{2i}\left(\frac{1}{s-ik} - \frac{1}{s+ik}\right) = \frac{k}{s^2+k^2} \quad [\mathrm{Re}(s) > 0].$$

用类似的方法我们可以求得 $\mathscr{L}[\cos kt] = \dfrac{s}{s^2+k^2} \quad [\mathrm{Re}(s) > 0]$.

从上面的例子可以看出，Laplace 变换存在的条件要比 Fourier 变换存在的条件弱很多. 但 Laplace 变换仍然是在一定条件下才能进行的.

7.1.2　Laplace 变换存在的条件

定理 7.1(Laplace 变换存在定理)　设函数 $f(t)$满足：

(1) 在 $t \geqslant 0$ 的任何有限区间上分段连续；

(2) 当 $t \to +\infty$ 时，$f(t)$的增长速度不超过某一指数函数，即存在常数 $M > 0$ 及 $c \geqslant 0$，使得

$$|f(t)| \leqslant Me^{ct} \quad (0 \leqslant t < +\infty) \tag{7.3}$$

则像函数 $F(s)$在半平面 $\mathrm{Re}(s) > c$ 上一定存在，且为解析函数. 其中，c 称为 $f(t)$的**增长指数**.

证　由条件(2)知，存在常数 $M > 0$ 及 $c \geqslant 0$，使得

$$|f(t)| \leqslant Me^{ct} \quad (t \geqslant 0)$$

令 $s = \beta + i\omega$，则

$$|e^{-st}| = e^{-\beta t}$$

于是当 $\mathrm{Re}(s)=\beta>c$ 时，

$$|F(s)|=\left|\int_0^{+\infty}f(t)\mathrm{e}^{-st}\mathrm{d}t\right|\leqslant\int_0^{+\infty}|f(t)\mathrm{e}^{-st}|\mathrm{d}t$$

$$\leqslant\int_0^{+\infty}M\mathrm{e}^{ct}\cdot\mathrm{e}^{-\beta t}\mathrm{d}t=M\int_0^{+\infty}\mathrm{e}^{-(\beta-c)t}\mathrm{d}t\quad 收敛.$$

因此，$F(s)$在半平面 $\mathrm{Re}(s)>c$ 上存在.

关于 $F(s)$的解析性证明涉及更深的一些数学理论，此处从略.

从定理 7.1 可以看出，条件(2)与函数可积相比要弱得多，在物理学和工程中常见的函数都能够满足这个条件.

例如 $|u(t)|\leqslant 1\cdot\mathrm{e}^{0t}$， 此处 $M=1$，$c=0$；

$|\mathrm{e}^{kt}|\leqslant 1\cdot\mathrm{e}^{kt}$， 此处 $M=1$，$c=k\ (k>0)$；

$|\sin kt|\leqslant 1\cdot\mathrm{e}^{0t}$， 此处 $M=1$，$c=0$ (k 为实常数)；

$|t^n|\leqslant n!\ \mathrm{e}^{t}$， 此处 $M=n!$，$c=1$.

因此，Laplace 变换的应用范围就较为广泛，但是像 e^{t^2}，$t\mathrm{e}^{t^2}$ 这类函数是不存在 Laplace 变换的.

另外，Laplace 变换存在定理的条件仅是充分的，而不是必要的. 即在不满足存在定理的条件下，Laplace 变换仍可能存在. 可以证明 $\mathscr{L}[t^{-\frac{1}{2}}]$是存在的，但 $f(t)=t^{-\frac{1}{2}}$ 在 $t=0$ 点不是第一类间断点，因而在 $t\geqslant 0$ 上不是逐段连续的.

这里还要指出，满足 Laplace 变换存在定理条件的函数 $f(t)$ 在 $t=0$ 处有界时，积分

$$\mathscr{L}[f(t)]=\int_0^{+\infty}f(t)\mathrm{e}^{-st}\mathrm{d}t$$

中的下限取 0^+ 或 0^- 不会影响其结果. 但当 $f(t)$ 在 $t=0$ 处包含了脉冲函数时，则 Laplace 变换的积分区间必须指出是否包括 $t=0$ 这一点. 假如包括，我们把积分下限记为 0^-；假如不包括，我们把积分下限记为 0^+. 于是得到了不同的 Laplace 变换. 记

$$\mathscr{L}_+[f(t)]=\int_{0^+}^{+\infty}f(t)\mathrm{e}^{-st}\mathrm{d}t,$$

$$\mathscr{L}_-[f(t)]=\int_{0^-}^{+\infty}f(t)\mathrm{e}^{-st}\mathrm{d}t=\int_{0^-}^{0^+}f(t)\mathrm{e}^{-st}\mathrm{d}t+\mathscr{L}_+[f(t)].$$

当 $f(t)$在 $t=0$ 处不包含脉冲函数时，$t=0$ 不是无穷间断点. 若 $f(t)$在 $t=0$ 附近有界，则 $\int_{0^-}^{0^+}f(t)\mathrm{e}^{-st}\mathrm{d}t=0$，即

$$\mathscr{L}_-[f(t)]=\mathscr{L}_+[f(t)].$$

当 $f(t)$在 $t=0$ 处包含脉冲函数时,则

$$\int_{0^-}^{0^+} f(t)\mathrm{e}^{-st}\,\mathrm{d}t \neq 0.$$

即

$$\mathscr{L}_-[f(t)] \neq \mathscr{L}_+[f(t)].$$

为了考虑这一情况,我们需要将进行 Laplace 变换的函数 $f(t)$,当 $t\geqslant 0$ 时有定义扩大为 在$t>0$ 及 $t=0$ 的任意一个邻域内有定义,这样,上述 Laplace 变换的定义

$$\mathscr{L}[f(t)] = \int_0^{+\infty} f(t)\mathrm{e}^{-st}\,\mathrm{d}t$$

应为

$$\mathscr{L}_-[f(t)] = \int_{0^-}^{+\infty} f(t)\mathrm{e}^{-st}\,\mathrm{d}t.$$

但是,为了书写方便,仍写为式(7.1)的形式.

例 7.4　求单位脉冲函数 $\delta(t)$的 Laplace 变换.

解　根据上面的讨论,并利用性质 $\int_{-\infty}^{+\infty} f(t)\delta(t)\mathrm{d}t = f(0)$ 可得

$$\mathscr{L}[\delta(t)] = \int_0^{+\infty} \delta(t)\mathrm{e}^{-st}\,\mathrm{d}t = \int_{0^-}^{+\infty} \delta(t)\mathrm{e}^{-st}\,\mathrm{d}t = \int_{0^-}^{0^+} \delta(t)\mathrm{e}^{-st}\,\mathrm{d}t + \mathscr{L}_+[\delta(t)]$$

显然 $\mathscr{L}_+[\delta(t)]=0$.

而

$$\int_{0^-}^{0^+} \delta(t)\mathrm{e}^{-st}\,\mathrm{d}t = \int_{-\infty}^{+\infty} \delta(t)\mathrm{e}^{-st}\,\mathrm{d}t = \mathrm{e}^{-st}\big|_{t=0} = 1$$

所以

$$\mathscr{L}[\delta(t)] = 1.$$

例 7.5　求函数 $f(t)=\mathrm{e}^{-at}\delta(t)+a\mathrm{e}^{-at}u(t)\ (a>0)$ 的 Laplace 变换.

解　由式(7.1),有

$$\begin{aligned}
\mathscr{L}[f(t)] &= \int_0^{+\infty} f(t)\mathrm{e}^{-st}\,\mathrm{d}t = \int_0^{+\infty} [\mathrm{e}^{-at}\delta(t)+a\mathrm{e}^{-at}u(t)]\mathrm{e}^{-st}\,\mathrm{d}t \\
&= \int_0^{+\infty} \delta(t)\mathrm{e}^{-(s+a)t}\,\mathrm{d}t + a\int_0^{+\infty} \mathrm{e}^{-(s+a)t}\,\mathrm{d}t \\
&= \mathrm{e}^{-(s+a)t}\big|_{t=0} - \frac{a\mathrm{e}^{-(s+a)t}}{s+a}\bigg|_0^{+\infty} \\
&= 1+\frac{a}{s+a} \\
&= \frac{s+2a}{s+a}.
\end{aligned}$$

在实际应用中,并不需要利用广义积分的方法来求函数的 Laplace 变换,可查 Laplace 变换表. 本书附录二列出了一些工程中常遇到的函数及其 Laplace 变换,以备读者查用.

7.1.3 周期函数的 Laplace 变换

设 $f(t)$是$[0, +\infty)$上以 T 为周期的函数,即 $f(t+T)=f(t)$,并且 $f(t)$在一个周期内逐段光滑,则

$$\mathscr{L}[f(t)]=\frac{1}{1-\mathrm{e}^{-sT}}\int_0^T f(t)\mathrm{e}^{-st}\,\mathrm{d}t \quad (\mathrm{Re}(s)>0). \tag{7.4}$$

事实上,由式(7.1),有

$$\mathscr{L}[f(t)]=\int_0^{+\infty} f(t)\mathrm{e}^{-st}\,\mathrm{d}t=\int_0^T f(t)\mathrm{e}^{-st}\,\mathrm{d}t+\int_T^{+\infty} f(t)\mathrm{e}^{-st}\,\mathrm{d}t$$

对上式右端第二个积分中作变量替换 $u=t-T$,且由 $f(t)$的周期性,有

$$\begin{aligned}\mathscr{L}[f(t)]&=\int_0^T f(t)\mathrm{e}^{-st}\,\mathrm{d}t+\int_0^{+\infty} f(u)\mathrm{e}^{-su}\mathrm{e}^{-sT}\,\mathrm{d}u\\&=\int_0^T f(t)\mathrm{e}^{-st}\,\mathrm{d}t+\mathrm{e}^{-sT}\mathscr{L}[f(t)]\end{aligned}$$

故有

$$\mathscr{L}[f(t)]=\frac{1}{1-\mathrm{e}^{-sT}}\int_0^T f(t)\mathrm{e}^{-st}\,\mathrm{d}t.$$

例 7.6 求图 7-1 所示的以 T 为周期的矩形波$f(t)$的 Laplace 变换.

解 由图 7-1 可知,

$$f(t)=\begin{cases}1, & 0\leqslant t<\dfrac{T}{2};\\ -1, & \dfrac{T}{2}\leqslant t<T.\end{cases} \quad 且\ f(t+T)=f(t).$$

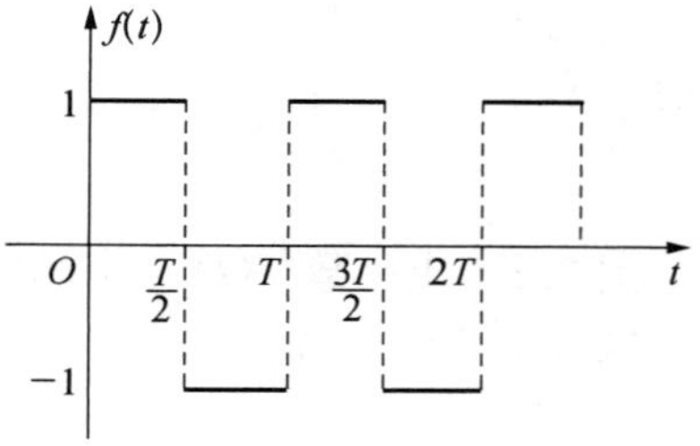

f(t)
1
O
$\frac{T}{2}$
T
$\frac{3T}{2}$
2T
t
−1

图 7-1

由式(7.4),得

$$\begin{aligned}\mathscr{L}[f(t)]&=\frac{1}{1-\mathrm{e}^{-sT}}\int_0^T f(t)\mathrm{e}^{-st}\,\mathrm{d}t\\&=\frac{1}{1-\mathrm{e}^{-sT}}\left[\int_0^{\frac{T}{2}}\mathrm{e}^{-st}\,\mathrm{d}t+\int_{\frac{T}{2}}^T(-1)\mathrm{e}^{-st}\,\mathrm{d}t\right]\\&=\frac{1}{1-\mathrm{e}^{-sT}}\left[-\frac{1}{s}\mathrm{e}^{-st}\Big|_0^{\frac{T}{2}}+\frac{1}{s}\mathrm{e}^{-st}\Big|_{\frac{T}{2}}^{T}\right]\\&=\frac{1}{s(1-\mathrm{e}^{-sT})}(1-\mathrm{e}^{\frac{-sT}{2}})^2\end{aligned}$$

$$=\frac{1}{s}\cdot\frac{1-\mathrm{e}^{-\frac{sT}{2}}}{1+\mathrm{e}^{-\frac{sT}{2}}}=\frac{1}{s}\tanh\frac{sT}{4}.$$

7.2 Laplace 变换的性质

在实际应用中,除了应用 Laplace 变换表来求一些函数的 Laplace 变换外,还需要用到 Laplace 变换的一些基本性质.

本节将介绍 Laplace 变换的几个基本性质.为了叙述方便,假定在这些性质中,所有要求 Laplace 变换的函数都满足 Laplace 变换存在定理的条件.

7.2.1 线性性质

设 α, β 为常数, $\mathscr{L}[f_1(t)]=F_1(s)$, $\mathscr{L}[f_2(t)]=F_2(s)$, 则有

$$\mathscr{L}[\alpha f_1(t)+\beta f_2(t)]=\alpha\mathscr{L}[f_1(t)]+\beta\mathscr{L}[f_2(t)]. \tag{7.5}$$

$$\mathscr{L}^{-1}[\alpha F_1(s)+\beta F_2(s)]=\alpha\mathscr{L}^{-1}[F_1(s)]+\beta\mathscr{L}^{-1}[F_2(s)]. \tag{7.6}$$

这个性质的证明只需根据定义,利用积分的性质就可推出.

例 7.7 求 $\mathscr{L}[\cos kt]$, k 为实数.

解 由于 $\cos kt=\frac{1}{2}(\mathrm{e}^{\mathrm{i}kt}+\mathrm{e}^{-\mathrm{i}kt})$ 及 $\mathscr{L}[\mathrm{e}^{\mathrm{i}kt}]=\frac{1}{s-\mathrm{i}k}$

于是

$$\mathscr{L}[\cos kt]=\frac{1}{2}(\mathscr{L}[\mathrm{e}^{\mathrm{i}kt}]+\mathscr{L}[\mathrm{e}^{-\mathrm{i}kt}])=\frac{1}{2}\left[\frac{1}{s-\mathrm{i}k}+\frac{1}{s+\mathrm{i}k}\right]$$

$$=\frac{s}{s^2+k^2}\quad[\mathrm{Re}(s)>0].$$

例 7.8 求像函数 $F(s)=\frac{5s}{(s-1)(s^2+4)}$ 的 Laplace 逆变换.

解 $F(s)=\frac{1}{s-1}-\frac{s}{s^2+4}+\frac{4}{s^2+4}$

于是,由线性性质以及例 7.2、例 7.3 的结果可得

$$f(t)=\mathscr{L}^{-1}[F(s)]=\mathscr{L}^{-1}\left[\frac{1}{s-1}\right]-\mathscr{L}^{-1}\left[\frac{s}{s^2+4}\right]+\mathscr{L}^{-1}\left[\frac{4}{s^2+4}\right]$$

$$=\mathrm{e}^t-\cos 2t+2\sin 2t.$$

7.2.2 相似性质

设 $\mathscr{L}[f(t)]=F(s)$,则对任一常数 $a>0$,有

$$\mathscr{L}[f(at)]=\frac{1}{a}F\left(\frac{s}{a}\right). \tag{7.7}$$

证

$$\begin{aligned}\mathscr{L}[f(at)]&=\int_0^{+\infty}f(at)\mathrm{e}^{-st}\mathrm{d}t\ (令\ u=at)\\&=\frac{1}{a}\int_0^{+\infty}f(u)\mathrm{e}^{-\frac{s}{a}u}\mathrm{d}u\\&=\frac{1}{a}F\left(\frac{s}{a}\right).\end{aligned}$$

7.2.3 微分性质

设 $\mathscr{L}[f(t)]=F(s)$,若 $f'(t)$在$[0,+\infty)$存在,则有

$$\mathscr{L}[f'(t)]=sF(s)-f(0). \tag{7.8}$$

证 根据 Laplace 变换的定义及分部积分法,得

$$\mathscr{L}[f'(t)]=\int_0^{+\infty}f'(t)\mathrm{e}^{-st}\mathrm{d}t=f(t)\mathrm{e}^{-st}\Big|_0^{+\infty}+s\int_0^{+\infty}f(t)\mathrm{e}^{-st}\mathrm{d}t$$

由于 $|f(t)\mathrm{e}^{-st}|\leqslant M\mathrm{e}^{-(s-c)t}$, $\mathrm{Re}(s)>c$,所以 $\lim\limits_{t\to+\infty}f(t)\mathrm{e}^{-st}=0$.
因此

$$\mathscr{L}[f'(t)]=s\mathscr{L}[f(t)]-f(0)=sF(s)-f(0)$$

利用数学归纳法,我们可以得到

$$\mathscr{L}[f^{(n)}(t)]=s^nF(s)-s^{n-1}f(0)-s^{n-2}f'(0)-\cdots-f^{(n-1)}(0). \tag{7.9}$$

由于在实际问题中,许多函数在 $t\to0^+$ 时不为零,而在 $t=0$ 点不连续,或在通常意义下也不可导,为了能够使问题处理起来较为方便,根据实际应用的习惯,$f^{(k)}(0)$应理解为右极限 $\lim\limits_{t\to0^+}f^{(k)}(t)$ $(k=0,1,2,\cdots,n-1)$.

如果 $f(t)$在 $t=0$ 点包含脉冲函数 $\delta(t)$,则由 8.1 节的讨论可知,$f^{(k)}(0)$应理解为 $f^{(k)}(0^-)$ $(k=0,1,2,\cdots,n-1)$.

特别地,当 $f(0)=f'(0)=\cdots=f^{(n-1)}(0)=0$ 时,

$$\mathscr{L}[f'(t)]=sF(s). \tag{7.10}$$

$$\mathscr{L}[f^{(n)}(t)]=s^nF(s). \tag{7.11}$$

这个性质在求解线性常微分方程的初值问题中起着特别重要的作用,它可以把关于 $f(t)$ 的微分方程转化为关于 $F(s)$ 的代数方程来求解.

例 7.9 求函数 $f(t)=t^m$ 的 Laplace 变换,其中 m 为正整数.

解 由于 $f^{(m)}(t)=m!$ 且 $f(0)=f'(0)=\cdots=f^{(m-1)}(0)=0$
所以由式(7.11)有

$$\mathscr{L}[f^{(m)}(t)]=s^m\mathscr{L}[f(t)]=s^m\mathscr{L}[t^m]$$
$$=\mathscr{L}[m!]=m!\mathscr{L}[1]=\frac{m!}{s}$$

故有
$$\mathscr{L}[t^m]=\frac{m!}{s^{m+1}}.$$

由 Laplace 变换的存在定理,还可以得到**像函数的微分性质**.

若 $\mathscr{L}[f(t)]=F(s)$,则

$$F'(s)=-\mathscr{L}[tf(t)]. \tag{7.12}$$

证 由 $F(s)=\int_0^{+\infty}f(t)\mathrm{e}^{-st}\mathrm{d}t$,有

$$F'(s)=\frac{\mathrm{d}}{\mathrm{d}s}\int_0^{+\infty}f(t)\mathrm{e}^{-st}\mathrm{d}t=\int_0^{+\infty}\frac{\mathrm{d}}{\mathrm{d}s}[f(t)\mathrm{e}^{-st}]\mathrm{d}t$$
$$=-\int_0^{+\infty}tf(t)\mathrm{e}^{-st}\mathrm{d}t=-\mathscr{L}[tf(t)].$$

更一般地,有
$$F^{(n)}(s)=(-1)^n\mathscr{L}[t^nf(t)]. \tag{7.13}$$

利用像函数的微分性质,可以计算形如 $t^nf(t)$ 的函数的 Laplace 变换.

例 7.10 求 $f(t)=t^n\mathrm{e}^{kt}$(k 为实常数)的 Laplace 变换.

解 由例 7.2 可知

$$\mathscr{L}[\mathrm{e}^{kt}]=\frac{1}{s-k}\quad[\mathrm{Re}(s)>k]$$

所以由式(7.13)有

$$\mathscr{L}[t^n\mathrm{e}^{kt}]=(-1)^n\frac{\mathrm{d}^n}{\mathrm{d}s^n}\left(\frac{1}{s-k}\right)=\frac{n!}{(s-k)^{n+1}}\quad[\mathrm{Re}(s)>k].$$

特别地,当 $k=0$ 时,便得到 $\mathscr{L}[t^n]=\dfrac{n!}{s^{n+1}}$.

7.2.4 积分性质

若 $\mathscr{L}[f(t)]=F(s)$,则

$$\mathscr{L}\left[\int_0^t f(\tau)\mathrm{d}\tau\right]=\frac{1}{s}F(s). \tag{7.14}$$

证　设 $g(t)=\int_0^t f(\tau)\mathrm{d}\tau$

则有

$$g'(t)=f(t),\ g(0)=0$$

由微分性质,有

$$\mathscr{L}[g'(t)]=s\mathscr{L}[g(t)]-g(0)=s\mathscr{L}[g(t)]$$

即

$$\mathscr{L}[f(t)]=s\mathscr{L}\left[\int_0^t f(\tau)\mathrm{d}\tau\right]$$

所以

$$\mathscr{L}\left[\int_0^t f(\tau)\mathrm{d}\tau\right]=\frac{1}{s}\mathscr{L}[f(t)]$$

重复运用式(7.14),可得

$$\mathscr{L}\left[\underbrace{\int_0^t \mathrm{d}t\int_0^t \mathrm{d}t\cdots\int_0^t}_{n次} f(\tau)\mathrm{d}\tau\right]=\frac{1}{s^n}F(s)\ (n=1,2,3,\cdots). \tag{7.15}$$

例 7.11　求函数 $f(t)=\int_0^t \tau\sin 2\tau\,\mathrm{d}\tau$ 的 Laplace 变换.

解　由积分性质及像函数的微分性质,得

$$\mathscr{L}[f(t)]=\frac{1}{s}\cdot\mathscr{L}[t\sin 2t]=\frac{1}{s}\cdot\left[-\frac{\mathrm{d}}{\mathrm{d}s}\left(\frac{2}{s^2+4}\right)\right]=\frac{4}{(s^2+4)^2}.$$

此外,由 Laplace 变换存在定理,还可以得到**像函数的积分性质**.

若 $\mathscr{L}[f(t)]=F(s)$, 则

$$\mathscr{L}\left[\frac{f(t)}{t}\right]=\int_s^\infty F(s)\mathrm{d}s \tag{7.16}$$

或

$$f(t)=t\mathscr{L}^{-1}\left[\int_s^\infty F(s)\mathrm{d}s\right].$$

证　$$\int_s^\infty F(s)\mathrm{d}s=\int_s^\infty\left[\int_0^{+\infty} f(t)\cdot\mathrm{e}^{-st}\mathrm{d}t\right]\mathrm{d}s=\int_0^{+\infty} f(t)\left[\int_s^\infty \mathrm{e}^{-st}\mathrm{d}s\right]\mathrm{d}t$$

$$=\int_0^{+\infty} f(t)\cdot\left[-\frac{1}{t}\mathrm{e}^{-st}\right]\Big|_s^\infty\mathrm{d}t=\int_0^{+\infty}\frac{f(t)}{t}\mathrm{e}^{-st}\mathrm{d}t=\mathscr{L}\left[\frac{f(t)}{t}\right].$$

反复利用式(7.16)可得

$$\underbrace{\int_{s}^{\infty}\mathrm{d}s\int_{s}^{\infty}\mathrm{d}s\cdots\int_{s}^{\infty}}_{n\text{次}}F(s)\mathrm{d}s=\mathscr{L}\left[\frac{f(t)}{t^{n}}\right]. \tag{7.17}$$

特别地，在式(7.16)中，利用 Laplace 变换的定义，有

$$\mathscr{L}\left[\frac{f(t)}{t}\right]=\int_{0}^{+\infty}\frac{f(t)}{t}\mathrm{e}^{-st}\mathrm{d}t=\int_{s}^{\infty}F(s)\mathrm{d}s.$$

若积分$\int_{0}^{+\infty}\frac{f(t)}{t}\mathrm{d}t$存在，并令 $s=0$，则有

$$\int_{0}^{+\infty}\frac{f(t)}{t}\mathrm{d}t=\int_{0}^{\infty}F(s)\mathrm{d}s. \tag{7.18}$$

式(7.18)常常可以用来计算某些广义实积分.

例 7.12 求 $\mathscr{L}\left[\frac{\mathrm{e}^{-at}-\mathrm{e}^{-bt}}{t}\right](a,\ b>0)$.

解 由于 $\mathscr{L}[\mathrm{e}^{-at}-\mathrm{e}^{-bt}]=\mathscr{L}[\mathrm{e}^{-at}]-\mathscr{L}[\mathrm{e}^{-bt}]=\frac{1}{s+a}-\frac{1}{s+b}$

由积分性质，得

$$\mathscr{L}\left[\frac{\mathrm{e}^{-at}-\mathrm{e}^{-bt}}{t}\right]=\int_{s}^{\infty}\left(\frac{1}{s+a}-\frac{1}{s+b}\right)\mathrm{d}s=\ln\frac{s+a}{s+b}\bigg|_{s}^{\infty}=\ln\frac{s+b}{s+a}.$$

令 $s=0$，则有

$$\int_{0}^{+\infty}\frac{\mathrm{e}^{-at}-\mathrm{e}^{-bt}}{t}\mathrm{d}t=\ln\frac{b}{a}.$$

例 7.13 计算下列积分：

(1) $\int_{0}^{+\infty}\mathrm{e}^{-2t}\cos 3t\mathrm{d}t$； (2) $\int_{0}^{+\infty}\frac{1-\cos t}{t}\mathrm{e}^{-t}\mathrm{d}t$.

解 (1) 由 $\mathscr{L}[\cos 3t]=\frac{s}{s^{2}+9}$ 及式(7.1)，得

$$\int_{0}^{+\infty}\mathrm{e}^{-2t}\cos 3t\mathrm{d}t=\frac{s}{s^{2}+9}\bigg|_{s=2}=\frac{2}{13}.$$

(2) 由于 $\mathscr{L}[1-\cos t]=\frac{1}{s}-\frac{s}{s^{2}+1}=\frac{1}{s(s^{2}+1)}$，所以由式(7.16)，有

$$\mathscr{L}\left[\frac{1-\cos t}{t}\right]=\int_{s}^{\infty}\frac{1}{s(s^{2}+1)}\mathrm{d}s=\frac{1}{2}\ln\frac{s^{2}}{s^{2}+1}\bigg|_{s}^{\infty}=\frac{1}{2}\ln\left(1+\frac{1}{s^{2}}\right)$$

所以

$$\int_0^{+\infty} \frac{1-\cos t}{t} \mathrm{e}^{-st} \mathrm{d}t = \frac{1}{2}\ln\left(1+\frac{1}{s^2}\right).$$

取 $s=1$ 得

$$\int_0^{+\infty} \frac{1-\cos t}{t} \mathrm{e}^{-t} \mathrm{d}t = \frac{1}{2}\ln 2.$$

注意,上述复变函数的积分中,被积函数 $\frac{1}{s(s^2+1)}$ 在半平面 $\mathrm{Re}(s)>1$ 上是解析函数,积分与路径无关,因此,可以像实函数那样积分.

7.2.5 位移性质

设 $\mathscr{L}[f(t)]=F(s)$,则

$$\mathscr{L}[\mathrm{e}^{at} f(t)] = F(s-a). \tag{7.19}$$

证 由式(7.1),有

$$\mathscr{L}[\mathrm{e}^{at} f(t)] = \int_0^{+\infty} \mathrm{e}^{at} f(t) \mathrm{e}^{-st} \mathrm{d}t = \int_0^{+\infty} f(t) \mathrm{e}^{-(s-a)t} \mathrm{d}t = F(s-a).$$

例 7.14 已知 $\mathscr{L}[f(t)]=F(s)$,求 $\mathscr{L}[\mathrm{e}^{3t}\cos 2t]$, $\mathscr{L}[\mathrm{e}^{-2t}t^m]$.

解 由于 $\mathscr{L}[\cos 2t]=\frac{s}{s^2+4}$,$\mathscr{L}[t^m]=\frac{m!}{s^{m+1}}$,由式(7.19)可得

$$\mathscr{L}[\mathrm{e}^{3t}\cos 2t] = \frac{s-3}{(s-3)^2+4}$$

$$\mathscr{L}[\mathrm{e}^{-2t}t^m] = \frac{m!}{(s+2)^{m+1}}.$$

例 7.15 求 $F(s)=\frac{2s+5}{(s+2)^2+9}$ 的 Laplace 逆变换.

解 由于

$$F(s) = \frac{2s+5}{(s+2)^2+3^2} = \frac{2(s+2)+1}{(s+2)^2+3^2}$$

$$= \frac{2(s+2)}{(s+2)^2+3^2} + \frac{1}{3}\cdot\frac{3}{(s+2)^2+3^2}$$

注意到 $\mathscr{L}[\sin 3t]=\frac{3}{s^2+3^2}$, $\mathscr{L}[\cos 3t]=\frac{s}{s^2+3^2}$,并利用位移性质得

$$f(t) = 2\mathrm{e}^{-2t}\cos 3t + \frac{1}{3}\mathrm{e}^{-2t}\sin 3t.$$

7.2.6 延迟性质

若 $\mathscr{L}[f(t)]=F(s)$，且当 $t<0$ 时 $f(t)=0$，则对于任一非负实数 τ，有

$$\mathscr{L}[f(t-\tau)]=\mathrm{e}^{-s\tau}F(s). \tag{7.20}$$

证 由式(7.1)，有

$$\begin{aligned}\mathscr{L}[f(t-\tau)]&=\int_0^{+\infty}f(t-\tau)\mathrm{e}^{-st}\mathrm{d}t\\&=\int_0^{\tau}f(t-\tau)\mathrm{e}^{-st}\mathrm{d}t+\int_{\tau}^{+\infty}f(t-\tau)\mathrm{e}^{-st}\mathrm{d}t\end{aligned}$$

由已知条件可知，当 $t<\tau$ 时，$f(t-\tau)=0$，所以上式右端第一项积分为零. 对于第二个积分，令 $u=t-\tau$，则

$$\begin{aligned}\mathscr{L}[f(t-\tau)]&=\int_0^{+\infty}f(u)\mathrm{e}^{-s(u+\tau)}\mathrm{d}u\\&=\mathrm{e}^{-s\tau}\int_0^{+\infty}f(u)\mathrm{e}^{-su}\mathrm{d}u\\&=\mathrm{e}^{-s\tau}F(s).\end{aligned}$$

值得注意的是，本性质中当 $t<0$ 时，$f(t)=0$. 此时 $f(t-\tau)$ 在 $t<\tau$ 时为零，所以 $f(t-\tau)$ 应理解为 $f(t-\tau)u(t-\tau)$，因此式(7.20)等价于

$$\mathscr{L}[f(t-\tau)u(t-\tau)]=\mathrm{e}^{-s\tau}F(s). \tag{7.21}$$

例 7.16 设 $t_0>0$，求 $\mathscr{L}[u(t-t_0)\sin(t-t_0)]$及 $\mathscr{L}[\sin(t-t_0)]$.

解 由式(7.21)，得

$$\mathscr{L}[u(t-t_0)\sin(t-t_0)]=\mathrm{e}^{-st_0}\mathscr{L}[\sin t]=\frac{1}{s^2+1}\mathrm{e}^{-st_0}$$

又由于 $\sin(t-t_0)=\sin t\cos t_0-\sin t_0\cos t$，由线性性质有

$$\mathscr{L}[\sin(t-t_0)]=\cos t_0\mathscr{L}[\sin t]-\sin t_0\mathscr{L}[\cos t]=\frac{\cos t_0}{s^2+1}-\frac{s\sin t_0}{s^2+1}.$$

由例 7.16 可见，$u(t-t_0)\sin(t-t_0)$与 $\sin(t-t_0)$是两个完全不同的函数. 因此，在应用延迟性质时要注意条件.

7.2.7* 初值定理

若 $\mathscr{L}[f(t)]=F(s)$，且$\lim\limits_{s\to\infty}sF(s)$存在，则

$$\lim_{t\to 0}f(t)=\lim_{s\to\infty}sF(s) \tag{7.22}$$

或写为

$$f(0)=\lim_{s\to\infty}sF(s)$$

证 由 Laplace 变换的微分性质,有

$$\mathscr{L}[f'(t)]=s\mathscr{L}[f(t)]-f(0)=sF(s)-F(0)$$

由于条件已假定$\lim\limits_{s\to\infty}sF(s)$存在,故$\lim\limits_{\mathrm{Re}(s)\to+\infty}sF(s)$也必存在,且两者相当,即

$$\lim_{s\to\infty}sF(s)=\lim_{\mathrm{Re}(s)\to+\infty}sF(s)$$

于是

$$\lim_{\mathrm{Re}(s)\to+\infty}\mathscr{L}[f'(t)]=\lim_{\mathrm{Re}(s)\to+\infty}[sF(s)-f(0)]$$
$$=\lim_{s\to\infty}sF(s)-f(0)$$

$$\lim_{\mathrm{Re}(s)\to+\infty}\mathscr{L}[f'(t)]=\lim_{\mathrm{Re}(s)\to+\infty}\int_0^{+\infty}f'(t)\mathrm{e}^{-st}\mathrm{d}t=\int_0^{+\infty}\lim_{\mathrm{Re}(s)\to+\infty}f'(t)\mathrm{e}^{-st}\mathrm{d}t=0$$

所以

$$\lim_{s\to\infty}sF(s)-f(0)=0$$

即

$$\lim_{t\to 0}f(t)=f(0)=\lim_{s\to\infty}sF(s).$$

7.2.8* 终值定理

若 $\mathscr{L}[f(t)]=F(s)$,且 $sF(s)$的所有奇点全在 s 平面的左半部,则

$$\lim_{t\to+\infty}f(t)=\lim_{s\to 0}sF(s) \tag{7.23}$$

或写为

$$f(+\infty)=\lim_{s\to 0}sF(s)$$

证 根据定理给出的条件和 Laplace 变换的微分性质

$$\mathscr{L}[f'(t)]=sF(s)-f(0)$$

于是

$$\lim_{s\to 0}\mathscr{L}[f'(t)]=\lim_{s\to 0}[sF(s)-f(0)]=\lim_{s\to 0}sF(s)-f(0)$$

而

$$\lim_{s\to 0}\mathscr{L}[f'(t)]=\lim_{s\to 0}\int_0^{+\infty}f'(t)\mathrm{e}^{-st}\mathrm{d}t=\int_0^{+\infty}\lim_{s\to 0}\mathrm{e}^{-st}f'(t)\mathrm{d}t$$

$$=\int_0^{+\infty}f'(t)\mathrm{d}t=\lim_{t\to+\infty}f(t)-f(0)$$

所以

$$\lim_{t\to+\infty}f(t)=\lim_{s\to 0}sF(s)$$

例 7.17 若 $\mathscr{L}[f(t)]=\dfrac{1}{s+a}$,求 $f(0)$,$f(+\infty)$.

解

$$f(0)=\lim_{s\to\infty}sF(s)=\lim_{s\to\infty}\frac{s}{s+a}=1$$

$$f(+\infty)=\lim_{s\to 0}sF(s)=\lim_{s\to 0}\frac{s}{s+a}=0$$

我们已经知道 $\mathscr{L}[\mathrm{e}^{-at}]=\dfrac{1}{s+a}$，即 $f(t)=\mathrm{e}^{-at}$，显然，上面所求结果与直接由 $f(t)$ 所计算的结果一致.

需要注意的是，在运用终值定理时要首先判断定理的条件是否满足. 例如函数 $F(s)=\dfrac{1}{s^2+1}$，$sF(s)=\dfrac{s}{s^2+1}$ 在虚轴上有极点 $s=\pm\mathrm{i}$，因此就不能用终值定理. 尽管 $\lim\limits_{s\to 0}sF(s)=\lim\limits_{s\to 0}\dfrac{s}{s^2+1}=0$，但 $f(t)=\mathscr{L}^{-1}\left[\dfrac{1}{s^2+1}\right]=\sin t$，$\lim\limits_{t\to+\infty}\sin t$，是不存在的.

初值定理和终值定理使我们可以根据已知的像函数 $F(s)$ 求出像原函数 $f(t)$ 的初值和终值. 而不必去求像函数本身. 在工程技术的某些问题中，有时不需要知道像原函数的具体表达式，只需求得其初值和终值即可，这两个性质给我们提供了方便.

7.3 Laplace 逆变换

前面我们主要讨论了已知函数 $f(t)$ 求其 Laplace 变换 $F(s)$ 的问题. 但在实际应用中还会遇到已知像函数 $F(s)$ 求其像原函数 $f(t)$ 的问题. 对有些函数我们可以通过 Laplace 变换表及 Laplace 变换的性质求其逆变换. 但当 $F(s)$ 较复杂时，就不能用这些方法来解决. 本节我们将介绍一种用留数计算 Laplace 逆变换的方法.

7.3.1 反演积分公式

在前面的讨论中，我们知道，函数 $f(t)$ 的 Laplace 变换，实际上就是 $f(t)u(t)\mathrm{e}^{-\beta t}$ 的 Fourier变换，因此，当 $f(t)u(t)\mathrm{e}^{-\beta t}$ 满足 Fourier 积分定理的条件时，由 Fourier 积分公式，在 $f(t)$ 连续点处

$$\begin{aligned}
f(t)u(t)\mathrm{e}^{-\beta t} &= \frac{1}{2\pi}\int_{-\infty}^{+\infty}\left[\int_{-\infty}^{+\infty} f(\tau)u(\tau)\mathrm{e}^{-\beta\tau}\cdot\mathrm{e}^{-\mathrm{i}\omega\tau}\,\mathrm{d}\tau\right]\mathrm{e}^{\mathrm{i}\omega t}\,\mathrm{d}\omega \\
&= \frac{1}{2\pi}\int_{-\infty}^{+\infty}\mathrm{e}^{\mathrm{i}\omega t}\,\mathrm{d}\omega\left[\int_{0}^{+\infty} f(\tau)\mathrm{e}^{-(\beta+\mathrm{i}\omega)\tau}\,\mathrm{d}\tau\right] \\
&= \frac{1}{2\pi}\int_{-\infty}^{+\infty} F(\beta+\mathrm{i}\omega)\mathrm{e}^{\mathrm{i}\omega t}\,\mathrm{d}\omega \quad (t>0).
\end{aligned}$$

等式两端同乘 $\mathrm{e}^{\beta t}$，并考虑到它与积分变量 ω 无关，则

$$f(t)=\frac{1}{2\pi}\int_{-\infty}^{+\infty} F(\beta+\mathrm{i}\omega)\mathrm{e}^{(\beta+\mathrm{i}\omega)t}\,\mathrm{d}\omega \quad (t>0)$$

令 $\beta+\mathrm{i}\omega=s$，有

$$f(t)=\frac{1}{2\pi \mathrm{i}}\int_{\beta-\mathrm{i}\infty}^{\beta+\mathrm{i}\infty}F(s)\mathrm{e}^{st}\mathrm{d}s \quad (t>0). \tag{7.24}$$

这就是由像函数$F(s)$求像原函数$f(t)$的一般公式,称之为**反演积分公式**.其中右端的积分称之为**反演积分**,其积分路径是s平面上的一条直线$\mathrm{Re}(s)=\beta>c$(c为增长指数),该直线处于$F(s)$的存在域中.由于$F(s)$在存在域中解析,因而在此直线的右边不包含$F(s)$的奇点.

式(7.24)和式(7.1)构成了一对互逆的积分变换公式,我们也称$f(t)$和$F(s)$构成了一个**Laplace 变换对**.但由于式(7.24)是一个复变函数的积分,通常计算比较困难,下面我们讨论用留数方法来计算这个反演积分.

7.3.2 Laplace 逆变换的计算

定理 7.2 若$F(s)$在复平面上只有有限个孤立奇点$s_1, s_2, \cdots, s_n$,并且它们全部位于直线$\mathrm{Re}(s)=\beta(>c)$的左侧,且当$s\to\infty$时,$F(s)\to 0$,则有

$$\frac{1}{2\pi \mathrm{i}}\int_{\beta-\mathrm{i}\infty}^{\beta+\mathrm{i}\infty}F(s)\mathrm{e}^{st}\mathrm{d}s=\sum_{k=1}^{n}\mathrm{Res}[F(s)\mathrm{e}^{st}, s_k]$$

即

$$f(t)=\sum_{k=1}^{n}\mathrm{Res}[F(s)\mathrm{e}^{st}, s_k]\ (t>0). \tag{7.25}$$

证 如图 7-2 所示,作闭曲线$C=L+C_R$,C_R在$\mathrm{Re}(s)<\beta$的区域内是半径为R的圆弧,当R充分大后,可以使$F(s)$的所有奇点包含在闭曲线C所围成的区域内.由于e^{st}是解析函数,所以$F(s)\mathrm{e}^{st}$与$F(s)$具有相同的奇点.故由留数定理,有

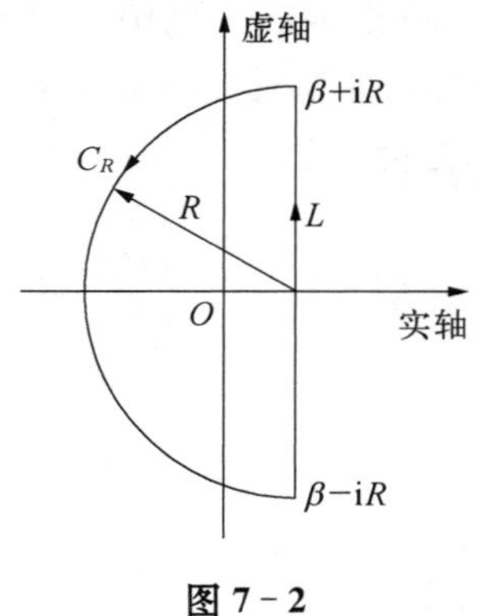

图 7-2

$$\oint_C F(s)\mathrm{e}^{st}\mathrm{d}s=2\pi \mathrm{i}\sum_{k=1}^{n}\mathrm{Res}[F(s)\mathrm{e}^{st}, s_k]$$

即

$$\frac{1}{2\pi \mathrm{i}}\left[\int_{\beta-\mathrm{i}R}^{\beta+\mathrm{i}R}F(s)\mathrm{e}^{st}\mathrm{d}s+\int_{C_R}F(s)\mathrm{e}^{st}\mathrm{d}s\right]=\sum_{k=1}^{n}\mathrm{Res}[F(s)\mathrm{e}^{st}, s_k]$$

上式左端令$R\to+\infty$,并根据第 5.3 节的若尔当引理,当$t>0$时,有

$$\lim_{R\to+\infty}\int_{C_R}F(s)\mathrm{e}^{st}\mathrm{d}s=0$$

因此有

$$\frac{1}{2\pi \mathrm{i}}\int_{\beta-\mathrm{i}\infty}^{\beta+\mathrm{i}\infty}F(s)\mathrm{e}^{st}\mathrm{d}s=\sum_{k=1}^{n}\mathrm{Res}[F(s)\mathrm{e}^{st}, s_k].$$

例 7.18 求 $F(s)=\dfrac{1}{s(s-1)^2}$ 的 Laplace 逆变换.

解法一 显然，$s=0$ 为 $F(s)$的一级极点，$s=1$ 为二级极点，且$\lim\limits_{s\to\infty}F(s)=0$ 由式(7.25)，得

$$\begin{aligned}f(t)&=\text{Res}[F(s)\mathrm{e}^{st},0]+\text{Res}[F(s)\mathrm{e}^{st},1]\\&=\lim_{s\to 0}\frac{s\mathrm{e}^{st}}{s(s-1)^2}+\lim_{s\to 1}\frac{\mathrm{d}}{\mathrm{d}s}\left[(s-1)^2\frac{1}{s(s-1)^2}\mathrm{e}^{st}\right]\\&=1+\lim_{s\to 1}\left[\frac{t}{s}\mathrm{e}^{st}-\frac{1}{s^2}\mathrm{e}^{st}\right]\\&=1+(t\mathrm{e}^t-\mathrm{e}^t)=1+\mathrm{e}^t(t-1)\quad(t>0).\end{aligned}$$

对于有理分式函数除了用留数方法求像原函数外，还可以采用有理分式的部分分式法，把它分解为若干个简单分式之和，然后逐个求出像原函数.

解法二 利用部分分式法将 $F(s)$分解.

$$F(s)=\frac{1}{s(s-1)^2}=\frac{1}{s}-\frac{1}{s-1}+\frac{1}{(s-1)^2}$$

所以

$$\begin{aligned}f(t)&=\mathscr{L}^{-1}\left[\frac{1}{s(s-1)^2}\right]\\&=\mathscr{L}^{-1}\left[\frac{1}{s}\right]-\mathscr{L}^{-1}\left[\frac{1}{s-1}\right]+\mathscr{L}^{-1}\left[\frac{1}{(s-1)^2}\right]\\&=1-\mathrm{e}^t+t\mathrm{e}^t\quad(t>0).\end{aligned}$$

例 7.19 求 $F(s)=\dfrac{3s+1}{(s-1)(s^2+1)}$ 的 Laplace 逆变换.

解法一 显然，$s_k=1,\pm\mathrm{i}$ 均为 $F(s)$的一级极点，且$\lim\limits_{s\to\infty}F(s)=0$.
由式(7.25)，得

$$f(t)=\text{Res}[F(s)\mathrm{e}^{st},1]+\text{Res}[F(s)\mathrm{e}^{st},\mathrm{i}]+\text{Res}[F(s)\mathrm{e}^{st},-\mathrm{i}]$$

由第 5 章定理 5.9 可知，$\text{Res}[F(s)\mathrm{e}^{st},s_k]=\dfrac{p(s_k)}{q'(s_k)}\mathrm{e}^{s_kt}$，这里，$p(s)=3s+1$，$q(s)=(s-1)(s^2+1)$.

于是

$$\begin{aligned} f(t) &= \frac{p(1)}{q'(1)}\mathrm{e}^t + \frac{p(\mathrm{i})}{q'(\mathrm{i})}\mathrm{e}^{\mathrm{i}t} + \frac{p(-\mathrm{i})}{q'(-\mathrm{i})}\mathrm{e}^{-\mathrm{i}t} \\ &= \frac{4}{2}\mathrm{e}^t + \frac{3\mathrm{i}+1}{-2-2\mathrm{i}}\mathrm{e}^{\mathrm{i}t} + \frac{-3\mathrm{i}+1}{-2+2\mathrm{i}}\mathrm{e}^{-\mathrm{i}t} \\ &= 2\mathrm{e}^t - \cos t + \frac{1}{2}\sin t - \cos t + \frac{1}{2}\sin t \\ &= 2\mathrm{e}^t - 2\cos t + \sin t. \end{aligned}$$

解法二　利用待定系数法分解 $F(s)$为部分分式

$$F(s) = \frac{3s+1}{(s-1)(s^2+1)} = \frac{A}{s-1} + \frac{Bs+C}{s^2+1}$$

解得

$$A = 2,\ B = -2,\ C = 1.$$

故

$$F(s) = \frac{2}{s-1} + \frac{-2s}{s^2+1} + \frac{1}{s^2+1}$$

于是

$$\begin{aligned} f(t) = \mathscr{L}^{-1}[F(s)] &= \mathscr{L}^{-1}\left[\frac{2}{s-1}\right] + \mathscr{L}^{-1}\left[\frac{-2s}{s^2+1}\right] + \mathscr{L}^{-1}\left[\frac{1}{s^2+1}\right] \\ &= 2\mathrm{e}^t - 2\cos t + \sin t. \end{aligned}$$

7.4　卷积

7.4.1　卷积的定义

在第 6 章我们讨论了 Fourier 变换的卷积性质，当 $f_1(t)$，$f_2(t)$在$(-\infty, +\infty)$上绝对可积时，它们的卷积定义为

$$f_1(t) * f_2(t) = \int_{-\infty}^{+\infty} f_1(\tau) f_2(t-\tau)\mathrm{d}\tau.$$

如果当 $t < 0$ 时，$f_1(t) = f_2(t) = 0$，则上式可写成

$$\begin{aligned} f_1(t) * f_2(t) &= \int_{-\infty}^{0} f_1(\tau) f_2(t-\tau)\mathrm{d}\tau + \int_{0}^{t} f_1(\tau) f_2(t-\tau)\mathrm{d}\tau + \int_{t}^{+\infty} f_1(\tau) f_2(t-\tau)\mathrm{d}\tau \\ &= \int_{0}^{t} f_1(\tau) f_2(t-\tau)\mathrm{d}\tau. \end{aligned}$$

于是我们得到如下定义.

定义 7.2 设 $f_1(t)$和 $f_2(t)$满足当 $t<0$ 时,$f_1(t)=f_2(t)=0$,并且在$[0,+\infty)$绝对可积,则称含参变量 t 的积分

$$\int_0^t f_1(\tau)f_2(t-\tau)\mathrm{d}\tau$$

为 $\boldsymbol{f_1(t)}$**和** $\boldsymbol{f_2(t)}$**的卷积**. 记为 $f_1(t)*f_2(t)$.
即

$$f_1(t)*f_2(t)=\int_0^t f_1(\tau)f_2(t-\tau)\mathrm{d}\tau. \tag{7.26}$$

显然,这里的定义和第 6 章卷积的定义是一致的. 它同样满足**交换律**、**结合律**和对加法的**分配律**,即

$$f_1(t)*f_2(t)=f_2(t)*f_1(t);$$

$$f_1(t)*[f_2(t)*f_3(t)]=[f_1(t)*f_2(t)]*f_3(t);$$

$$f_1(t)*[f_2(t)+f_3(t)]=f_1(t)*f_2(t)+f_1(t)*f_3(t).$$

例 7.20 设函数 $f(t)=\begin{cases}\cos t, & t\geqslant 0;\\ 0, & t<0.\end{cases}$ 求 $f(t)*f(t)$.

解 $f(t)*f(t)=\int_0^t \cos\tau\cos(t-\tau)\mathrm{d}\tau=\dfrac{1}{2}\int_0^t[\cos t+\cos(2\tau-t)]\mathrm{d}\tau$

$$=\frac{1}{2}(t\cos t+\sin t).$$

7.4.2 卷积定理

定理 7.3 设 $\mathscr{L}[f_1(t)]=F_1(s)$, $\mathscr{L}[f_2(t)]=F_2(s)$,则有

$$\mathscr{L}[f_1(t)*f_2(t)]=F_1(s)\cdot F_2(s). \tag{7.27}$$

证 由定义 7.2 有

$$\mathscr{L}[f_1(t)*f_2(t)]=\int_0^{+\infty}[f_1(t)*f_2(t)]\mathrm{e}^{-st}\mathrm{d}t$$

$$=\int_0^{+\infty}\left[\int_0^t f_1(\tau)f_2(t-\tau)\mathrm{d}\tau\right]\mathrm{e}^{-st}\mathrm{d}t.$$

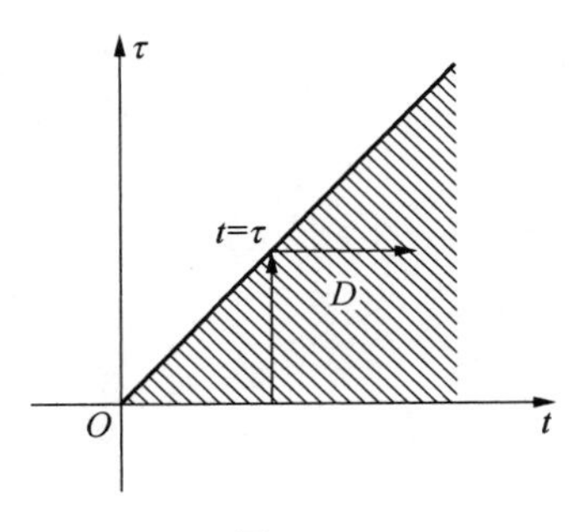

图 7-3

这个积分可以看成是一个 t-τ 平面上区域 D 内(图 7-3)的一个二重积分,交换积分次序,得

$$\mathscr{L}[f_1(t)*f_2(t)]=\int_0^{+\infty}f_1(\tau)\left[\int_\tau^{+\infty}f_2(t-\tau)\mathrm{e}^{-st}\mathrm{d}t\right]\mathrm{d}\tau$$

对内层积分作变量替换,令 $t-\tau=u$,则

$$\mathscr{L}[f_1(t)*f_2(t)]=\int_0^{+\infty}f_1(\tau)\mathrm{e}^{-s\tau}\mathrm{d}\tau\int_0^{+\infty}f_2(u)\mathrm{e}^{-su}\mathrm{d}u$$
$$=F_1(s)\cdot F_2(s).$$

上述卷积定理也可以推广到 n 个函数的情形. 即

$$\mathscr{L}[f_1(t)*f_2(t)*\cdots*f_n(t)]=F_1(s)\cdot F_2(s)\cdot\cdots\cdot F_n(s).$$

卷积定理在 Laplace 变换中起着重要的作用,利用卷积定理可以求一些函数的 Laplace 逆变换.

例 7.21　若 $F(s)=\dfrac{s^2}{(s^2+1)^2}$,求 $f(t)$.

解　因为 $F(s)=\dfrac{s^2}{(s^2+1)^2}=\dfrac{s}{s^2+1}\cdot\dfrac{s}{s^2+1}$

由卷积定理及例 7.20,得

$$f(t)=\mathscr{L}^{-1}\left[\frac{s}{s^2+1}\cdot\frac{s}{s^2+1}\right]=\cos t*\cos t=\frac{1}{2}(\sin t+t\cos t).$$

例 7.22　利用卷积定理,证明

$$\mathscr{L}^{-1}\left[\frac{s}{(s^2+a^2)^2}\right]=\frac{t}{2a}\sin at.$$

证　由于 $\dfrac{s}{(s^2+a^2)^2}=\dfrac{s}{s^2+a^2}\cdot\dfrac{1}{s^2+a^2}$

由卷积定理,得

$$\mathscr{L}^{-1}\left[\frac{s}{(s^2+a^2)^2}\right]=\mathscr{L}^{-1}\left[\frac{1}{s^2+a^2}\cdot\frac{s}{s^2+a^2}\right]$$
$$=\frac{1}{a}\mathscr{L}^{-1}\left[\frac{a}{s^2+a^2}\cdot\frac{s}{s^2+a^2}\right]$$
$$=\frac{1}{a}\sin at*\cos at$$
$$=\frac{1}{a}\int_0^t\sin a\tau\cos a(t-\tau)\mathrm{d}\tau$$
$$=\frac{1}{2a}\int_0^t[\sin at+\sin(2a\tau-at)]\mathrm{d}\tau$$
$$=\frac{t}{2a}\sin at.$$

7.5 Laplace 变换的应用

Laplace 变换在许多工程和科学研究领域中有着广泛的应用，如力学系统、电学系统、自动控制系统、可靠性系统以及随机服务系统等. 对这些系统的研究，往往是从实际问题出发，将研究的对象归结为一个数学模型. 在许多情况下，这个数学模型可以用线性的微分方程、积分方程、微分积分方程以及偏微分方程来描述. Laplace 变换是求解这类线性方程的非常有效的方法.

7.5.1 求解常系数的常微分方程

例 7.23 求解微分方程 $y''' + 3y'' + 3y' + y = 1$ 满足初始条件 $y(0) = y'(0) = y''(0) = 0$ 的特解.

解 对方程两端取 Laplace 变换，令 $\mathscr{L}[y(t)] = Y(s)$，并代入初始条件，则有

$$s^3Y(s) + 3s^2Y(s) + 3sY(s) + Y(s) = \frac{1}{s}$$

解得

$$Y(s) = \frac{1}{s(s+1)^3} = \frac{1}{s} - \frac{1}{s+1} - \frac{1}{(s+1)^2} - \frac{1}{(s+1)^3}$$

取逆变换，得

$$y(t) = 1 - \mathrm{e}^{-t} - t\mathrm{e}^{-t} - \frac{1}{2}t^2\mathrm{e}^{-t}$$

为所求特解.

从上例的求解过程，我们可以看出，利用 Laplace 变换求解线性常微分方程的基本步骤为：

(1) 对关于 $y(t)$ 的微分方程进行 Laplace 变换，转化为一个关于像函数 $Y(s)$ 的代数方程，这个代数方程“包含”了预先给定的初始条件；

(2) 解代数方程，求得像函数 $Y(s)$；

(3) 对 $Y(s)$ 取逆变换，得到微分方程的解 $y(t)$.

这种方法与经典的解法相比，省去了由通解求特解的步骤.

例 7.24 求解初值问题：

$$y'' - 2y' + 2y = 2\mathrm{e}^t\cos t,\ y(0) = y'(0) = 0.$$

解 方程两端取 Laplace 变换，令 $\mathscr{L}[y(t)] = Y(s)$，并代入初始条件，得

$$s^2Y(s)-2sY(s)+2Y(s)=\frac{2(s-1)}{(s-1)^2+1}$$

解得

$$Y(s)=\frac{2(s-1)}{[(s-1)^2+1]^2}$$

再求 Laplace 逆变换

$$\begin{aligned}y(t)&=\mathscr{L}^{-1}[Y(s)]=\mathscr{L}^{-1}\left[\frac{2(s-1)}{[(s-1)^2+1]^2}\right]\\&=e^t\mathscr{L}^{-1}\left[\frac{2s}{(s^2+1)^2}\right]\\&=e^t\mathscr{L}^{-1}\left[\left(\frac{-1}{s^2+1}\right)'\right]\\&=te^t\mathscr{L}^{-1}\left[\frac{1}{s^2+1}\right]\\&=te^t\sin t\end{aligned}$$

所求初值问题的解为

$$y=te^t\sin t.$$

例 7.25 求方程 $y''-2y'+y=0$ 满足边界条件

$$y(0)=0,\ y(1)=4$$

的解.

解 令 $\mathscr{L}[y(t)]=Y(s)$，对方程两端取 Laplace 变换，得

$$s^2Y(s)-sy(0)-y'(0)-2sY(s)+2y(0)+Y(s)=0$$

代入 $y(0)=0$，解得

$$Y(s)=\frac{y'(0)}{(s-1)^2}$$

取逆变换得

$$y(t)=\mathscr{L}^{-1}[Y(s)]=y'(0)te^t$$

将 $y(1)=4$ 代入上式得

$$4=y(1)=y'(0)e$$

$$y'(0)=4\mathrm{e}^{-1}$$

从而求得方程满足边界条件的解为

$$y(t)=4t\mathrm{e}^{t-1}.$$

本例是一个求解边值问题的例子，在求解过程中，可先将边值问题作为初值问题来求解，而所得微分方程的解中含有未知的初值再由已知的边值求得，从而确定微分方程满足条件的解.

例 7.26　在如图 7-4 所示的电路中，当 $t=0$ 时，闭合开关 K，接入信号源 $e(t)=E_0\sin\omega t$，电感起始电流等于零，求电流 $i(t)$.

解　由基尔霍夫(Kirchhoff)定律，可得 $i(t)$ 所满足的微分方程为

$$L\frac{\mathrm{d}i(t)}{\mathrm{d}t}+Ri(t)=E_0\sin\omega t$$

初始条件为　$i(0)=0$.

令 $\mathscr{L}[i(t)]=I(s)$，对方程两端取 Laplace 变换，得

$$LsI(s)+RI(s)=E_0\frac{\omega}{s^2+\omega^2}$$

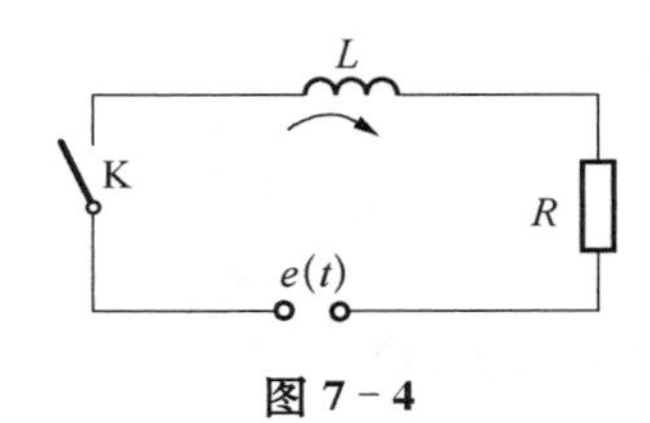

图 7-4

于是

$$I(s)=\frac{E_0\omega}{(Ls+R)(s^2+\omega^2)}=\frac{E_0}{L}\cdot\frac{1}{s+\dfrac{R}{L}}\cdot\frac{\omega}{s^2+\omega^2}$$

求逆变换，并利用卷积定理，有

$$i(t)=\frac{E_0}{L}(\mathrm{e}^{-\frac{R}{L}t}*\sin\omega t)=\frac{E_0}{L}\int_0^t\sin\omega\tau\,\mathrm{e}^{-\frac{R}{L}(t-\tau)}\,\mathrm{d}\tau$$

$$=\frac{E_0}{R^2+L^2\omega^2}(R\sin\omega t-\omega L\cos\omega t)+\frac{E_0\omega L}{R^2+L^2\omega^2}\mathrm{e}^{-\frac{R}{L}t}.$$

所得结果的第一部分代表一个稳定的(幅度不变的)振荡，第二部分则随时间而衰减.

7.5.2　求解常系数线性微分方程组

例 7.27　求方程组

$$\begin{cases}y''-x''+x'-y=\mathrm{e}^t-2,\\2y''-x''-2y'+x=-t\end{cases}$$

满足初始条件

$$\begin{cases} y(0)=y'(0)=0, \\ x(0)=x'(0)=0 \end{cases}$$ 的特解.

解 设 $\mathscr{L}[y(t)]=Y(s)$, $\mathscr{L}[x(t)]=X(s)$,对方程组的每个方程两端取 Laplace 变换,并代入初始条件,得

$$\begin{cases} s^2Y(s)-s^2X(s)+sX(s)-Y(s)=\dfrac{1}{s-1}-\dfrac{2}{s}, \\ 2s^2Y(s)-s^2X(s)-2sY(s)+X(s)=-\dfrac{1}{s^2} \end{cases}$$

化简,得

$$\begin{cases} (s+1)Y(s)-sX(s)=\dfrac{-s+2}{s(s-1)^2}, \\ 2sY(s)-(s+1)X(s)=-\dfrac{1}{s^2(s-1)} \end{cases}$$

解方程组,得

$$\begin{cases} X(s)=\dfrac{2s-1}{s^2(s-1)^2}, \\ Y(s)=\dfrac{1}{s(s-1)^2}. \end{cases}$$

现在求它们的逆变换.

$X(s)=\dfrac{2s-1}{s^2(s-1)^2}$ 有两个二级极点:$s=0$, $s=1$. 由式(7.25),得

$$\begin{aligned} x(t) &= \mathrm{Res}[X(s)\mathrm{e}^{st},\ 0]+\mathrm{Res}[X(s)\mathrm{e}^{st},\ 1] \\ &= \lim_{s\to 0}\frac{\mathrm{d}}{\mathrm{d}s}\left[\frac{2s-1}{(s-1)^2}\mathrm{e}^{st}\right]+\lim_{s\to 1}\frac{\mathrm{d}}{\mathrm{d}s}\left[\frac{2s-1}{s^2}\mathrm{e}^{st}\right] \\ &= \lim_{s\to 0}\left[t\mathrm{e}^{st}\ \frac{2s-1}{(s-1)^2}-\frac{2s}{(s-1)^3}\mathrm{e}^{st}\right]+\lim_{s\to 1}\left[t\mathrm{e}^{st}\ \frac{2s-1}{s^2}+\mathrm{e}^{st}\ \frac{2(1-s)}{s^3}\right] \\ &= -t+t\mathrm{e}^t \end{aligned}$$

$Y(s)=\dfrac{1}{s(s-1)^2}$,可由例 7.18 得 $y(t)=1-\mathrm{e}^t+t\mathrm{e}^t$

因此,所求特解为

$$\begin{cases} x(t)=-t+t\mathrm{e}^t, \\ y(t)=1-\mathrm{e}^t+t\mathrm{e}^t. \end{cases}$$

例 7.28 求方程组 $\begin{cases} x'+y+z'=1, \\ x+y'+z=0, \\ y+4z'=0, \end{cases}$ 满足初始条件 $x(0)=0$, $y(0)=0$, $z(0)=0$ 的特解.

解 令 $\mathscr{L}[x(t)]=X(s)$, $\mathscr{L}[y(t)]=Y(s)$, $\mathscr{L}[z(t)]=Z(s)$

对方程组的每个方程两端取 Laplace 变换,并代入初始条件,可得

$$\begin{cases} sX(s)+Y(s)+sZ(s)=\dfrac{1}{s}, \\ X(s)+sY(s)+Z(s)=0, \\ Y(s)+4sZ(s)=0. \end{cases}$$

解方程组,得

$$\begin{cases} X(s)=\dfrac{4s^2-1}{4s^2(s^2-1)}, \\ Y(s)=-\dfrac{1}{s(s^2-1)}, \\ Z(s)=\dfrac{1}{4s^2(s^2-1)}. \end{cases}$$

对每个像函数求逆变换

$$\begin{aligned} x(t) &= \mathscr{L}^{-1}\left[\frac{4s^2-1}{4s^2(s^2-1)}\right]=\frac{1}{4}\mathscr{L}^{-1}\left[\frac{3}{s^2-1}+\frac{1}{s^2}\right] \\ &= \frac{1}{4}\mathscr{L}^{-1}\left[\frac{3}{2}\left(\frac{1}{s-1}-\frac{1}{s+1}\right)+\frac{1}{s^2}\right] \\ &= \frac{3}{8}(\mathrm{e}^t-\mathrm{e}^{-t})+\frac{t}{4} \\ &= \frac{3}{4}\sinh t+\frac{t}{4}. \end{aligned}$$

同理可求得 $y(t)=1-\cosh t$, $z(t)=\dfrac{1}{4}(\sinh t-t)$

于是方程组的特解为

$$\begin{cases} x(t)=\dfrac{3}{4}\sinh t+\dfrac{t}{4}, \\ y(t)=1-\cosh t, \\ z(t)=\dfrac{1}{4}(\sinh t-t). \end{cases}$$

7.5.3 解微分积分方程

例 7.29 求满足方程 $y'-4y+4\int_0^t y\mathrm{d}t=t$ 满足 $y(0)=0$ 的特解.

解 令 $\mathscr{L}[y(t)]=Y(s)$ 方程两端取 Laplace 变换,得

$$sY(s)-4Y(s)+\frac{4}{s}Y(s)=\frac{1}{s^2}$$

解得

$$Y(s)=\frac{1}{s(s-2)^2}=\frac{1}{4s}-\frac{1}{4(s-2)}+\frac{1}{2(s-2)^2}$$

因此

$$\begin{aligned}y(t)&=\mathscr{L}^{-1}\left[\frac{1}{s(s-2)^2}\right]\\&=\mathscr{L}^{-1}\left[\frac{1}{4s}-\frac{1}{4(s-2)}+\frac{1}{2(s-2)^2}\right]\\&=\frac{1}{4}-\frac{1}{4}\mathrm{e}^{2t}+\frac{1}{2}t\mathrm{e}^{2t}.\end{aligned}$$

例 7.30 求方程组 $\begin{cases}x''+2x'+\int_0^t y(\tau)\mathrm{d}\tau=0,\\4x''-x'+y=\mathrm{e}^{-t}\end{cases}$ 满足初始条件 $x(0)=0,\ x'(0)=-1$ 的解.

解 令 $\mathscr{L}[x(t)]=X(s)$, $\mathscr{L}[y(t)]=Y(s)$,方程组中两个方程的两边分别取 Laplace 变换,有

$$\begin{cases}s^2X(s)+1+2sX(s)+\dfrac{1}{s}Y(s)=0,\\4s^2X(s)+4-sX(s)+Y(s)=\dfrac{1}{s+1}\end{cases}$$

化简,得

$$\begin{cases}(s^3+2s^2)X(s)+Y(s)=-s,\\(4s^2-s)X(s)+Y(s)=\dfrac{1}{s+1}-4\end{cases}$$

解方程组,得

$$X(s)=\frac{4}{s(s-1)^2}-\frac{1}{(s-1)^2}-\frac{1}{s(s+1)(s-1)^2}$$

$$Y(s)=-s-\frac{4s(s+2)}{(s-1)^2}+\frac{s^2(s+2)}{(s-1)^2}+\frac{s(s+2)}{(s+1)(s-1)^2}$$

求逆变换

$$\begin{aligned}x(t)&=\mathscr{L}^{-1}[X(s)]\\&=\mathscr{L}^{-1}\left[\frac{4}{s(s-1)^2}-\frac{1}{(s-1)^2}-\frac{1}{s(s+1)(s-1)^2}\right]\\&=\mathscr{L}^{-1}\left[\frac{3}{s}+\frac{1}{4}\cdot\frac{1}{s+1}-\frac{13}{4}\cdot\frac{1}{s-1}+\frac{5}{2}\cdot\frac{1}{(s-1)^2}\right]\\&=3+\frac{1}{4}e^{-t}-\frac{13}{4}e^{t}+\frac{5}{2}te^{t}\end{aligned}$$

$$\begin{aligned}y(t)&=\mathscr{L}^{-1}[Y(s)]\\&=\mathscr{L}^{-1}\left[-s-\frac{4s(s+2)}{(s-1)^2}+\frac{s^2(s+2)}{(s-1)^2}+\frac{s(s+2)}{(s+1)(s-1)^2}\right]\\&=\mathscr{L}^{-1}\left[-\frac{1}{4}\cdot\frac{1}{s+1}-\frac{15}{2}\cdot\frac{1}{(s-1)^2}-\frac{31}{4}\cdot\frac{1}{s-1}\right]\\&=-\frac{1}{4}e^{-t}-\frac{15}{2}te^{t}-\frac{31}{4}e^{t}\end{aligned}$$

故方程组的解为

$$\begin{cases}x(t)=3+\dfrac{1}{4}e^{-t}-\dfrac{13}{4}e^{t}+\dfrac{5}{2}te^{t},\\ y(t)=-\dfrac{1}{4}e^{-t}-\dfrac{15}{2}te^{t}-\dfrac{31}{4}e^{t}.\end{cases}$$

此外,利用 Laplace 变换还可以求解变系数的微分方程、偏微分方程以及差分方程,限于篇幅,这里不再介绍,有兴趣的读者可查看有关的参考书.

7.5.4* 建立控制系统数学模型——传递函数

传递函数是描述线性定常系统动态特性的基本数学模型,它是指在零初始条件下,系统输出量的 Laplace 变换式与输入量的 Laplace 变换式之比.传递函数在经典控制理论研究中发挥了重要作用,例如,根据分析传递函数分母多项式(亦称为系统特征多项式)的根在复平面上的位置,可以判断系统的稳定性;利用传递函数,很容易求出控制系统在不同输入信号作用下的输出响应.

下面通过两个实际物理系统,介绍如何利用 Laplace 变化建立系统的传递函数.

考虑图 7-5 中的弹簧阻尼系统:

其中,k 为弹性系数;f 为阻尼系数.假设给物体 m 施加外力 $F(t)$,那么该物体将产生位移 $y(t)$.弹簧元件对物体 m 产生的阻力 F_s 与弹性变形成正比:$F_s(t)=ky(t)$,黏性阻尼器对 m 产生的阻力 F_f 与运动速度成正比:$F_f(t)=fv(t)=f\dfrac{dy(t)}{dt}$.

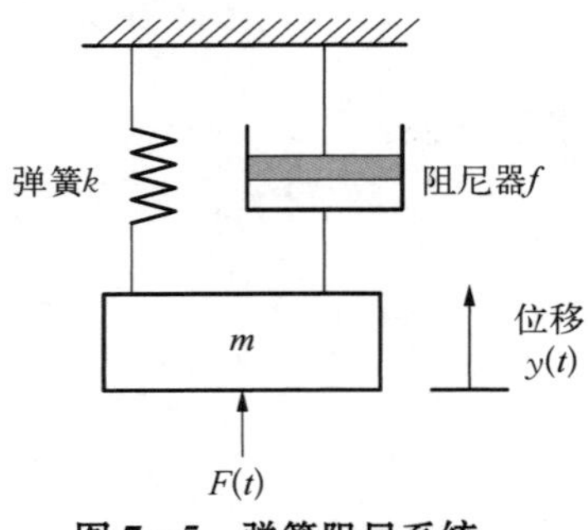

图 7-5 弹簧阻尼系统

根据牛顿第二定律:物体所受的合外力等于物体质量与加速度的乘积,即

$$F(t)-F_s(t)-F_f(t)=ma$$

于是,得到微分方程

$$m\frac{d^2y(t)}{dt^2}+f\frac{dy(t)}{dt}+ky(t)=F(t)$$

若将 $F(t)$ 看作该弹簧阻尼系统的输入,将位移 $y(t)$ 看作该系统的输出,那么上面的微分方程描述了弹簧阻尼系统的输入 $F(t)$ 与输出 $y(t)$ 之间的动态关系.亦即,当给该系统施加一个外力(激励) $F(t)$ 时,系统将产生输出(响应) $y(t)$.

由于外力 $F(t)$ 与位移 $y(t)$ 的动态关系与物体 m 的初始位置无关,因此,可以假设初始值 $y(0)$、$y'(0)$ 为零,这样对上面微分方程取 Laplace 变换后,可以得到:

$$\frac{Y(s)}{\bar{F}(s)}=\frac{1}{ms^2+fs+k}\overset{\Delta}{=}G(s)$$

其中,$Y(s)$ 和 $\bar{F}(s)$ 分别是 $y(t)$ 和 $F(t)$ 的像函数;$G(s)$ 即为控制系统的传递函数.

从传递函数的表达式可以看出,系统的传递函数与描述其运动规律的微分方程是对应的,它与系统输入量无关.因此,传递函数反映了系统的本质特性,可以用于分析控制系统自身的动态特性.

再例如,考虑图 7-6 的 RLC 串联网络系统,以网络两端电压 $u(t)$ 为输入,电容电压 $u_c(t)$ 为输出.利用基尔霍夫第二定律(电压定律),容易建立该 RLC 网络系统输入 $u(t)$ 与输出 $u_c(t)$ 之间的动态关系:

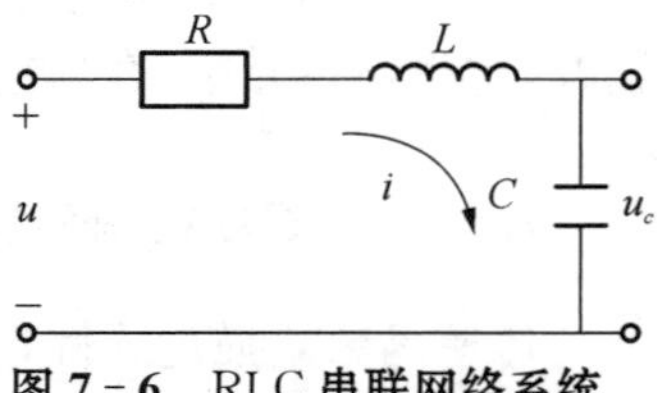

图 7-6 RLC 串联网络系统

$$LC\frac{d^2u_c(t)}{dt^2}+RC\frac{du_c(t)}{dt}+u_c=u(t)$$

类似的，对上面微分方程取拉氏变换(零初始条件下)得到：

$$\frac{U_c(s)}{U(s)}=\frac{1}{LCs^2+RCs+1}\stackrel{\Delta}{=}G(s)$$

可以发现，RLC 串联网络系统的传递函数与弹簧阻尼系统的传递函数在形式上是一样的，仅仅系数(参数)不同而已. 事实上，从这两个系统输入与输出之间的动态微分方程可以看出，它们都是由二阶线性微分方程描述的，具有相同的运动规律. 因此，可以通过相同的传递函数对它们进行研究. 例如，知道传递函数以后，就可以由输入量求输出量：$Y(s)=G(s)\bar{F}(s)$ [利用拉氏逆变换求出输出 $y(t)$].

传递函数分母多项式的根称为控制系统的极点，分子多项式的根称为系统的零点，可以用来分析系统的动态特性、稳定性. 例如，如果系统所有极点都位于左半平面，那么该系统就是稳定的. 如果至少有一个极点具有正实部，那么该系统就不稳定. 运用根轨迹法可方便地分析系统开环增益的变化对闭环传递函数极点、零点位置的影响，从而可进一步估计对系统输出响应的影响.

本章学习要求

本章主要介绍了 Laplace 变换及其性质，Laplace 变换在求解微分方程中的应用.

重点难点：本章的重点是 Laplace 变换的定义及其性质，Laplace 逆变换的求法，利用 Laplace 变换求解微分方程、积分方程. 难点是对反演积分公式的理解.

学习目标：掌握 Laplace 变换的定义以及 Laplace 变换的线性性质、相似性质、微分性质、积分性质、位移性质、延迟性质、卷积与卷积性质，熟记一些典型函数的 Laplace 变换，掌握 Laplace 逆变换的求法，会用 Laplace 变换求解微分方程(组)和积分方程以及微积分方程.

习 题 七

7.1 求下列函数的 Laplace 变换：

(1) $f(t)=\begin{cases}3, & 0\leqslant t<\dfrac{\pi}{2};\\ \cos t, & t>\dfrac{\pi}{2}.\end{cases}$

(2) $f(t)=\begin{cases}2, & 0\leqslant t<2;\\ -3, & 2\leqslant t<4;\\ 0, & t\geqslant 4.\end{cases}$

(3) $f(t)=e^{2t}+5\delta(t)$；

(4) $f(t)=\cos t\cdot\delta(t)-\sin t\cdot u(t)$.

7.2 求下列周期函数的 Laplace 变换：

(1) $f(t)=t$，$0\leqslant t<b$ 且 $f(t+b)=f(t)$ (如图所示)；

(2) $f(t)=\begin{cases}\sin t, & 0\leqslant t\leqslant\pi;\\ 0, & \pi\leqslant t\leqslant 2\pi.\end{cases}$ (如图所示)

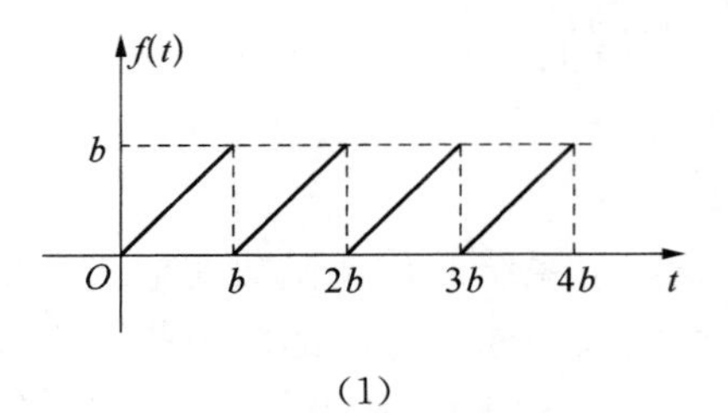

(1)

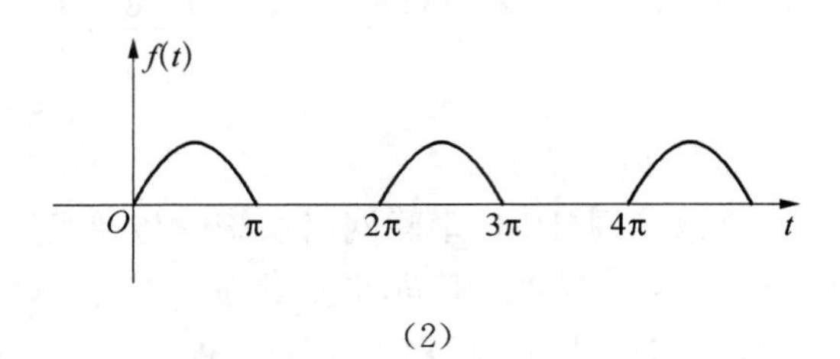

(2)

7.2 题图

7.3　求下列函数的 Laplace 变换：

(1) $f(t)=1-te^{t}$；　　(2) $f(t)=t^{3}-2t+1$；

(3) $f(t)=(t-1)^{2}e^{2t}$；　　(4) $f(t)=t\cos 3t$；

(5) $f(t)=e^{-2t}\cos 6t$；　　(6) $f(t)=e^{-4t}\sin 4t$；

(7) $f(t)=t^{n}e^{at}$　(n 为正整数)；　　(8) $f(t)=\sin(t-2)u(t-2)$；

(9) $f(t)=\sin tu(t-2)$；　　(10) $f(t)=u(3t-5)$.

7.4　求下列函数的 Laplace 变换：

(1) $f(t)=te^{at}\cos\beta t$　(α，β 均为实数)；　　(2) $f(t)=t\int_{0}^{t}e^{-3\tau}\sin 2\tau\,d\tau$；

(3) $f(t)=\dfrac{\sin at}{t}$　(a 为实数)；　　(4) $f(t)=\dfrac{e^{-3t}\sin 2t}{t}$；

(5) $f(t)=\int_{0}^{t}te^{-3t}\sin 2t\,dt$；　　(6) $f(t)=\int_{0}^{t}\dfrac{e^{-2t}\sin 3t}{t}dt$.

7.5　计算下列积分：

(1) $\int_{0}^{+\infty}\dfrac{\sin t\cos t}{t}dt$；　　(2) $\int_{0}^{+\infty}\dfrac{\sin t}{t}e^{-t}dt$；

(3) $\int_{0}^{+\infty}\dfrac{e^{-t}-e^{-2t}}{t}dt$；　　(4) $\int_{0}^{+\infty}\dfrac{1-\cos t}{t}e^{-t}dt$；

(5) $\int_{0}^{+\infty}te^{-3t}\sin 2t\,dt$；　　(6) $\int_{0}^{+\infty}\dfrac{\sin^{2}t}{t^{2}}dt$.

7.6　利用 Laplace 变换的性质，求 $\mathscr{L}^{-1}[F(s)]$：

(1) $F(s)=\dfrac{1}{s+1}-\dfrac{1}{s-1}$；　　(2) $F(s)=\ln\dfrac{s^{2}+1}{s^{2}}$；

(3) $F(s)=\arctan\dfrac{a}{s}$；　　(4) $F(s)=\dfrac{2s}{(s^{2}-1)^{2}}$；

(5) $F(s)=\dfrac{1}{(s^{2}-1)^{2}}$；　　(6) $F(s)=\dfrac{1}{(s^{2}+2s+2)^{2}}$；

(7) $F(s)=\dfrac{s}{s+2}$；　　(8) $F(s)=\dfrac{1+e^{-2s}}{s^{2}}$.

7.7　求下列函数在区间$[0,+\infty)$上的卷积：

(1) $1*u(t)$；　　(2) $t*t$；

(3) $\sin kt*\sin kt$　($k\neq 0$)；　　(4) $t*\sinh t$；

(5) $u(t-a)*f(t)$　($a\geqslant 0$)；　　(6) $\delta(t-a)*f(t)$　($a\geqslant 0$).

7.8 设 $\mathscr{L}[f(t)] = F(s)$，利用卷积定理证明

$$\mathscr{L}\left[\int_0^t f(t)\mathrm{d}t\right] = \mathscr{L}[f(t) * u(t)] = \frac{F(s)}{s}.$$

7.9 求下列函数的逆变换：

(1) $F(s) = \dfrac{s}{(s-a)(s-b)}$；

(2) $F(s) = \dfrac{s}{(s^2+1)(s^2+4)}$；

(3) $F(s) = \dfrac{1}{(s^2+4)^2}$；

(4) $F(s) = \dfrac{2s+1}{s(s+1)(s+2)}$；

(5) $F(s) = \dfrac{s+1}{9s^2+6s+5}$；

(6) $F(s) = \dfrac{s^3+5s^2+9s+7}{(s+1)(s+2)}$；

(7) $F(s) = \dfrac{2s^2+s+5}{s^3+6s^2+11s+6}$；

(8) $F(s) = \dfrac{s+3}{s^3+3s^2+6s+4}$.

7.10 解下列微分方程：

(1) $y''-2y'+y=\mathrm{e}^t, y(0)=y'(0)=0$；

(2) $y''-2y'+2y=2\mathrm{e}^t\cos t, y(0)=y'(0)=0$；

(3) $y''-y=4\sin t+5\cos 2t$，$y(0)=-1$，$y'(0)=-2$；

(4) $y'''-3y''+3y'-y=-1$，$y''(0)=y'(0)=1$，$y(0)=2$；

(5) $y'''+y'=\mathrm{e}^{2t}$，$y(0)=y'(0)=y''(0)=0$；

(6) $y'''+3y''+3y'+y=6\mathrm{e}^{-t}$，$y(0)=y'(0)=y''(0)=0$；

(7) $y^{(4)}+y'''=\cos t$，$y(0)=y'(0)=y'''(0)=0$，$y''(0)=1$；

(8) $y^{(4)}+2y''+y=0$，$y(0)=y'(0)=y'''(0)=0$，$y''(0)=1$；

(9) $y''-2y'+y=0$，$y(0)=0$，$y'(0)=2$；

(10) $y''+y=10\sin 2t$，$y(0)=0$，$y\left(\dfrac{\pi}{2}\right)=1$.

7.11 求解下列积分方程及微分积分方程：

(1) $y(t)+\int_0^t y(t-\tau)\mathrm{e}^\tau\,\mathrm{d}\tau = 2t-3$；

(2) $y'+2y=\sin t-\int_0^t y(\tau)\mathrm{d}\tau$，$y(0)=0$；

(3) $\int_0^t y(\tau)\cos(t-\tau)\mathrm{d}\tau = y'(t)$，$y(0)=1$；

(4) $y'(t)+3y(t)+2\int_0^t y(\tau)\mathrm{d}\tau = 2\mathrm{e}^{-3t}$，$y(0)=0$.

7.12 求解下列方程组：

(1) $\begin{cases} x''-x-2y'=\mathrm{e}^t,\ x(0)=-\dfrac{3}{2},\ x'(0)=\dfrac{1}{2}; \\ x'-y''-2y=t^2,\ y(0)=1,\ y'(0)=-\dfrac{1}{2}. \end{cases}$

(2) $\begin{cases} x'+y''=\delta(t-1), & x(0)=y(0)=0; \\ 2x+y'''=2u(t-1), & y'(0)=y''(0)=0. \end{cases}$

8 共形映射

在第1章我们已经知道，一个定义在某区域D上的复变函数$w=f(z)$在几何上表示从z平面到w平面的一个映射(或变换).本章我们将介绍解析函数所构成的1-1映射——共形映射，它是复变函数中最重要的概念之一. 通过共形映射可以把比较复杂的区域上的问题转化到比较简单的区域上进行研究，它成功地解决了流体力学、空气动力学、弹性力学、电学等学科中的许多实际问题.

8.1 共形映射的概念

8.1.1 曲线的切向量

假设C是平面上的一条简单光滑曲线，参数方程为$x=x(t)$，$y=y(t)(\alpha\leqslant t\leqslant\beta)$，则由高等数学的知识，曲线$C$上对应于参数$t$的点的切向量为$\{x'(t), y'(t)\}$. 在复平面上，曲线$C$可表示为$z(t)=x(t)+\mathrm{i}y(t)(\alpha\leqslant t\leqslant\beta)$，从而$z'(t)=x'(t)+\mathrm{i}y'(t)(\alpha\leqslant t\leqslant\beta)$表示曲线$C$上对应于参数$t$的切向量，因此$\mathrm{Arg}z'(t)$表示曲线$C$在$z(t)$处的切线与实轴的夹角.

8.1.2 解析函数的导数的几何意义

设函数$w=f(z)$在区域D内解析，$z_0\in D$且$f'(z_0)\neq 0$，通过z_0任意引一条有向光滑曲线C：$z=z(t)$ $(\alpha\leqslant t\leqslant\beta)$，$z_0=z(t_0)$且$z'(t_0)\neq 0$，则曲线$C$在点$z_0$有确定的切线，其倾角$\theta=\arg z'(t_0)$(图8-1).

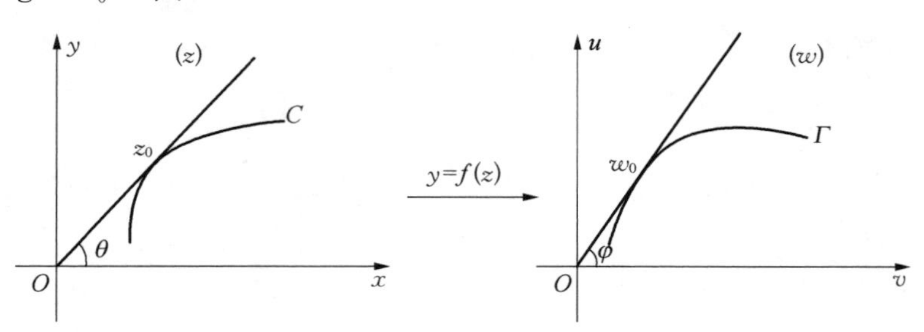

图8-1

映射 $w=f(z)$ 把 z 平面内曲线 C 映射成 w 平面内通过点 $w_0=f(z_0)$ 的一条有向光滑曲线

$$\Gamma:\ w=f[z(t)]\ (\alpha\leqslant t\leqslant\beta)$$

由于 $w'(t_0)=f'(z_0)\cdot z'(t_0)\neq 0$，因此曲线 Γ 在点 w_0 处的切线存在，其倾角为

$$\varphi=\arg w'(t_0)=\arg f'(z_0)+\arg z'(t_0)=\arg f'(z_0)+\theta$$

于是

$$\arg f'(z_0)=\varphi-\theta. \tag{8.1}$$

如果我们假定图 8-1 中的 x 轴与 u 轴、y 轴与 v 轴正向相同，而且将原来的切线的正向与映射后的正向之间的夹角理解为曲线 C 经过 $w=f(z)$ 映射后在 z_0 处的转动角，则式(8.1)表明，像曲线 Γ 在 $w_0=f(z_0)$ 处的切线方向，可以看成是由曲线 C 在点 z_0 处的切线方向旋转一个角度 $\arg f'(z_0)$得出.

我们称 $\arg f'(z_0)$ 为 $w=f(z)$ 在点 z_0 的**旋转角**.

显然，$\arg f'(z_0)$只与点 z_0 有关，而与过点 z_0 的曲线 C 的形状无关，这一性质称为**旋转角的不变性**.

假设过 z_0 有两条曲线 $C_1: z=z_1(t)$，$C_2: z=z_2(t)$ $(\alpha\leqslant t\leqslant\beta)$，它们在点 z_0 处切线的倾角分别为 θ_1 和 θ_2(图 8-2).

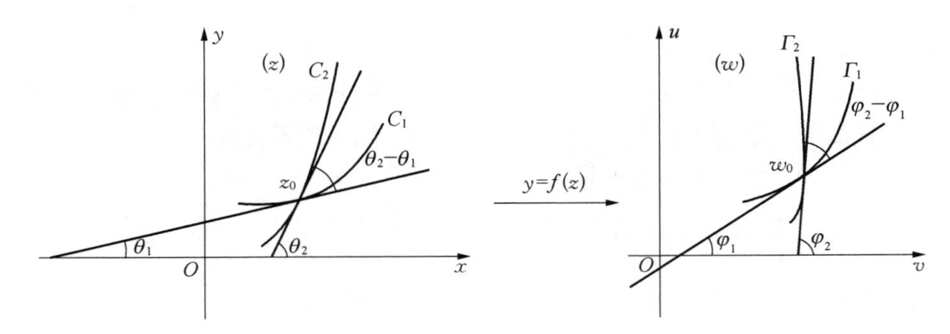

图 8-2

在映射 $w=f(z)$ 下，C_1，C_2 的像曲线分别是经过 $w_0=f(z_0)$ 的曲线 Γ_1 和 Γ_2，它们在 w_0处的切线倾角分别为 φ_1，φ_2，由旋转角的不变性，有

$$\arg f'(z_0)=\varphi_2-\theta_2=\varphi_1-\theta_1$$

于是

$$\varphi_2-\varphi_1=\theta_2-\theta_1 \tag{8.2}$$

这里 $\theta_2-\theta_1$表示曲线 C_1 与 C_2 在 z_0 处的夹角，$\varphi_2-\varphi_1$表示 Γ_1 和 Γ_2 在 w_0处的夹角.

式(8.2)表明，映射 $w=f(z)$ 使得两条曲线夹角的大小和方向保持不变.

下面我们再讨论 $|f'(z_0)|$ 的几何意义.

设 $z-z_0=re^{i\theta},\ w-w_0=\rho e^{i\varphi}$

则

$$\frac{w-w_0}{z-z_0}=\frac{f(z)-f(z_0)}{z-z_0}=\frac{\rho e^{i\varphi}}{r\,e^{i\theta}}=\frac{\Delta\sigma}{\Delta s}\cdot\frac{\rho}{\Delta\sigma}\cdot\frac{\Delta s}{r}\cdot e^{i(\varphi-\theta)}.$$

其中,$\Delta\sigma$、Δs 分别表示曲线 Γ 上从 w_0 到 w 的一段弧长及曲线 C 上从 z_0 到 z 的一段弧长(图 8-3).

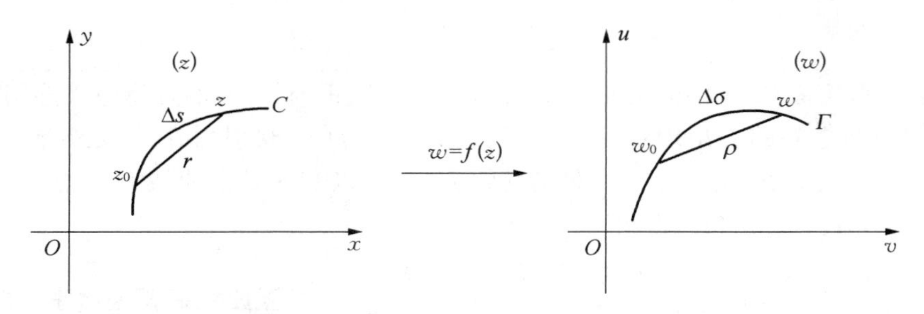

图 8-3

上式取极限得

$$|f'(z_0)|=\lim_{z\to z_0}\frac{\Delta\sigma}{\Delta s}. \tag{8.3}$$

称这个极限为曲线 C 经过映射 $w=f(z)$ 后在点 z_0 的**伸缩率**.

因此,式(8.3)表明,$|f'(z_0)|$ 是经过映射 $w=f(z)$ 后通过点 z_0 的任何曲线在 z_0 点的伸缩率,它与曲线的形状和方向无关. 这一性质称为**伸缩率的不变性**.

综上所述,我们归结为下面的定理.

定理 8.1 设函数 $w=f(z)$ 在区域 D 内解析,z_0 为 D 内的一点,且 $f'(z_0)\neq 0$,则映射 $w=f(z)$ 在 z_0 具有:

(1) 伸缩率不变性,即通过 z_0 的任何一条曲线的伸缩率均为 $|f'(z_0)|$,而与曲线的形状和方向无关;

(2) 通过 z_0 的两条曲线间的夹角与映射后的两条像曲线间的夹角在大小、方向上保持不变.

例 8.1 求函数 $f(z)=z^2+4z$ 在 $z_0=-1+i$ 的旋转角和伸缩率.

解 因为 $f'(z)=2z+4$

$$f'(z_0)=2(-1+i)+4=2(1+i)$$

所以此映射在 $z_0=-1+i$ 的旋转角为 $\arg f'(z_0)=\dfrac{\pi}{4}$,伸缩率为 $|f'(z_0)|=2\sqrt{2}$.

8.1.3 共形映射的定义

定义 8.1 若 $w=f(z)$ 在点 z_0 的邻域内有定义,且在 z_0 具有:

(1) 伸缩率不变性；

(2) 通过 z_0 的两条曲线间的夹角与映射后的两条像曲线间的夹角在大小、方向上保持不变. 则称映射 $w = f(z)$ 在点 z_0 是**保角**的. 若 $w = f(z)$ 是区域 D 内的 1-1 映射，且在 D 内每一点都是保角的，则称 $w = f(z)$ 为区域 D 上的**共形映射**.

由定理 8.1 可得如下推论.

推论 8.1 若函数 $w = f(z)$ 在区域 D 内解析，则 $f(z)$在导数不为零的点处是保角的.

例 8.2 讨论解析函数 $w = z^2$ 的共形性.

解 因为 $\dfrac{dw}{dz} = 2z \neq 0\ (z \neq 0)$

所以 $w = z^2$ 在 z 平面上除原点 $z = 0$ 外，处处都是保角的.

又由于 $w = z^2$ 在顶点为原点张度不超过 π 的角形区域是 1-1 映射，所以在该区域内 $w = z^2$ 是共形映射.

8.2 分式线性映射

分式线性映射是共形映射中最简单最基本的映射，也是本章重点讨论的内容.

8.2.1 分式线性映射及其分解

形如

$$w = \frac{az+b}{cz+d}\ (ad - bc \neq 0) \tag{8.4}$$

的映射称为分式线性映射. 这里 a, b, c, d 是复常数.

当 $c = 0$ 时，$w = \dfrac{a}{d}z + \dfrac{b}{d}$.

当 $c \neq 0$ 时，$w = \dfrac{bc-ad}{c}\,\dfrac{1}{cz+d} + \dfrac{a}{c}$.

所以，分式线性映射可分解为如下基本形式的映射：

$$w = \frac{bc-ad}{c}\xi + \frac{a}{c};\quad \xi = \frac{1}{\eta};\quad \eta = cz + d.$$

因此，分式线性映射可以看作是以下两种特殊映射的复合：

(1) $w = kz + h\ (k \neq 0)$； (2) $w = \dfrac{1}{z}$.

映射 $w = kz + h\ (k \neq 0)$ 称为**整线性映射**.

当 $k = 1$ 时，$w = z + h$ 称为**平移映射**(图 8-4).

当 $h = 0$, $|k| = 1$ 时，$w = kz$ 称为**旋转映射**(图 8-5).

当 $h = 0$, $k = r(r > 0)$ 时，$w = rz$ 称为相似映射(图 8-6).

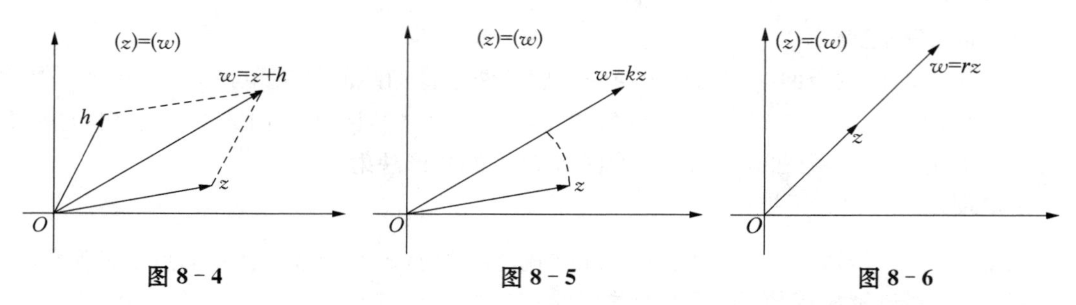

图 8-4　　图 8-5　　图 8-6

因此,整线性映射 $w=kz+h\ (k\neq0)$ 可以看作是先将 z 旋转 θ,再将 $|z|$ 伸长(或缩短) $|k|$ 倍,最后再平移一个向量 h.

例如,z 平面上的三角形,在映射 $w=kz+h$ 下可得到 w 平面上的另一个三角形,其映射过程如图 8-7 所示.

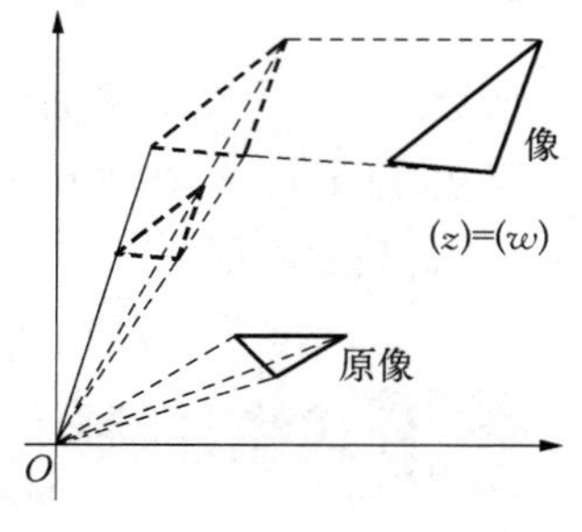

图 8-7

映射 $w=\dfrac{1}{z}$ 称为**反演映射**(或**倒数映射**).

反演映射可以分解为下面两个更为简单的映射:

$$w_1=\frac{1}{\bar{z}},\ w=\overline{w_1}.$$

为了用几何方法求出 w,我们引入关于圆周对称的概念.

定义 8.2　设 C 是以原点为圆心,R 为半径的圆周,若 A、B 两点在从圆心出发的射线上,且 $|OA|\cdot|OB|=R^2$,则称点 A 与点 B 关于圆周 C 对称.

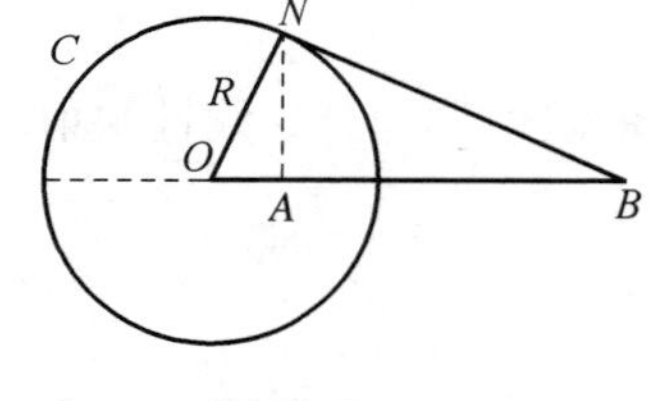

图 8-8

对称点的作法:当点 B 在圆周外时,连接 OB,由点 B 作圆的切线(切点为 N),再由 N 作 OB 的垂线 NA,则垂足 A 即为点 B 关于圆周 C 的对称点(图 8-8).

事实上,显然 $\triangle ONA\backsim\triangle OBN$,从而 $|OA|\cdot|OB|=R^2$.

我们**特别规定**,圆心 O 和 ∞ 关于圆周对称.

定理 8.2　扩充复平面上两点 z_1, z_2 关于圆周 C 对称的**充要条件**是通过 z_1, z_2 的任意圆周 Γ 均与 C 正交.

证　当 C 为直线①的情形,定理显然成立. 以下证明 C: $|z-z_0|=R$ 为有限圆周的情形(图 8-9). Γ 为过 z_1, z_2 的任意圆周,与 C 交于点 z_3, L 为过 z_1, z_2 的直线.

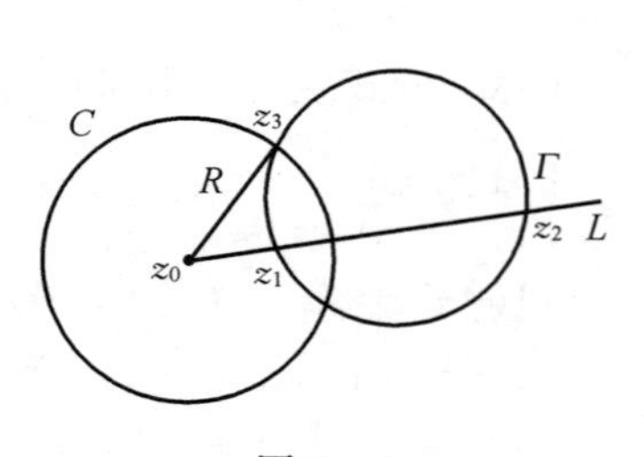

图 8-9

必要性:若 z_1,z_2 关于 C 对称,则 L 过 z_0 点,故 L 与 C 正交.

① 在扩充复平面上,将直线看作是半径为∞的圆.

又由于 $|z_1-z_0||z_2-z_0|=R^2=|z_3-z_0|^2$，由切割线定理，$\Gamma$ 与 C 正交.

充分性：若过 z_1, z_2 的任意圆 Γ 与 C 正交，则 L 与 C 正交，故 L 过 z_0 点，即 z_0，z_1，z_2 三点共线；又 Γ 与 C 正交，故 z_1，z_2 在 z_0 的同一侧，且 $\overline{z_0z_3}$ 为 Γ 的切线，由切割线定理得

$$|z_1-z_0||z_2-z_0|=|z_3-z_0|^2=R^2$$

因此，z_1，z_2 关于圆周 C 对称.

下面讨论 $w=\dfrac{1}{z}$ 的几何意义.

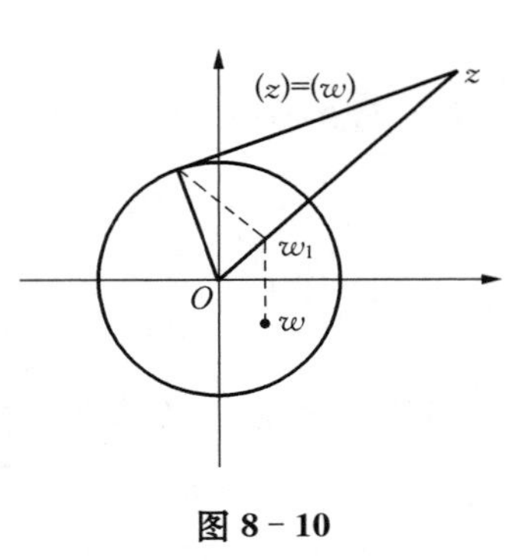

图 8-10

由于 $|z|\cdot|w_1|=r\cdot\dfrac{1}{r}=1$，所以 z 与 w_1 是关于单位圆周 $|z|=1$ 的对称点. 而 w 与 w_1 又关于实轴对称，因此，要由点 z 作出点 $w=\dfrac{1}{z}$，只需先找出 z 关于单位圆周 $|z|=1$ 的对称点 w_1，然后再作出点 w_1 关于实轴的对称点 w 即可（图 8-10）.

8.2.2 分式线性映射的几何性质

(1) 分式线性映射的共形性

为了证明分式线性映射(8.4)在扩充 z 平面上是共形的，我们只要证明整线性映射 $w=kz+h\ (k\neq 0)$ 和反演映射 $w=\dfrac{1}{z}$ 在扩充 z 平面上是保角的，因为式(8.4)在扩充 z 平面上是 1-1 映射.

对于反演映射 $w=\dfrac{1}{z}$，当 $z\neq 0, \infty$ 时，$\dfrac{\mathrm{d}w}{\mathrm{d}z}=-\dfrac{1}{z^2}\neq 0$，从而当 $z\neq 0, \infty$ 时，反演映射是保角的.

至于在 $z=0$ 与 $z=\infty$ 处的保角性，我们**规定**：两条伸向无穷远的曲线在 ∞ 处的夹角，等于它们在映射 $\xi=\dfrac{1}{z}$ 下所映成的通过原点 $\xi=0$ 的两条像曲线的夹角.

从而当 $z=\infty$ 时，$\xi=0$，此时 $w=\dfrac{1}{z}=\xi$ 在 $\xi=0$ 是保角的，因此 $w=\dfrac{1}{z}$ 在 $z=\infty$ 处仍具有保角性.

再由 $z=\dfrac{1}{w}$ 知，在 $w=\infty$ 处映射 $z=\dfrac{1}{w}$ 是保角的，也就是说，$w=\dfrac{1}{z}$ 在 $z=0$ 处也具有保角性.

因此，反演映射在扩充复平面上具有保角性.

对于映射 $w=kz+h\ (k\neq 0)$,由于$\dfrac{\mathrm{d}w}{\mathrm{d}z}=k\neq 0$, 因而它在 z 平面上是保角的.

当 $z=\infty$ 时,$w=\infty$,为了证明它的保角性,我们令 $\xi=\dfrac{1}{z}$, $\eta=\dfrac{1}{w}$, 这时我们要考虑映射

$$\eta=\frac{\xi}{k+h\xi} \tag{8.5}$$

在 $\xi=0$ 处的保角性.

由于 $\dfrac{\mathrm{d}\eta}{\mathrm{d}\xi}=\dfrac{1}{k}\neq 0$, 故式(8.5)在 $\xi=0$ 处具有保角性,且 $\xi=0$ 时,$\eta=0$. 又由上面的讨论可知, $w=\dfrac{1}{\eta}$ 在 $\eta=0$ 处是保角的,从而 $w=kz+h$ 在 $z=\infty$ 处是保角的.

因此 $w=kz+h$ 在扩充复平面上是保角的.

综上所述,我们有如下性质.

性质 8.1 分式线性映射(8.4)在扩充复平面上是共形映射.

(2) 分式线性映射的保圆性

由于整线性映射 $w=kz+h\ (k\neq 0)$ 是将 z 平面内的点经过平移、旋转和相似变换得到其像点的,因此,z 平面上的圆周(或直线)经过整线性变换后仍然变为圆周(或直线),如果我们把直线视为经过无穷远点的圆周,则整线性映射在扩充复平面上把圆周映射为圆周,这个性质称为**保圆性**.

下面我们证明,反演映射 $w=\dfrac{1}{z}$ 在扩充 z 平面上也具有保圆性.

设 z 平面上的圆周 C 的方程为

$$A(x^2+y^2)+Bx+Cy+D=0,\text{其中},A、B、C、D\in\mathbf{R}.$$

由于 $x=\dfrac{1}{2}(z+\overline{z})$, $y=\dfrac{1}{2\mathrm{i}}(z-\overline{z})$, 代入上式,得圆的方程的复数形式

$$Az\,\overline{z}+\overline{\beta}z+\beta\overline{z}+D=0$$

其中 $\beta=\dfrac{1}{2}(B+C\mathrm{i})$.

当 $A=0$ 时,上式表示一条直线.

在映射 $w=\dfrac{1}{z}$ 下,上面圆的复数形式的方程可变为

$$A+\overline{\beta}\,\overline{w}+\beta w+Dw\,\overline{w}=0$$

它表示 w 平面上的圆周 Γ. 当 $D=0$ 时,即为直线.

因此我们得到如下性质.

性质 8.2 分式线性映射将扩充 z 平面上的圆周变为扩充 w 平面上的圆周.

根据分式线性映射的保圆性,若给出的圆周或直线上有一点映射为无穷远点,则它就映射为直线,否则它就映射为半径为有限的圆周.

(3) 分式线性映射的保对称性

性质 8.3 设 z_1、z_2 是扩充复平面上关于圆周 C 的一对对称点,则在分式线性映射下,它们的像点 w_1 和 w_2 也是关于 C 的像曲线 C' 的一对对称点.

证 假设 Γ 是扩充复平面上过 z_1, z_2 的任意圆,则其像 Γ' 是过像点 w_1, w_2 的圆. 由于 z_1, z_2 关于圆周 C 对称,由定理 8.2 知,C 与 Γ 正交. 再由保角性,C' 与 Γ' 正交,即过 w_1, w_2 的任意圆与 C' 正交,于是 w_1, w_2 关于 C' 对称.

该性质表明,分式线性映射具有保持对称点不变的性质,称之为**保对称性**.

8.2.3 分式线性映射的确定

在分式线性映射 $w=\dfrac{az+b}{cz+d}$ $(ad-bc\neq 0)$ 中,有四个常数 a、b、c 和 d. 如果我们用这四个常数中的一个不为零的数去除分子、分母,就可以将分式中的四个常数化为三个常数. 所以,在分式线性映射中实际上只有三个独立的常数. 因此,要唯一确定这三个常数,就必须有三个条件,从而决定一个分式线性映射. 即有如下定理.

定理 8.3 对于扩充 z 平面上三个相异的点 z_1、z_2、z_3 和扩充 w 平面上的三个相异的点 w_1、w_2、w_3,存在唯一的分式线性映射,使得 $z_k(k=1,2,3)$ 依次映射为 w_k $(k=1,2,3)$ 并且该映射可以写成

$$\frac{w-w_1}{w-w_2}:\frac{w_3-w_1}{w_3-w_2}=\frac{z-z_1}{z-z_2}:\frac{z_3-z_1}{z_3-z_2}. \tag{8.6}$$

证 设所求映射为 $w=\dfrac{az+b}{cz+d}$, $ad-bc\neq 0$.

它将 $z_k(k=1,2,3)$ 依次映射为 w_k $(k=1,2,3)$.

则

$$w_k=\frac{az_k+b}{cz_k+d}\quad (k=1,2,3)$$

于是

$$w-w_k=\frac{az+b}{cz+d}-\frac{az_k+b}{cz_k+d}=\frac{(z-z_k)(ad-bc)}{(cz+d)(cz_k+d)}\quad (k=1,2)$$

$$w_3-w_k=\frac{(z_3-z_k)(ad-bc)}{(cz_3+d)(cz_k+d)}\quad (k=1,\ 2)$$

消去 a, b, c, d,即得

$$\frac{w-w_1}{w-w_2}:\frac{w_3-w_1}{w_3-w_2}=\frac{z-z_1}{z-z_2}:\frac{z_3-z_1}{z_3-z_2}.$$

若六个点中有一个点是∞时,应将包含该点的项用 1 代替. 例如 $w_3=\infty$, 则上式为

$$\frac{w-w_1}{w_0-w_2}=\frac{z-z_1}{z-z_2}:\frac{z_3-z_1}{z_3-z_2}.$$

即先视 w_3为有限,再令 $w_3\to\infty$取极限而得.

例 8.3　求将 $z_1=1$, $z_2=0$, $z_3=\mathrm{i}$ 分别映射为点 $w_1=-1$, $w_2=\infty$, $w_3=-\mathrm{i}$ 的分式线性映射.

解　将已知的三对点代入定理 8.3 中的公式可得

$$\frac{w+1}{1}:\frac{-\mathrm{i}+1}{1}=\frac{z-1}{z-0}:\frac{\mathrm{i}-1}{\mathrm{i}-0}$$

故

$$w=\frac{\mathrm{i}}{z}-(1+\mathrm{i}).$$

由定理 8.3 可知,在扩充 z 平面和扩充 w 平面上分别给定两个圆周 C 和 Γ,然后在 C、Γ 上分别取定三对不同的点,则必存在唯一的分式线性映射把 C 映射成 Γ,那么该映射把 C 的内部映射成什么集合呢? 对此,我们有如下定理.

定理 8.4　在分式线性映射下,圆周 C 的内部不是映射成 Γ 的内部,就是映射成 Γ 的外部.

证　设 z_1、z_2 是 C 内部的任意两点(图 8 - 11),用直线段把这两点连接起来,如果线段 z_1z_2 的像为圆弧 $\widehat{w_1w_2}$(或直线段 w_1w_2),且 w_1在 Γ 之外,w_2在 Γ 之内,那么弧 $\widehat{w_1w_2}$必与 Γ 交于一点 A,由于 A 在 $\widehat{w_1w_2}$ 上,所以它的原像必在线段 z_1z_2 上. 同时,A 在 Γ 上,所以它的原像又在圆周 C 上. 即有两个不同的点,一个在圆周 C 上,另一个在线段 z_1z_2 上,同时映射为 A 点. 这就与分式线性映射是 1 - 1 映射矛盾,因此定理的论断是正确的.

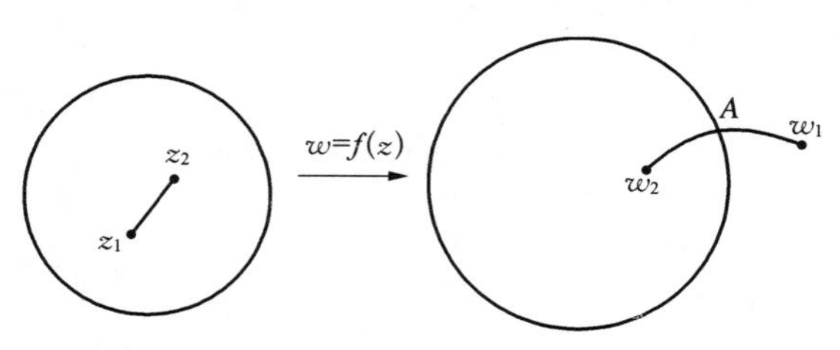

图 8 - 11

根据定理8.4，我们可以利用如下方法来确定以圆周（或直线）为边界的区域经过分式线性映射后的区域.

方法Ⅰ 在分式线性映射下，如果在圆周 C 内任取一点 z_0，而点 z_0 的像在 Γ 的内部，则 C 的内部就一定映射成 Γ 的内部；如果 z_0 的像在 Γ 的外部，那么 C 的内部就映射成 Γ 的外部.

方法Ⅱ 在圆周 C 上依次取三点 z_1、z_2、z_3，它们在 Γ 上的像点分别是 w_1、w_2、w_3. 如果按照 $z_1 \to z_2 \to z_3$ 的绕向与 Γ 上 $w_1 \to w_2 \to w_3$ 的绕向相同时，那么 C 的内部就映射成 Γ 的内部；否则，C 的内部就映射成 Γ 的外部.（图 8-12）

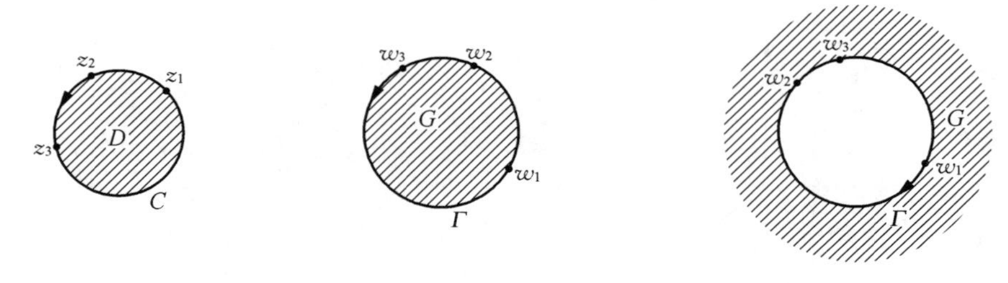

图 8-12

例 8.4 求将区域 $D=\{z:|z|<1, \mathrm{Im}\, z>0\}$ 映射为第一象限的映射.

解 先构造一个分式线性映射，把 -1，1 分别映射为 0，∞.

$$w_1=\frac{z+1}{z-1}$$

于是区域 D 的边界 C_1 和 C_2 分别映射为相交于原点的两条射线，从而区域 D 映射为第三象限（图 8-13）.

再通过旋转映射，即得所求映射

$$w=w_1 e^{\pi i}=\frac{1+z}{1-z}.$$

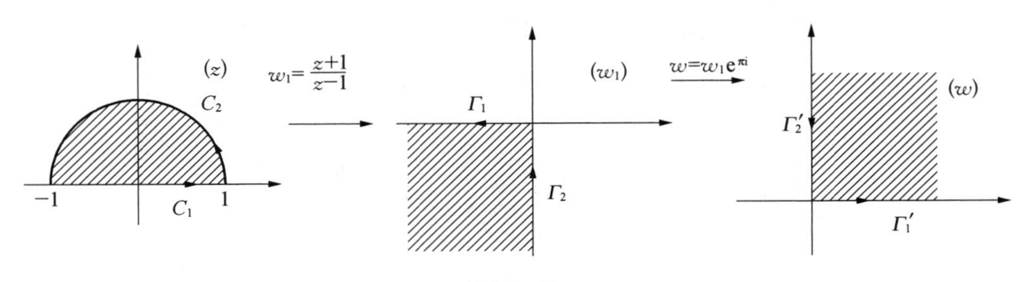

图 8-13

例 8.5 求区域 $D=\{z:|z-1|<\sqrt{2}, |z+1|<\sqrt{2}\}$ 在映射 $w=\dfrac{z-i}{z+i}$ 下的像区域.

解 如图 8-14 所示，两圆 C_1，C_2 交于 $z_1=-i$，$z_2=i$ 且 C_1 和 C_2 在 i 点的夹角为 $\dfrac{\pi}{2}$.

在映射 $w=\dfrac{z-\mathrm{i}}{z+\mathrm{i}}$ 下，$-\mathrm{i}$ 与 i 分别映射为∞和 0.

因此根据映射的保角性和保圆性，C_1 和 C_2 的像曲线 Γ_1 与 Γ_2 为从原点出发的两条射线，且在原点处的夹角仍为$\dfrac{\pi}{2}$.

又因为当 $z=0$ 时，$w=-1$，于是虚轴上从 i 到 $-\mathrm{i}$ 的线段被映射为左半实轴.

因此，像区域为顶点在原点，张角为$\dfrac{\pi}{2}$的角形域(图 8－14).

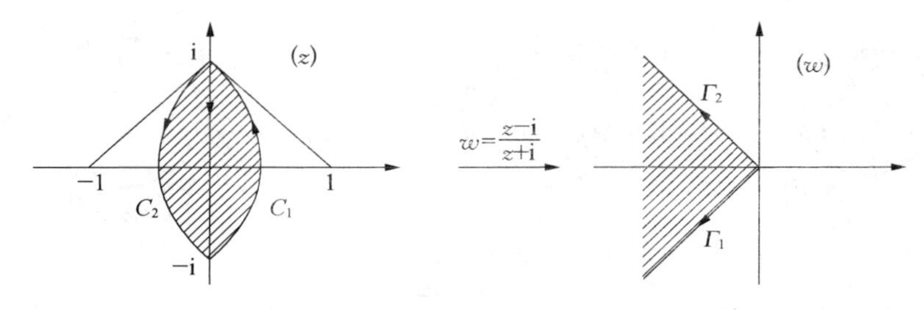

图 8－14

8.3　几种常见的分式线性映射

分式线性映射在处理边界为圆弧或直线的区域映射中，具有很大的作用. 本节我们介绍三种典型的情形.

8.3.1　把上半平面映射成上半平面的分式线性映射

设分式线性映射 $w=\dfrac{az+b}{cz+d}$ 把上半平面映射为上半平面，则它必然把 z 平面的实轴映射成 w 平面的实轴，并且保持同方向(图 8－15).

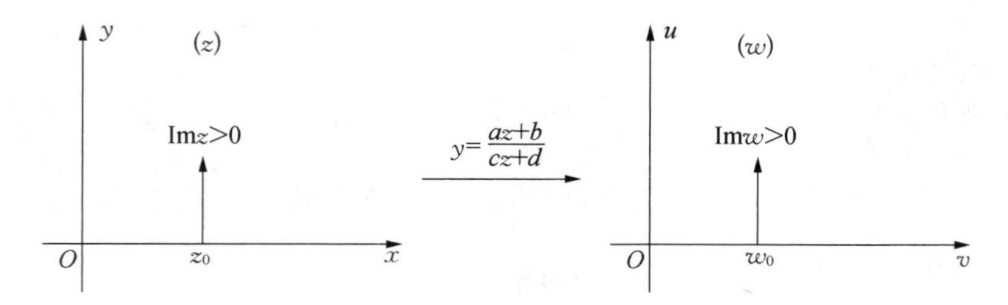

图 8－15

所以当 z 为实数时，$\dfrac{\mathrm{d}w}{\mathrm{d}z}=\dfrac{ad-bc}{(cz+d)^2}>0$，从而 $ad-bc>0$.

反之，任意一个分式线性映射 $w=\frac{az+b}{cz+d}$，只要 a，b，c，d 为实数，且 $ad-bc>0$，它必把上半平面映射成上半平面. 这个映射也把下半平面映射为下半平面.

8.3.2 把上半平面映射成单位圆内部的分式线性映射

在扩充复平面上，上半平面可以看成是半径为无穷大的圆域，实轴就相当于圆域的边界圆周(广义圆). 由于分式线性映射具有保圆性，因此它必能把上半平面 $\mathrm{Im}z>0$ 映射成单位圆内部 $|w|<1$.

假设上半平面内某一点 λ 被映射成单位圆的圆心，由分式线性映射的保对称性，λ 的对称点 $\overline{\lambda}$ 被映射为 w 平面上的∞. 因此，该分式线性映射具有形式

$$w=k\frac{z-\lambda}{z-\overline{\lambda}}.$$

由于实轴上的点映射到单位圆周上，因此，当 z 取实数时，注意到 $|z-\lambda|=|z-\overline{\lambda}|$，则有

$$1=|w|=|k|\frac{|z-\lambda|}{|z-\overline{\lambda}|}=|k|.$$

所以 $k=\mathrm{e}^{\mathrm{i}\theta}$($\theta$ 为实数).

于是所求映射为

$$w=\mathrm{e}^{\mathrm{i}\theta}\frac{z-\lambda}{z-\overline{\lambda}}\ (\mathrm{Im}\lambda>0). \tag{8.7}$$

当 θ、λ 取不同的值时，我们将得到不同的映射.

另外，我们也可以利用确定分式线性映射的条件，在实轴上和单位圆周 $|w|=1$ 上，取三对不同的对应点，来确定一个映射.

例如，在实轴上依次取三点 $z_1=-1$，$z_2=0$，$z_3=1$，使它们分别映射为 $|w|=1$ 上的点 $w_1=1$，$w_2=\mathrm{i}$，$w_3=-1$.

由定理 8.3 可得

$$\frac{w-1}{w-\mathrm{i}}:\frac{-1-1}{-1-\mathrm{i}}=\frac{z+1}{z-0}:\frac{1+1}{1-0}$$

即

$$w=\frac{z-\mathrm{i}}{\mathrm{i}z-1}.$$

这是 $\theta=-\frac{\pi}{2}$，$\lambda=\mathrm{i}$ 时的情形.

例 8.6　求将上半平面 $\operatorname{Im} z>0$ 映射成单位圆内部 $|w|<1$ 且满足条件 $f(2\mathrm{i})=0$，$\arg f'(2\mathrm{i})=0$ 的分式线性映射 $w=f(z)$.

解　由于 $f(2\mathrm{i})=0$，因而所求映射具有形式

$$w=f(z)=\mathrm{e}^{\mathrm{i}\theta}\frac{z-2\mathrm{i}}{z+2\mathrm{i}}$$

而

$$f'(z)=\mathrm{e}^{\mathrm{i}\theta}\frac{4\mathrm{i}}{(z+2\mathrm{i})^2}$$

所以

$$f'(2\mathrm{i})=\mathrm{e}^{\mathrm{i}\theta}\left(-\frac{\mathrm{i}}{4}\right)$$

$$\arg f'(2\mathrm{i})=\arg \mathrm{e}^{\mathrm{i}\theta}+\arg\left(-\frac{\mathrm{i}}{4}\right)=\theta+\left(-\frac{\pi}{2}\right)=0$$

$$\theta=\frac{\pi}{2}$$

于是所求映射为

$$w=\mathrm{i}\left(\frac{z-2\mathrm{i}}{z+2\mathrm{i}}\right).$$

例 8.7　求将圆盘 $|z|<2$ 映射成右半平面 $\operatorname{Re}w>0$ 的分式线性映射 $w=f(z)$，并且使得 $f(0)=1$，$\arg f'(0)=\dfrac{\pi}{2}$.

解　先求出将 $\operatorname{Re}w>0$ 映射为 $|z|<2$ 的分式线性映射 $z=f^{-1}(w)$，再求出它的逆映射 $w=f(z)$，则将 $|z|<2$ 映射成 $\operatorname{Re}w>0$.

由于 $f^{-1}(1)=0$，而 0 与 ∞ 关于 $|z|<2$ 对称，$w=1$ 与 $w=-1$ 关于 $\operatorname{Re}w=0$ 对称. 由分式线性映射的保对称性可得

$$f^{-1}(-1)=\infty$$

所以

$$z=f^{-1}(w)=k\frac{w-1}{w+1}$$

由于 $z=f^{-1}(w)$ 将虚轴 $\operatorname{Re}w=0$ 映射为圆周 $|z|=2$，所以

$$\left|k\frac{\mathrm{i}x-1}{\mathrm{i}x+1}\right|=2\quad（x \text{ 为任意实数}）$$

$$|k|=2$$

从而

$$z = f^{-1}(w) = 2\mathrm{e}^{\mathrm{i}\theta}\frac{w-1}{w+1}$$

由上式求逆映射可得

$$w = \frac{-z-2\mathrm{e}^{\mathrm{i}\theta}}{z-2\mathrm{e}^{\mathrm{i}\theta}}$$

而 $$\arg f'(0) = \frac{\pi}{2},\ f'(z) = \frac{4\mathrm{e}^{\mathrm{i}\theta}}{(z-2\mathrm{e}^{\mathrm{i}\theta})^2}$$

于是 $$\arg f'(0) = \arg \mathrm{e}^{-\mathrm{i}\theta} = \frac{\pi}{2}$$

即 $$\theta = -\frac{\pi}{2}$$

因此所求映射为

$$w = \frac{-z-2\mathrm{e}^{-\frac{\pi}{2}\mathrm{i}}}{z-2\mathrm{e}^{-\frac{\pi}{2}\mathrm{i}}} = -\frac{z-2\mathrm{i}}{z+2\mathrm{i}}.$$

8.3.3 把单位圆内部映射成单位圆内部的分式线性映射

根据分式线性映射的保圆性,如果分式线性映射把单位圆 $|z|<1$ 内部映射为 $|w|<1$ 内部,则它必将单位圆周 $|z|=1$ 映射为单位圆周 $|w|=1$.

假设单位圆域 $|z|<1$ 内某一点 α ($|\alpha|<1$) 被映射成 $|w|=1$ 的圆心,由分式线性映射的保对称性,α 关于单位圆周 $|z|=1$ 的对称点 $\frac{1}{\bar{\alpha}}$ 映射为 w 平面内圆心关于单位圆周 $|w|=1$ 的对称点 $w=\infty$.

于是,所求映射具有形式

$$w = k\frac{z-\alpha}{z-\frac{1}{\bar{\alpha}}}$$

即

$$w = k_1\frac{z-\alpha}{1-\bar{\alpha}z}$$

取 $z=1$,则它的像点在 $|w|=1$ 上,于是

$$1 = |w| = |k_1| \cdot \frac{|1-\alpha|}{|1-\bar{\alpha}|} = |k_1|$$

于是

$$k_1 = \mathrm{e}^{\mathrm{i}\theta}$$

所求映射为

$$w = \mathrm{e}^{\mathrm{i}\theta} \frac{z-\alpha}{1-\bar{\alpha}z} \quad (|\alpha|<1). \tag{8.8}$$

例 8.8 求把单位圆域 $|z|<1$ 映射成单位圆域 $|w|<1$ 的分式线性映射 $w=f(z)$，并且满足条件 $f\left(\frac{\mathrm{i}}{2}\right)=0$，$\arg f'\left(\frac{\mathrm{i}}{2}\right)=-\frac{\pi}{2}$.

解 由式(8.8)可知，将单位圆域映射成单位圆域的分式线性映射为

$$w = f(z) = \mathrm{e}^{\mathrm{i}\theta} \frac{z-\alpha}{1-\bar{\alpha}z}$$

因为 $f\left(\frac{\mathrm{i}}{2}\right)=0$，所以 $\alpha=\frac{\mathrm{i}}{2}$. 于是有

$$f(z) = \mathrm{e}^{\mathrm{i}\theta} \frac{2z-\mathrm{i}}{2+\mathrm{i}z}$$

而 $f'\left(\frac{\mathrm{i}}{2}\right)=\frac{4}{3}\mathrm{e}^{\mathrm{i}\theta}$，$\theta=\arg f'\left(\frac{\mathrm{i}}{2}\right)=-\frac{\pi}{2}$，因此所求映射为

$$w = f(z) = -\mathrm{i}\frac{2z-\mathrm{i}}{2+\mathrm{i}z} = -\frac{1+2\mathrm{i}z}{2+\mathrm{i}z}.$$

8.4 几个初等函数构成的映射

8.4.1 幂函数与根式函数

先讨论幂函数 $w=z^n\ (n>1)$.

函数 $w=z^n$ 在复平面上解析，且当 $z\neq 0$ 时导数不为零，所以在复平面上除去原点外，$w=z^n$ 是保角的.

由于当 $z_1=\mathrm{e}^{\frac{2k\pi}{n}\mathrm{i}}z_2$ 时，$w_1=w_2$，因而幂函数仅在从原点出发张角为$\frac{2\pi}{n}$的角形区域内是

1－1映射. 因此幂函数在顶点为原点张角不超过$\frac{2\pi}{n}$的角形区域上是共形映射.

若令 $z=re^{i\theta}$, $w=\rho e^{i\varphi}$,则由 $w=z^n$,得 $\rho=r^n$, $\varphi=n\theta$.

因此,在 $w=z^n$ 映射下,z 平面上的圆周 $|z|=r$ 映射成 w 平面上的圆周 $|w|=r^n$;

特别地,z 平面上的单位圆周 $|z|=1$ 映射为 w 平面上的单位圆周 $|w|=1$;

z 平面上的射线 $\arg z=\theta$ 映射成为 w 平面上的射线 $\arg w=n\theta$;

正实轴 $\arg z=0$ 映射成正实轴 $\arg w=0$.

从而角形区域 $0<\arg z<\theta$ $\left(0<\theta\leqslant\frac{2\pi}{n}\right)$映射成角形域 $0<\arg w<n\theta$ (图 8－16).

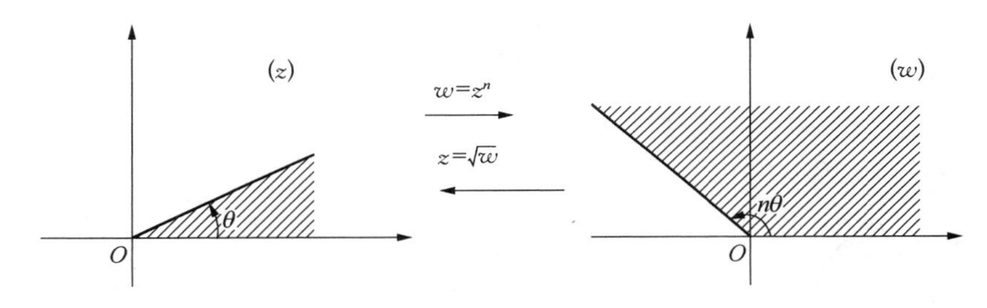

图 8－16

即顶点在原点的角形区域经过 $w=z^n$ 映射后变成了原来的 n 倍. 因此,如果要把角形域映射成角形域,我们常常使用幂函数.

特别地,幂函数 $w=z^n$ 可把角形域 $0<\arg z<\frac{2\pi}{n}$ 映射成沿正实轴剪开的 w 平面 $0<\arg w<2\pi$ (图 8－17).

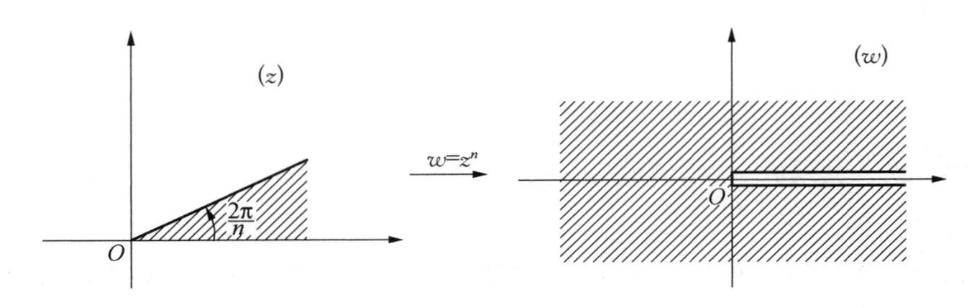

图 8－17

作为 $w=z^n$ 的逆变换,$z=\sqrt[n]{w}$ 将 w 平面上的角形区域 $0<\arg w<n\theta$ $\left(0<\theta\leqslant\frac{2\pi}{n}\right)$

共形映射成 z 平面上的角形域 $0<\arg z<\theta$ (图 8－16).

总之,我们要将角形区域的张度扩大或缩小时,就可以利用幂函数或根式函数构成的映射.

例 8.9 求一共形映射,将扇形区域 $D=\left\{z:\ |z|<1,\ 0<\arg z<\dfrac{\pi}{3}\right\}$ 映射成上半平面.

解 首先,由 $w_1=z^3$ 将区域 D 映射为上半单位圆域;

$w_2=\dfrac{w_1+1}{w_1-1}$ 将上半单位圆域映射为第三象限;

$w_3=w_2\cdot \mathrm{e}^{\mathrm{i}\pi}$ 将第三象限映射为第一象限;

$w=w_3^2$ 又将第一象限映射为上半平面(图 8-18).

因此,所求映射为

$$w=\left(\frac{1+z^3}{1-z^3}\right)^2.$$

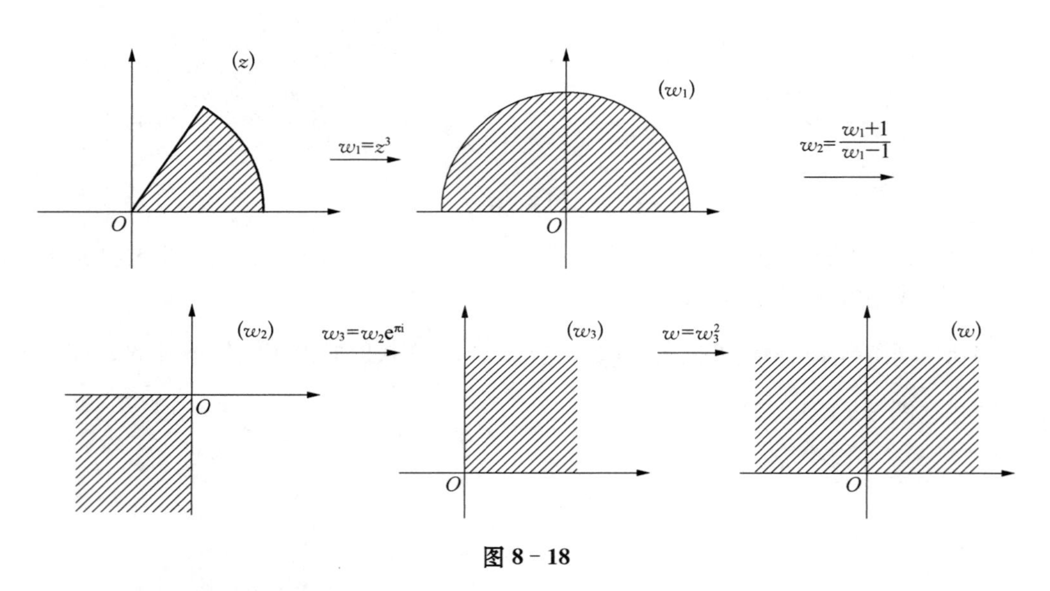

图 8-18

例 8.10 求一共形映射,将区域 $D=\{z:\ |z-1|<\sqrt{2},\ |z+1|<\sqrt{2}\}$ 映射为单位圆内部.

解 先设法将圆弧映射成从原点出发的两条射线,将区域 D 映射成角形区域,由 $|z-1|=\sqrt{2}$ 和 $|z+1|=\sqrt{2}$ 求得交点 $z=\pm\mathrm{i}$,并且在 $z=\mathrm{i}$ 处交角为 $\dfrac{\pi}{2}$.

作分式线性映射

$$w_1=\frac{z-\mathrm{i}}{z+\mathrm{i}}$$

使得 $z=\mathrm{i},\ -\mathrm{i}$ 分别映射为 $w=0,\ \infty$,从而将区域 D 共形映射成角形域

$$D_1 = \left\{ w_1: \frac{3\pi}{4} < \arg w_1 < \frac{5\pi}{4} \right\}$$

旋转映射 $w_2 = w_1 e^{-\frac{3\pi}{4}i}$ 把角形域 D_1 映射为第一象限 D_2；

再用映射 $w_3 = w_2^2$ 把第一象限 D_2 映射为上半平面 D_3；

最后再用分式线性映射 $w = \dfrac{w_3 - i}{w_3 + i}$ 将上半平面 D_3 映射为单位圆内部.

复合上述映射有

$$w = \frac{-2iz}{z^2 - 1}.$$

映射过程如图 8-19 所示.

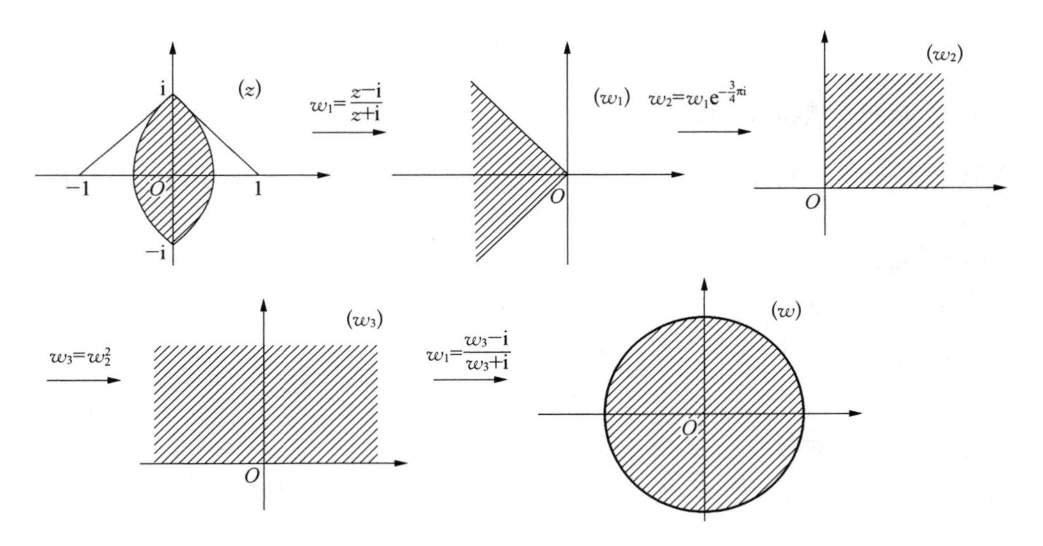

图 8-19

例 8.11 求一共形映射，将区域 $D = \left\{ z: -\frac{\pi}{4} < \arg z < \frac{\pi}{2} \right\}$ 映射成上半平面，并且使 $z = 1 - i,\ i,\ 0$ 分别映射成 $w = 2,\ -1,\ 0$.

解 容易知道，$w_1 = [(e^{\frac{\pi}{4}i} \cdot z)^{\frac{1}{3}}]^4 = (e^{\frac{\pi}{4}i} \cdot z)^{\frac{4}{3}}$ 将区域 D 映射成上半平面，并且将 $z = 1 - i,\ i,\ 0$ 映射成 $w_1 = \sqrt[3]{4},\ -1,\ 0$.

再作上半平面到上半平面的分式线性映射，使 $w_1 = \sqrt[3]{4},\ -1,\ 0$ 映射成 $w = 2,\ -1,\ 0$. 此映射为

$$w = \frac{2(\sqrt[3]{4} + 1)w_1}{(\sqrt[3]{4} - 2)w_1 + 3\sqrt[3]{4}}$$

复合两个映射,所求映射为

$$w=\frac{2(\sqrt[3]{4}+1)(e^{\frac{\pi}{4}i}\cdot z)^{\frac{4}{3}}}{(\sqrt[3]{4}-2)(e^{\frac{\pi}{4}i}\cdot z)^{\frac{4}{3}}+3\sqrt[3]{4}}$$

映射过程如图 8 - 20 所示.

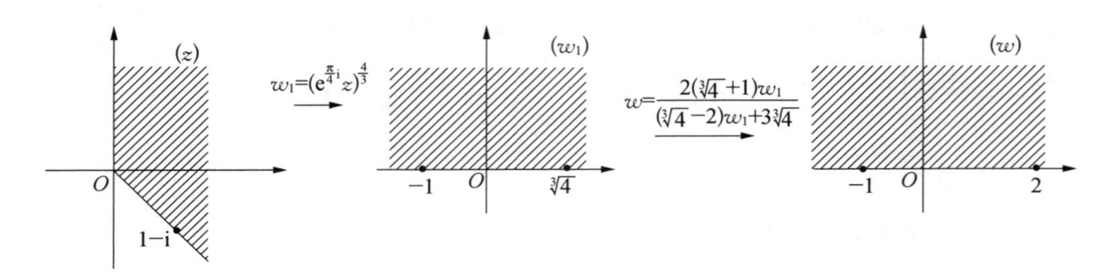

图 8 - 20

8.4.2 指数函数和对数函数

指数函数 $w=e^z$ 在任意有限点均有$(e^z)'=e^z\neq 0$,因而它在 z 平面上是保角的.由于指数函数以 $2\pi i$ 为基本周期,因而它在平行于实轴,宽度不超过 $0<\operatorname{Im}z<2\pi$ 的带形区域内是 1 - 1 映射,因而也是共形映射.

假设 $z=x+iy$, $0<y<2\pi$, $w=e^z=\rho e^{i\varphi}$.

则

$$\rho=e^x,\ \varphi=y$$

由此可见,在指数函数 $w=e^z$ 的映射下,

直线 $y=y_0$ 映射为 $\varphi=y_0$;特别地,实轴 $y=0$ 映射成正实轴 $\varphi=0$;直线 $x=x_0$ 映射成圆周 $|w|=\rho=e^{x_0}$.

因此,指数函数 $w=e^z$ 可以将带形区域 $0<\operatorname{Im}z<h$ $(0<h\leqslant 2\pi)$ 映射成角形区域 $0<\arg w<h$.(图8 - 21);特别地,可以将带形区域 $0<\operatorname{Im}z<2\pi$ 映射为沿正实轴割开的 w 平面 $0<\arg w<2\pi$(图 8 - 22).

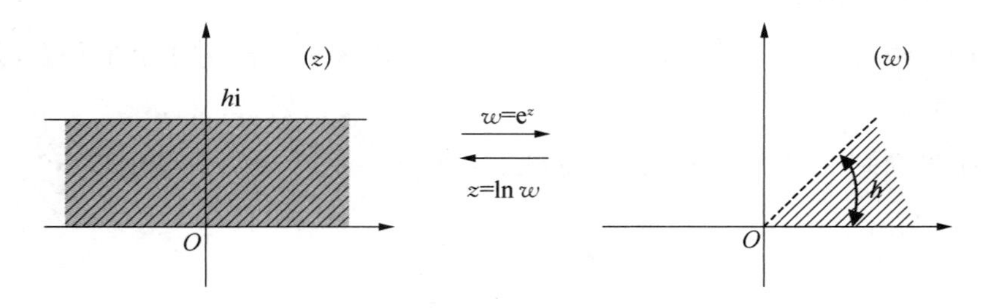

图 8 - 21

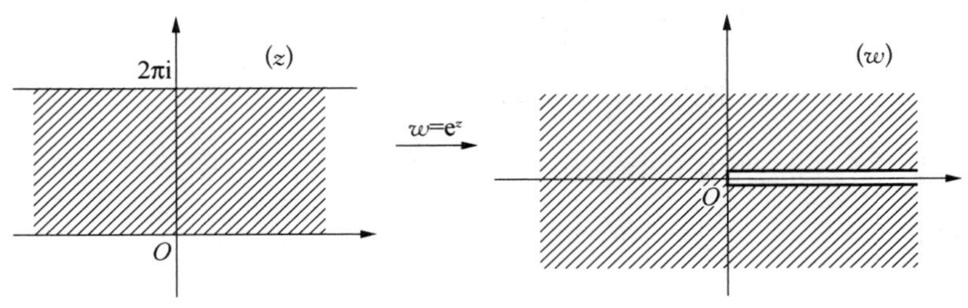

图 8 - 22

作为 e^z 的逆映射，$z=\ln w$ 将区域 $\{w: 0<\arg w<h\}$ $(0<h\leqslant 2\pi)$ 共形映射成 z 平面上的带形区域 $\{z: 0<\operatorname{Im} z<h\}$（图 8 - 21）.

例 8.12 求一共形映射，把带形区域 D：$\{z: a<\operatorname{Re} z<b\}$ 映射为上半平面 $\operatorname{Im} w>0$.

解 首先把带形区域 D 经过平移，旋转及相似映射变为带形区域

$$D_1=\{w_1: 0<\operatorname{Im} w_1<\pi\}$$

其映射为

$$w_1=\frac{z-a}{b-a}\pi\mathrm{i}$$

再经过指数函数 $w=e^{w_1}$ 映射为上半平面.

因此，所求映射为

$$w=e^{\frac{\pi\mathrm{i}}{b-a}(z-a)}.$$

其映射过程如图 8 - 23 所示.

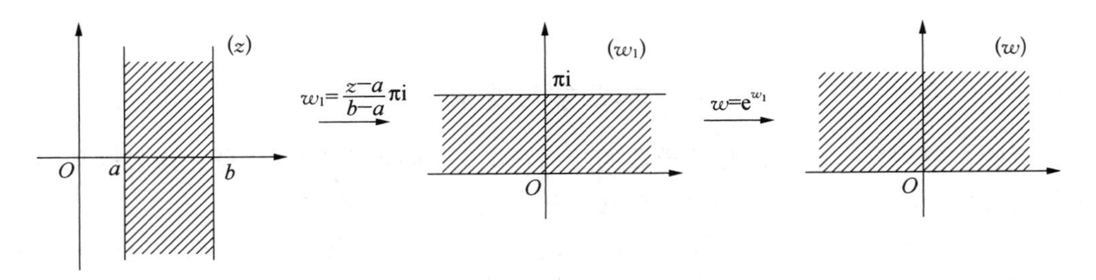

图 8 - 23

例 8.13 求一共形映射，把区域 $D=\left\{z: -\frac{\pi}{2}<\operatorname{Re} z<\frac{\pi}{2}, \operatorname{Im} z<0\right\}$ 映射成上半平面 $\operatorname{Im} w>0$.

解 由旋转映射 $w_1=z e^{-\frac{\pi}{2}\mathrm{i}}=-\mathrm{i}z$ 将区域 D 映射为左半带形区域

$$\left\{w_1: -\frac{\pi}{2}<\operatorname{Im} w_1<\frac{\pi}{2}, \operatorname{Re} w_1<0\right\}$$

再由 $w_2 = e^{w_1}$ 映射为右半单位圆域.

由 $w_3 = e^{\frac{\pi}{2}i} w_2 = i w_2$ 映射为上半单位圆域.

再由 $w = \left(\dfrac{1+w_3}{1-w_3}\right)^2$ 变为上半平面.

因此所求映射为

$$w = \left(\frac{1+ie^{-iz}}{1-ie^{-iz}}\right)^2 \quad (图 8-24).$$

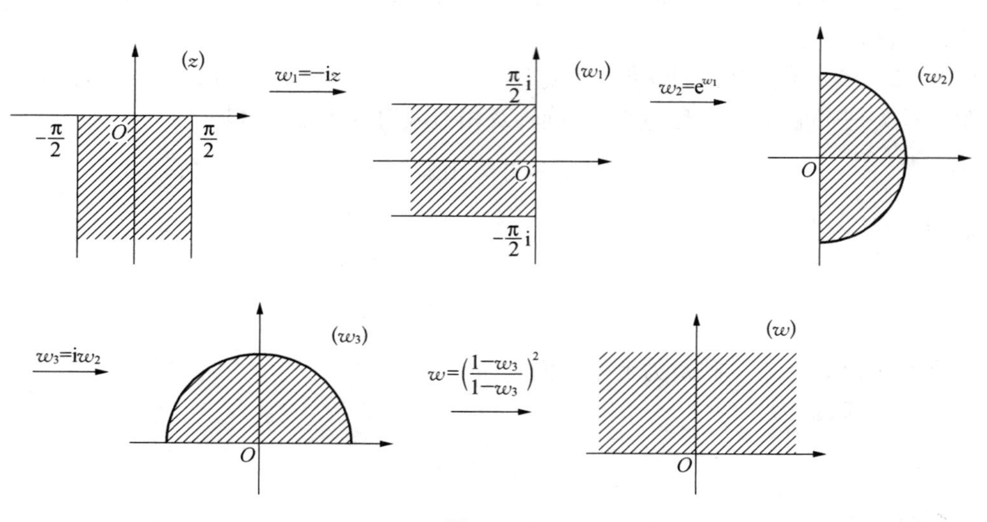

图 8-24

本章学习要求

本章的主要内容有解析函数的导数的几何意义,共形映射的概念,分式线性映射及其分解和映射性质,几个常见区域间的映射,几个初等函数所构成的映射.

重点难点:本章重点内容是分式线性映射的映射过程及其性质,常见区域间的映射的求法,初等函数所构成的映射.难点是已知区域和映射求像区域的方法以及利用初等函数的映射综合求一些区域间的映射.

学习目标:理解解析函数的导数的几何意义及共形映射的概念,掌握分式线性映射的分解及其性质,掌握分式线性映射间的对应点公式,会求一些常见区域间(如上半平面到上半平面,上半平面到单位圆,单位圆到单位圆等)的映射,掌握幂函数和指数函数的映射特征,会利用这些映射综合求一些简单区域间的映射.

习 题 八

8.1 求 $w=z^3$ 在 $z=\sqrt{3}-\mathrm{i}$ 处的旋转角和伸缩率.

8.2 求下列区域在指定映射下的像区域：

(1) $\mathrm{Re}z>0$, $w=\mathrm{i}(z+1)$；

(2) $\mathrm{Re}z>0$, $0<\mathrm{Im}z<2$, $w=1+\mathrm{i}z$；

(3) $0<\mathrm{Im}z<\dfrac{1}{2}$, $w=\dfrac{1}{z}$；

(4) $\mathrm{Im}z>0$, $w=(1+\mathrm{i})z$；

(5) $x>1$, $y>0$, $w=\dfrac{1}{z}$.

8.3 求下列对应点之间的分式线性映射 $w=f(z)$：

(1) $z_1=2$, $z_2=\mathrm{i}$, $z_3=-2$; $w_1=-1$, $w_2=\mathrm{i}$, $w_3=1$；

(2) $z_1=\infty$, $z_2=\mathrm{i}$, $z_3=0$; $w_1=0$, $w_2=\mathrm{i}$, $w_3=\infty$；

(3) $z_1=-1$, $z_2=\infty$, $z_3=\mathrm{i}$; $w_1=\mathrm{i}$, $w_2=1$, $w_3=1+\mathrm{i}$；

(4) $z_1=1$, $z_2=\mathrm{i}$, $z_3=-1$; $w_1=\infty$, $w_2=-1$, $w_3=0$.

8.4 求第一象限到上半平面的共形映射,并且使得 $z=\sqrt{2}\mathrm{i}$, 0, 1 对应的映射为 $w=0$, ∞, -1.

8.5 求把上半平面 $\mathrm{Im}z>0$ 映射成单位圆域 $|w|<1$ 的分式线性映射 $w=f(z)$,并满足条件：

(1) $f(\mathrm{i})=0$, $\arg f'(\mathrm{i})=-\dfrac{\pi}{2}$；

(2) $f(\mathrm{i})=0$, $f(-1)=1$；

(3) $f(2\mathrm{i})=0$, $\arg f'(2\mathrm{i})=0$；

(4) $f(1)=1$, $f(\mathrm{i})=\dfrac{1}{\sqrt{5}}$.

8.6 求把单位圆 $|z|<1$ 映射成单位圆 $|w|<1$ 的分式线性映射 $w=f(z)$,并满足条件：

(1) $f\left(\dfrac{1}{2}\right)=0$, $f(-1)=1$；

(2) $f\left(\dfrac{1}{2}\right)=0$, $\arg f'\left(\dfrac{1}{2}\right)=\dfrac{\pi}{2}$.

8.7 求将带形域 $0<\mathrm{Re}z<a$ 映射成单位圆域 $|w|<1$ 的一个共形映射.

8.8 试求把角形域 $0<\arg z<\dfrac{\pi}{3}$ 映射成单位圆域 $|w|<1$,并使得 $1+\mathrm{i}$, 0 分别映射成 0, -1 的共形映射.

8.9 求将带形域 $0<\mathrm{Re}z<a$ 映射成 $\mathrm{Re}w>b$ 的共形映射.

8.10 求将下列区域映射为上半平面的共形映射：

(1) $0<\arg z<\dfrac{\pi}{3}$ 且 $|z|<2$；

(2) $|z|<1$,沿 0 到 1 有割痕的区域；

(3) $0<\mathrm{Im}z<a$ 且 $\mathrm{Re}z>0$；

(4) $|z+\mathrm{i}|<2$ 且 $\mathrm{Im}z>0$；

(5) $|z|<2$ 且 $|z-1|>1$；

(6) $|z+\mathrm{i}|>\sqrt{2}$ 且 $|z-\mathrm{i}|<\sqrt{2}$.

阶段复习题三

1. 填空题

(1) 设 $f(t)=\begin{cases}0, & t<0;\\ \mathrm{e}^{-5t}, & t\geqslant 0.\end{cases}$ 则 $\mathscr{F}[f(t)]=$ ________.

(2) 设 $\mathscr{F}[f(t)]=F(\omega)$,则 $\mathscr{F}[(2t-3)f(t)]=$ ________.

(3) $\int_{-\infty}^{+\infty}\cos\omega t\,\mathrm{d}t=$ ________; $\int_{-\infty}^{+\infty}\mathrm{e}^{\mathrm{i}\omega t}\,\mathrm{d}\omega=$ ________.

(4) 设 $\mathscr{F}[f(t)]=\dfrac{1}{\alpha+\mathrm{i}\omega}\ (\alpha>0)$,则 $f(t)=$ ________.

(5) 设 $\mathscr{F}[f(t)]=F(\omega)$,则 $\mathscr{F}[f(t)\cos\omega_0 t]=$ ________.

(6) 已知 $F(\omega)=2\cos 3\omega$,则 $\mathscr{F}^{-1}[F(\omega)]=$ ________.

(7) 设 $f(t)=u(3t-6)$,则 $\mathscr{L}[f(t)]=$ ________.

(8) 设 $\mathscr{L}[f(t)]=\dfrac{2}{s^2+4}$,则 $\mathscr{L}[\mathrm{e}^{-3t}f(t)]=$ ________.

(9) 设 $f(t)=(t-1)^2\mathrm{e}^t$,则 $\mathscr{L}[f(t)]=$ ________.

(10) 若 $\mathscr{L}[f(t)]=\dfrac{1}{s}\mathrm{e}^{-\frac{1}{s}}$,则 $\mathscr{L}[\mathrm{e}^{-t}f(3t)]=$ ________.

(11) 设 $F(s)=\dfrac{s+1}{s^2+16}$,则 $\mathscr{L}^{-1}[F(s)]=$ ________.

(12) 设 $\mathscr{L}[f(t)]=\dfrac{1}{(s-1)^3}$,则 $\mathscr{L}\left[\int_0^t f(\tau)\mathrm{d}\tau\right]=$ ________.

(13) 将点 $z=2$, i, -2,分别映射为点 $w=-1$, i, 1 的分式线性变换为________.

(14) 映射 $w=\ln z$ 将上半平面 $\operatorname{Im} z>0$ 映射为________________.

(15) 把角形域 $0<\arg z<\dfrac{\pi}{4}$ 映射成圆域 $|w|<4$ 的共形映射可写为________.

(16) $w=z^3$ 将扇形域 $0<\arg z<\dfrac{\pi}{3}$,且 $|z|<2$ 映射为________.

2. 选择题

(1) $\delta(t-t_0)$的 Fourier 变换为(　　).

(A) 1　　(B) t_0　　(C) $\mathrm{e}^{-\mathrm{i}\omega t_0}$　　(D) $\mathrm{e}^{\mathrm{i}\omega t_0}$

(2) 若 $f(t)=\sin\omega_0 t$, 则 $\mathscr{F}[f(t)]$为(　　).

(A) $\delta(\omega+\omega_0)-\delta(\omega-\omega_0)$　　(B) $\mathrm{i}\pi[\delta(\omega+\omega_0)-\delta(\omega-\omega_0)]$

(C) $\pi[\delta(\omega+\omega_0)-\delta(\omega-\omega_0)]$　　(D) $\pi[\delta(\omega+\omega_0)-\delta(\omega-\omega_0)]$

(3) 下列变换正确的是(　　).

(A) $\mathscr{F}[\delta(t)]=1$　　(B) $\mathscr{F}[1]=\delta(\omega)$　　(C) $\mathscr{F}^{-1}[\delta(\omega)]=1$　　(D) $\mathscr{F}^{-1}[1]=u(t)$

(4) $\mathscr{F}[f(t)]=F(\omega)$,则 $\mathscr{F}[(t-1)f(t)]=$(　　).

(A) $F'(\omega)-F(\omega)$　　(B) $-F'(\omega)-F(\omega)$　　(C) $\mathrm{i}F'(\omega)-F(\omega)$　　(D) $-\mathrm{i}F'(\omega)-F(\omega)$

(5) 设 $f(t)=t\mathrm{e}^{\mathrm{i}\omega_0 t}$,则 $\mathscr{F}[f(t)]=$(　　).

(A) $2\pi\delta'(\omega-\omega_0)$　　(B) $2\pi\delta'(\omega+\omega_0)$　　(C) $2\pi\mathrm{i}\delta'(\omega+\omega_0)$　　(D) $2\pi\mathrm{i}\delta'(\omega-\omega_0)$

(6) 设 $f(t)=\mathrm{e}^{-t}\sin 2t$, 则 $\mathscr{L}[f(t)]$为(　　).

(A) $\dfrac{2}{(s+1)^2+4}$　　(B) $\dfrac{s+1}{(s+1)^2+4}$　　(C) $\dfrac{2s}{(s+1)^2+4}$　　(D) $\dfrac{2(s+1)}{(s+1)^2+4}$

(7) 设 $\mathscr{L}^{-1}[1]=\delta(t)$, 则 $\mathscr{L}^{-1}\left[\dfrac{s^2}{s^2+1}\right]$为(　　).

(A) $\delta(t)\cos t$　　(B) $\delta(t)(1-\sin t)$　　(C) $\delta(t)-\sin t$　　(D) $\delta(t)-\cos t$

(8) 在 Laplace 变换中，$f_1(t) * f_2(t)$为(　　).

(A) $\int_{-\infty}^{+\infty} f_1(t)f_2(t)\mathrm{d}t$　　(B) $\int_0^t f_1(\tau)f_2(\tau)\mathrm{d}\tau$

(C) $\int_0^t f_1(\tau)f_2(t-\tau)\mathrm{d}\tau$　　(D) $\int_0^t f_1(\tau)f_2(\tau-t)\mathrm{d}\tau$

(9) 函数 $F(s)=\dfrac{s^2+2}{s^2+1}$的 Laplace 逆变换为(　　).

(A) $\delta(t)+\cos t$　(B) $\delta(t)-\cos t$　(C) $\delta(t)-\sin t$　(D) $\delta(t)+\sin t$

(10) 利用 Laplace 变换的性质，实积分 $\int_0^{+\infty} t\mathrm{e}^{-at}\sin bt\,\mathrm{d}t\ (a>0)$ 的值为(　　).

(A) $\dfrac{b^2-a^2}{(a^2+b^2)^2}$　(B) $\dfrac{a^2-b^2}{(a^2+b^2)^2}$　(C) $\dfrac{2ab}{(a^2+b^2)^2}$　(D) $\dfrac{-2ab}{(a^2+b^2)^2}$

(11) 把上半平面 $\mathrm{Im}\,z>0$ 映射成圆 $|w|<2$ 且满足 $w(\mathrm{i})=0$，$w'(\mathrm{i})=1$ 的分式线性映射为(　　).

(A) $2\mathrm{i}\dfrac{1-z}{1+z}$　(B) $2\mathrm{i}\dfrac{z-\mathrm{i}}{z+\mathrm{i}}$　(C) $2\dfrac{\mathrm{i}-z}{\mathrm{i}+z}$　(D) $2\dfrac{z-\mathrm{i}}{z+\mathrm{i}}$

(12) 函数 $w=\dfrac{\mathrm{e}^z-1-\mathrm{i}}{\mathrm{e}^z-1+\mathrm{i}}$将带形域 $0<\mathrm{Im}\,z<\pi$ 映射为(　　).

(A) $\mathrm{Re}\,w>0$　(B) $\mathrm{Re}\,w<0$　(C) $|w|<1$　(D) $|w|>1$

3. 求下列函数的 Fourier 变换：

(1) $f(t)=u(t)\sin\omega_0 t$;　　(2) $f(t)=u(t)\cdot\mathrm{e}^{-\beta t}\sin\omega_0 t\quad(\beta>0)$;

(3) $f(t)=\delta(t)\mathrm{e}^t\sin\left(t+\dfrac{\pi}{4}\right)$;　　(4) $f(t)=t^2\sin t$;

(5) $f(t)=tu(t)$;　　(6) $f(t)=\sin^3 t$.

4. 求函数 $f(t)=\begin{cases}1+t, & -1<t<0;\\ 1-t, & 0<t<1;\\ 0, & |t|>1\end{cases}$ 的 Fourier 变换.

5. 求周期性三角波 $f(t)=\begin{cases}t, & 0\leqslant t<b;\\ 2b-t, & b\leqslant t<2b\end{cases}$且 $f(t+2b)=f(t)$ (如图所示)的 Laplace 变换.

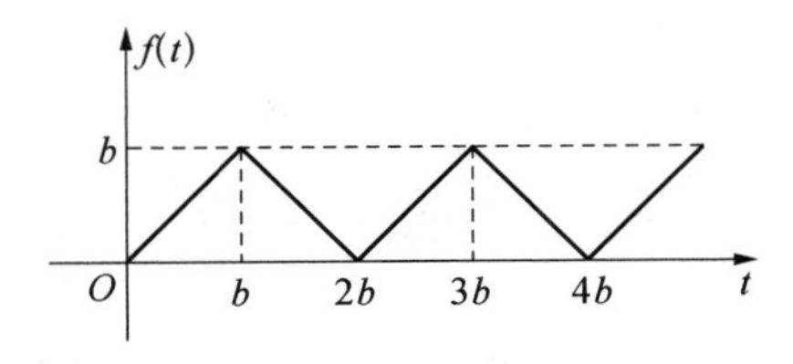

5 题图

6. 求下列函数的 Laplace 变换：

(1) $f(t)=\mathrm{e}^{-2t}+\delta(t)$;　(2) $f(t)=2\mathrm{e}^{4t}-3u(t)$;　(3) $f(t)=t^2\sin 2t$;

(4) $f(t)=\dfrac{\mathrm{e}^{3t}-\mathrm{e}^{2t}}{t}$;　(5) $f(t)=\int_0^t\dfrac{\mathrm{e}^{-t}\sin 2t}{t}\mathrm{d}t$;　(6) $f(t)=u(1-\mathrm{e}^{-t})$.

7. 已知 $\mathscr{L}[f(t)]=F(s)$，$\mathscr{L}[g(t)]=G(s)$，证明

$$sF(s)\cdot G(s)=\mathscr{L}\left[f(0)g(t)+\int_0^t f'(\tau)g(t-\tau)\mathrm{d}\tau\right].$$

8. 计算下列积分：

(1) $\int_0^{+\infty} te^{-2t}\cos t\mathrm{d}t$；

(2) $\int_0^{+\infty} \frac{\mathrm{e}^{-t}-\mathrm{e}^{-3t}}{t}\mathrm{d}t$；

(3) $\int_0^{+\infty} \frac{\mathrm{e}^{-t}\sin^2 t}{t}\mathrm{d}t$；

(4) $\int_0^{+\infty} \frac{\sin^2 t}{t^2}\mathrm{d}t$.

9. 求下列函数的 Laplace 逆变换：

(1) $F(s)=\frac{4}{s-2}-\frac{3s}{s^2+16}+\frac{5}{s^2+4}$；

(2) $F(s)=\frac{3s+7}{s^2-3s-3}$；

(3) $F(s)=\frac{s+1}{(s^2+2s+2)^2}$；

(4) $F(s)=\frac{2\mathrm{e}^{-s}-\mathrm{e}^{-2s}}{s}$；

(5) $F(s)=\frac{2s+5}{s^2+4s+13}$；

(6) $F(s)=\frac{1}{(s+1)^5}$.

10. 解下列微分方程(组)：

(1) $y''-3y'+2y=2\mathrm{e}^{-t}$，$y(0)=2$，$y'(0)=-1$.

(2) $y^{(4)}+y'''=\cos t+\frac{1}{2}\delta(t)$，$y(0)=y'(0)=y'''(0)=0$，$y''(0)=1$.

(3) $y'''+3y''+3y'+y=1$，$y(0)=y'(0)=y''(0)=0$.

(4) $\begin{cases} x'+3x+4y=1, \\ y'-2x-3y=0, \\ x(0)=0, \\ y(0)=2. \end{cases}$

11. 解积分方程：

(1) $y(t)=a\sin t+\int_0^t \sin(t-\tau)y(\tau)\mathrm{d}\tau$；

(2) $y(t)=a\sin bt+c\int_0^t y(\tau)\sin b(t-\tau)\mathrm{d}\tau \quad (b>c>0)$.

12. 利用卷积定理证明

$$\mathscr{L}^{-1}\left[\frac{s^2}{(s^2+a^2)^2}\right]=\frac{1}{2a}[at\cos at+\sin at].$$

13. 在映射 $w=z^2$ 下,求下列曲线的像曲线,并画出它们的图形：

(1) $y=x+1$；

(2) $y^2=x^2+1$.

14. 求一共形映射,使带形域 $0<\operatorname{Im}z<\frac{\pi}{2}$ 映射成单位圆 $|w|<1$,并使 $z=\frac{\pi}{2}\mathrm{i}$ 映射成 $w=1$.

15. 求把第一象限映射成上半平面的共形映射,使 $z=\sqrt{2}\mathrm{i}$，0，1 分别映射成 $w=0$，∞，-1.

模拟试卷(一)

一、填空题(每小题 4 分,共 32 分)

1. 设 $z=x+\mathrm{i}y$, $\mathrm{Re}(\mathrm{i}e^{z})=$ ________.

2. 设 C 为单位圆周 $|z|=1$ 内包围原点的任一条正向简单闭曲线,则 $\oint_C\left(\sum\limits_{n=-2}^{\infty}z^n\right)\mathrm{d}z=$ ________.

3. $\oint_{|z|=1}(\sin z+\sin^{(n)}z)\mathrm{d}z=$ ________.

4. 设 $e^{z}=1+\sqrt{3}\mathrm{i}$, 则 $\mathrm{Im}z$ 为________.

5. 设 C 为正向圆周 $|z-1|=1$,则积分 $\oint_C\dfrac{5z^2-3z+2}{(z-1)^3}\mathrm{d}z$ 等于________.

6. 设 $v(x,\ y)=\arctan\dfrac{y}{x}$ 为调和函数,$f(z)=u+\mathrm{i}v$ 解析,则 $u(x,\ y)=$ ________.

7. 若 $f(t)=\sin 3t$,则 $\mathscr{F}[f(t)]=$ ________.

8. 函数 $f(z)=\dfrac{1}{z^2}$ 在 $z=-1$ 处的 Taylor 展开式是________.

二、单项选择题(每小题 4 分,共 16 分)

1. 设幂级数 $\sum\limits_{n=0}^{\infty}a_nz^n$ 的收敛半径 $R>0$, 则它(　　).

(A) 在 $|z|\leqslant R$ 上收敛　　(B) 在 $|z|>\dfrac{R}{2}$ 上绝对收敛

(C) 在 $|z|<R$ 上绝对收敛　　(D) 在 $|z|\leqslant R$ 上绝对收敛

2. 设 $z=\cos(\pi+5\mathrm{i})$, 则 $\mathrm{Re}z$ 等于(　　).

(A) $-\dfrac{e^{-5}+e^{5}}{2}$　　(B) $\dfrac{e^{-5}+e^{5}}{2}$　　(C) $\dfrac{e^{-5}-e^{5}}{2}$　　(D) 0

3. 映射 $w=\mathrm{i}z$ 将 z 平面上的第一象限保角映射为(　　).

(A) 第一象限　　(B) 第二象限　　(C) 第三象限　　(D) 第四象限

4. 若 $f(z)=z^4\sin\dfrac{1}{z}$,则 $\mathrm{Res}[f(z),\ 0]=$ (　　).

(A) $\dfrac{1}{120}$　　(B) $-\dfrac{1}{6}$　　(C) $\dfrac{1}{6}$　　(D) $-\dfrac{1}{120}$

三、(8 分) 求积分 $I=\int_C\dfrac{2z-3}{z}\mathrm{d}z$ 的值,其中 C 为从 -2 到 2 的上半圆周.

四、(12 分) (1) 求 $f(z)=\dfrac{z^2}{z^4+16}$ 在上半平面内所有的孤立奇点,并说明它们的类型;

(2) 计算 $f(z)$在上半平面内各个孤立奇点的留数;

(3) 利用以上结果计算广义积分 $\int_0^{+\infty}\dfrac{x^2}{x^4+16}\mathrm{d}x$.

五、(10 分) 求共形映射 $f(z)$,使 z 平面上的单位圆域 $|z|<1$ 映射为 w 平面上的单位圆域 $|w|<1$,且使 $f\left(\dfrac{\mathrm{i}}{2}\right)=0$, $\arg f'\left(\dfrac{\mathrm{i}}{2}\right)=-\dfrac{\pi}{2}$.

六、(14分) (1) 设 $f(t)=\dfrac{\mathrm{e}^{-2t}-\mathrm{e}^{-3t}}{t}$ $(t>0)$，求其拉氏变换 $\mathscr{L}[f(t)]$.

(2) 设 $F(s)=\mathscr{L}[y(t)]$，其中函数 $y(t)$ 可导，而且 $y(0)=0$，求 $\mathscr{L}[y'(t)]$.

(3) 利用拉氏变换求解常微分方程的初值问题 $\begin{cases} y'-y=2\cos t, \\ y(0)=0. \end{cases}$

七、(8分) 设 $f(z)=\dfrac{1}{z^2(z-\mathrm{i})}$，分别求 $f(z)$ 在圆环域 $0<|z-\mathrm{i}|<1$ 和 $1<|z-\mathrm{i}|<+\infty$ 内的 Laurent 展开式.

模拟试卷(二)

一、填空题(每小题 4 分,共 32 分)

1. $\mathrm{Re}(\cos \mathrm{i})=$ ________.

2. $(1+\mathrm{i})^{-\mathrm{i}}$的值为________,主值为________.

3. 设 C 为正向圆周 $|\xi|=1$,则当 $|z|>1$ 时,函数 $f(z)=\dfrac{1}{2\pi\mathrm{i}}\oint_C \dfrac{\mathrm{d}\xi}{(\xi-2)(\xi-z)^3}=$ ________.

4. 函数 $f(z)$在单连通区域 D 内解析,$\Phi(z)$是 $f(z)$的一个原函数,C 为 D 内一条正向简单闭曲线,则 $\oint_C \Phi^{(n)}(z)\mathrm{d}z=$ ________.

5. 函数 $f(z)=\dfrac{1}{z-2}$ 在 $z=1$ 处的 Taylor 展开式是________.

6. 设函数 $f(t)=2+3\cos 2t$, 则 $f(t)$的傅氏变换为________.

7. $\mathrm{Res}\left[\dfrac{z}{(z+2\mathrm{i})^2},-2\mathrm{i}\right]=$ ________.

8. 由三对点:$f(-1)=\infty$, $f(\infty)=\mathrm{i}$, $f(\mathrm{i})=1$ 所确定的分式线性映射为 $f(z)=$ ________.

二、单项选择题(每小题 4 分,共 16 分)

1. $z=1$ 是函数 $f(z)=\dfrac{\tan(z-1)}{z-1}$ 的(　　).

(A) 极点　(B) 本性奇点　(C) 可去奇点　(D) 一级零点

2. 函数 $f(z)=xy^2+\mathrm{i}x^2y$, 则 $f(z)$(　　).

(A) 仅在原点解析　(B) 仅在直线 $y=x$ 上可导

(C) 仅在直线 $y=-x$ 上可导　(D) 仅在原点可导

3. 已知 $\arg z^2=\dfrac{\pi}{4}$,则 $\arg z=$(　　).

(A) $\dfrac{\pi}{8}$　(B) $\dfrac{\pi}{4}$　(C) $\dfrac{\pi}{2}$　(D) π

4. 设 $z=x+\mathrm{i}y$,则 $w=\dfrac{1}{z}$ 将圆周 $x^2+y^2=2$ 映射为(　　).

(A) 通过 $w=0$ 的直线　(B) 圆周 $|w|=\dfrac{1}{\sqrt{2}}$

(C) 圆周 $|w-2|=2$　(D) 圆周 $|w|=2$

三、(8 分) 函数 $f(t)=\mathrm{e}^{-|t|}$,求 $\mathscr{F}[f(t)]$,并计算积分$\displaystyle\int_0^{+\infty}\frac{\cos\omega t}{1+\omega^2}\mathrm{d}\omega$.

四、(8 分) 利用留数计算积分 $I=\displaystyle\int_0^{2\pi}\frac{\sin^2\theta}{a+b\cos\theta}\mathrm{d}\theta\ (a>b>0)$.

五、(10 分) 求一共形映射,把 z 平面上的带形区域 $0<\mathrm{Re}z<2$ 映射为单位圆域 $|w|<1$,且使 $z=1$, 2 分别映射成 $w=0$, 1.

六、(14 分)(1) 设 $f(t)=\mathrm{e}^{-t}\sin t+\mathrm{e}^{2t}$, 求其拉氏变换 $\mathscr{L}[f(t)]$;

(2) 利用拉氏变换的性质计算 $\displaystyle\int_0^{+\infty}\frac{\mathrm{e}^{-t}\sin^2 t}{t}\mathrm{d}t$;

(3) 利用拉氏变换求解常微分方程的初值问题 $\begin{cases} y' + y = \sin t, \\ y(0) = 0. \end{cases}$

七、(12 分) 设 $f(z) = \dfrac{1}{z^2 - 1}$，分别求 $f(z)$在圆环域 $0 < |z-1| < 1$，$1 < |z-1| < 2$，$2 < |z-1| < +\infty$ 内的 Laurent 展开式.

习题参考答案

习题一

1.1 (1) $\sqrt{2}$，$\frac{\pi}{4}$；(2) $\sqrt{29}$，$\arctan\frac{5}{2}$；(3) $\sqrt{10}$，$\pi-\arctan 3$；

(4) $\sqrt{a^2+b^2}$，$\arctan\frac{b}{a}$，当 $a>0$ 时；$\arctan\frac{b}{a}+\pi$，当 $a<0$ 与 $b\geqslant 0$ 时；$\arctan\frac{b}{a}-\pi$，当 $a<0$，与 $b<0$ 时；

(5) 3，π

1.2 (1) $-\frac{3}{10}+\mathrm{i}\frac{1}{10}$；(2) $\frac{\sqrt{3}+1}{4}+\mathrm{i}\frac{\sqrt{3}-1}{4}$；(3) $\frac{16}{25}+\mathrm{i}\frac{8}{25}$；(4) -2^{51}；(5) $1-3\mathrm{i}$

1.3 $z_1=-\frac{3}{5}-\frac{6}{5}\mathrm{i}$，$z_2=-\frac{6}{5}-\frac{17}{5}\mathrm{i}$

1.4 (1) -8；(2) $\cos\frac{n\pi}{3}+\mathrm{i}\sin\frac{n\pi}{3}$；(3) $\frac{\sqrt{3}+\mathrm{i}}{2}$，$\mathrm{i}$，$\frac{-\sqrt{3}+\mathrm{i}}{2}$，$\frac{-\sqrt{3}-\mathrm{i}}{2}$，$-\mathrm{i}$，$\frac{\sqrt{3}-\mathrm{i}}{2}$；

(4) $\sqrt[6]{2}\left(\cos\frac{\pi}{12}-\mathrm{i}\sin\frac{\pi}{12}\right)$，$\sqrt[6]{2}\left(\cos\frac{7\pi}{12}+\mathrm{i}\sin\frac{7\pi}{12}\right)$，$\sqrt[6]{2}\left(\cos\frac{5\pi}{4}+\mathrm{i}\sin\frac{5\pi}{4}\right)$

1.5 $1+\sqrt{3}\mathrm{i}$，-2，$1-\sqrt{3}\mathrm{i}$

1.7 左式 $=(z_1+z_2)(\overline{z_1+z_2})+(z_1+z_2)(\overline{z_1-z_2})$

$$=(z_1+z_2)(\overline{z_1}+\overline{z_2})+(z_1+z_2)(\overline{z_1}-\overline{z_2})$$

$$=z_1\cdot\overline{z_1}+z_2\cdot\overline{z_2}+z_1\cdot\overline{z_2}+\overline{z_1}\cdot z_2+z_1\cdot\overline{z_1}+z_2\cdot\overline{z_2}-z_1\cdot\overline{z_2}-\overline{z_1}\cdot z_2$$

$$=2(z_1\cdot\overline{z_1}+z_2\cdot\overline{z_2})=2(|z_1|^2+|z_2|^2)$$

几何意义为任一平行四边形两对角线长度的平方和等于其各边平方和

1.8 $z_4=z_1+z_3-z_2$

1.9 (1) $1+\mathrm{i}=\sqrt{2}\left(\cos\frac{\pi}{4}+\mathrm{i}\sin\frac{\pi}{4}\right)=\sqrt{2}\mathrm{e}^{\mathrm{i}\frac{\pi}{4}}$；

(2) $-2\sqrt{3}+\mathrm{i}2=4\left(\cos\frac{5\pi}{6}+\mathrm{i}\sin\frac{5\pi}{6}\right)=4\mathrm{e}^{\mathrm{i}\frac{5\pi}{6}}$；

(3) $2\left(\sin\frac{\theta}{2}\right)\cdot\mathrm{e}^{\mathrm{i}(\pi-\theta)/2}\ (0<\theta\leqslant\pi)$

1.10 (1) 垂直与连接点 z_1 与 z_2 的线段，且过此线段中点的直线；

(2) 圆周 $(x+3)^2+y^2=4$；

(3) 当 $a\neq 0$ 时，为等轴双曲线 $x^2-y^2=a^2$；当 $a=0$ 时，为一对直线 $y=\pm x$

1.11 (1) 由直线 $x+y=1$ 所包含原点的半平面(不含边界线)；

(2) $\frac{1}{16}<x^2+(y-1)^2<4$，以 $(0,1)$ 为圆心，半径分别为 $\frac{1}{4}$，2 的圆环，不包含内边界；

(3) $|a|<1$ 时，表示单位圆的内部；$|a|>1$ 时，表示单位圆外部；

(4) $\left(x+\frac{17}{15}\right)^2+y^2>\left(\frac{18}{15}\right)^2$，以 $\left(-\frac{17}{15},0\right)$ 为圆心，$\frac{18}{15}$ 为半径的圆的外部；

(5) 以 $-2\mathrm{i}$ 为顶点,两边分别与正实轴成角度 $\frac{\pi}{6}$ 与 $\frac{\pi}{2}$ 的角形域内部,且以原点为圆心,半径为 2 的圆外部分

1.12 (1) $z=1+\mathrm{i}+(-2-5\mathrm{i})t\ (0\leqslant t\leqslant 1)$; (2) $z=a\cos t+\mathrm{i}b\sin t\ (0\leqslant t\leqslant 2\pi)$;

(3) $z=\mathrm{i}+2\mathrm{e}^{\mathrm{i}\theta}(0\leqslant\theta\leqslant 2\pi)$

1.14 $(x^3-3xy^2+x+1)+\mathrm{i}(3x^2y-y^3+y)$

1.15 $\bar{z}^2+2\mathrm{i}z$

1.16 (1) $u^2+\left(v+\frac{1}{2}\right)^2=\frac{1}{4}$; (2) $v=-\frac{1}{2}$; (3) $v=-u$; (4) $u^2+v^2=\frac{1}{16}$

1.17 (1) $f'(z)=-\frac{1}{z^2}$; (2) $z\neq 0$ 时导数不存在, $z=0$ 时,导数为 0

习题二

2.1 (1) 在直线 $x=-\frac{1}{2}$ 上可导,但在复平面上处处不解析;

(2) 在直线 $\sqrt{2}x\pm\sqrt{3}y=0$ 上可导,但在复平面上处处不解析;

(3) 在原点 $z=0$ 处可导,但在复平面上处处不解析

2.2 $z\neq 1$ 时, w 在复平面上处处可导,也处处解析;

$z=1$ 时, w 既不可导也不解析

2.3 (1) -1, $\pm\mathrm{i}$; (2) 0, $\pm\mathrm{i}$

2.5 证明略. $f'(z)=\cos x\cosh y-\mathrm{i}\sin x\sinh y$

2.6 $l=-3$, $m=1$, $n=-3$

2.10 (1) $\frac{1}{2}\mathrm{e}^{\frac{2}{3}}(1-\mathrm{i}\sqrt{3})$; (2) $\cos k\pi=\begin{cases}1, & k\text{ 为偶数}\\-1, & k\text{ 为奇数}\end{cases}$ $(k=0,\pm 1,\cdots)$;

(3) $(\mathrm{e}^{\mathrm{i}})^{\mathrm{i}}=\mathrm{e}^{-(1+2k\pi)}$; (4) $\mathrm{e}^{\mathrm{i}^{\mathrm{i}}}=\exp\left(\mathrm{e}^{-\left(2k\pi+\frac{\pi}{2}\right)}\right)$,($k$ 为整数)

2.11 (1) 1; (2) $4-2\pi$

2.12 (1) $\ln 5+\mathrm{i}\left(\pi-\arctan\frac{4}{3}\right)+2k\pi\mathrm{i}\ (k=0,\pm 1,\cdots)$; (2) $1+\frac{\pi\mathrm{i}}{2}$;

(3) $\frac{1}{2}\ln 2+\mathrm{i}\left(\frac{\pi}{4}+2k\pi\right)\ (k=0,\pm 1,\cdots)$; (4) i

2.13 $z=-\mathrm{e}$

2.14 (1) $\mathrm{e}^{-2k\pi}(\cos\ln 3+\mathrm{i}\sin\ln 3)\ (k=0,\pm 1,\cdots)$;

(2) $\mathrm{e}^{-\frac{\pi}{4}-2k\pi}\left(\cos\frac{\ln 2}{2}+\mathrm{i}\sin\frac{\ln 2}{2}\right)\ (k=0,\pm 1,\cdots)$;

(3) $\frac{1}{2}[(\mathrm{e}^2+\mathrm{e}^{-2})\sin 1+\mathrm{i}(\mathrm{e}^2-\mathrm{e}^{-2})\cos 1]$; (4) $\cos^2 x+\sinh^2 y$

2.16 (1) $\ln 2+\left(\frac{\pi}{3}+2k\pi\right)\ (k=0,\pm 1,\cdots)$; (2) $z=\mathrm{e}^2\left(\frac{\sqrt{3}}{2}-\frac{\mathrm{i}}{2}\right)$;

(3) $k\pi+\frac{\pi}{2}$; (4) $z=\begin{cases}2k\pi+\mathrm{i}\\(2k+1)\pi-\mathrm{i}\end{cases}$ $(k=0,\pm 1,\cdots)$

2.17 (1) 是; (2) 是

2.18 $p=1$ 时，$f(z)=e^x\cos y+ie^x\sin y+C=e^z+C$；当 $p=-1$ 时，$f(z)=-e^{-z}+C$

2.19 $f(z)=\frac{1}{z^2}+C$

2.20 $f(z)=C_1(1-iz)+C$, C 是复常数

2.21 (1) $2\cos 2z+z$；(2) $f(z)=i(2\ln z-z^2)+C$（C 是任意实常数）

2.22 $f(z)=z^2-5z+C$（C 为任意常数）

习题三

3.1 (1) $\frac{1}{3}(2+11i)$；(2) $\frac{2}{3}+\frac{11}{3}i$；(3) $\frac{2}{3}+\frac{11}{3}i$

3.2 (1) πi；(2) $-\pi$；(3) $2\pi i$

3.3 πi

3.4 (1) 0；(2) 0；(3) 0；(4) $2\pi i$

3.5 (1) $2\pi i$；(2) 0；(3) $-\pi i$；(4) πi

3.7 $\frac{\pi i}{4}e^{-\frac{i}{2}}$

3.8 $f(1)=4\pi i$，$f'(i)=-2\pi(2+i)$，$f''(-i)=4\pi i$

3.9 (1) $\pi i-\frac{1}{2}\sin 2\pi i$；(2) $ie(\cos 1+i\sin 1)$；(3) $\frac{-11+i}{3}$；(4) $\frac{-1}{8}\left(\frac{\pi^2}{4}+3\ln^2 2\right)+\frac{i\pi}{8}\ln 2$

3.10 $\pi(-\sqrt{3}+i)$，$\pi(\sqrt{3}+i)$，0

3.11 (1) $-\frac{\pi^5}{12}i$；(2) 0；(3) 0；(4) $a<1$ 时，πie^a；$a>1$ 时，0；(5) $\frac{\pi i}{3}\sinh 3$；(6) 0

3.12 $2\pm f'(0)$

阶段复习题一

1. (1) $-\frac{1}{25}$，$-\frac{32}{25}$；(2) $\frac{2\pi}{3}$；(3) $\frac{3}{2}$；(4) $\frac{1}{2}$，复平面上处处不；(5) $10\pi i$；(6) 0；(7) $2\pi i$；(8) 0；(9) 0；(10) $2\pi(-6+13i)$

2. (1) B；(2) B；(3) D；(4) C；(5) A；(6) D；(7) A；(8) A；(9) B；(10) A

3. (1) $-i$；(2) $4e^{\frac{\pi}{3}i}$；(3) $-\frac{i}{8}$；(4) $\sqrt[6]{2}\left(\cos\frac{\frac{\pi}{4}+2k\pi}{3}+i\sin\frac{\frac{\pi}{4}+2k\pi}{3}\right)$ $(k=0, 1, 2)$

4. (1) $\cos\frac{-\frac{\pi}{2}+2k\pi}{3}+i\sin\frac{-\frac{\pi}{2}+2k\pi}{3}$ $(k=0, 1, 2)$；

(2) $\cos\frac{\pi+2k\pi}{3}+i\sin\frac{\pi+2k\pi}{3}$ $(k=0, 1, 2, 3)$

5. 连续

6. $a=d=2$，$b=c=-1$

7. $2k\pi\pm\frac{\pi}{3}$ $(k=0, \pm 1, \cdots)$

8. $u=f\left(\frac{y}{x}\right)=C_1\arctan\frac{y}{x}+C_2$（$C_1$，$C_2$ 是任意常数）

9. $v=-x^3-y^3+3x^2y+3xy^2+C \quad w=(1-\mathrm{i})z^3+\mathrm{i}C$ (C 为实常数)

10. $f(z)=(x^3-3xy-2x-C)+\mathrm{i}(3x^2y-y^3-2y+C)=z^3-2z+C$ (C 为任意常数)

11. (1) $-2\cosh 1$; (2) $-\dfrac{9}{2}-\dfrac{26}{3}\mathrm{i}$; (3) $64\pi\mathrm{i}$; (4) $\dfrac{2}{3}\mathrm{i}$

12. (1) 0,1 不在 C 内,0; (2) 0 在 C 内,1 不在,$2\pi\mathrm{i}$; (3) 1 在 C 内,0 不在,$-\pi e\mathrm{i}$; (4) 0,1 都在 C 内,$(2-e)\pi\mathrm{i}$

13. (1) $\dfrac{2\pi\mathrm{i}}{99!}$; (2) $\pi\mathrm{i}(2+a)e^a$

14. $0,\sqrt{2}\pi\mathrm{i},\dfrac{\sqrt{2}}{4}\pi^2\mathrm{i}$

15. $0<r<1$ 时,$-\dfrac{3}{4}\pi\mathrm{i}$; $1<r<2$ 时,$-\dfrac{1}{12}\pi\mathrm{i}$; $r>2$ 时,0

习题四

4.1 (1) i; (2) 0; (3) 发散; (4) 发散

4.2 条件收敛

4.4 (1) 收敛; (2) 绝对收敛; (3) 绝对收敛; (4) 发散

4.5 (1) 错; (2) 错; (3) 错

4.6 不能

4.7 (1) e; (2) ∞; (3) 2; (4) 1; (5) 3; (6) $\dfrac{1}{\sqrt{2}}$

4.9 (1) $\sin(1+z^2)=\sin 1\cdot\cos z^2+\cos 1\sin z^2=\sin 1\cdot\sum\limits_{n=0}^{\infty}(-1)^n\dfrac{z^{4n}}{(2n)!}+\cos 1\cdot\sum\limits_{n=0}^{\infty}(-1)^n\dfrac{z^{4n+2}}{(2n+1)!}$

收敛半径为$+\infty$;

(2) $1-2z^2+3z^4-4z^6+\cdots,\ R=1$;

(3) $z+\dfrac{z^3}{3!}+\dfrac{z^5}{5!}+\cdots,\ R=\infty$;

(4) $z^2+z^4+\dfrac{1}{3}z^6+\cdots,\ R=\infty$

4.10 (1) $\sum\limits_{n=1}^{\infty}(-1)^{n-1}\dfrac{(z-1)^n}{2^n}$; (2) $\sum\limits_{n=0}^{\infty}(-1)^{n-1}\left(\dfrac{1}{2^{2n+1}}-\dfrac{1}{3^{2n+1}}\right)(z-2)^n$;

(3) $\sum\limits_{n=0}^{\infty}(n+1)(z+1)^n$; (4) $\sum\limits_{n=0}^{\infty}\dfrac{3^n}{(1-3\mathrm{i})^{n+1}}(z-(1+\mathrm{i}))^n$;

(5) $\dfrac{1}{2}\sum\limits_{n=1}^{\infty}\dfrac{(-1)^{n-1}(2z)^{2n}}{(2n)!},\ |z|<\infty$; (6) $1+z+\dfrac{3}{2}z^2+\dfrac{13}{6}z^3$;

(7) $\sum\limits_{n=0}^{\infty}\dfrac{z^{2n+1}}{n!(2n+1)}$; (8) $-\sum\limits_{n=0}^{\infty}\dfrac{\mathrm{i}^n(n+9)!}{9!n!}(z-\mathrm{i})^{(n+10)}$

4.11 不能,$z=0$ 为非孤立奇点

4.12 (1) $\sum\limits_{n=-1}^{\infty}(n+2)z^n,\ \sum\limits_{n=-2}^{\infty}(-1)^n(z-1)^n$;

(2) $\dfrac{1}{5}\left(\cdots+\dfrac{2}{z^4}+\dfrac{1}{z^3}+\dfrac{2}{z^2}-\dfrac{1}{z}-\dfrac{1}{2}-\dfrac{z}{4}-\dfrac{z^2}{8}-\cdots\right)$;

(3) 在 $0<|z-\mathrm{i}|<1$ 内，$\sum_{n=1}^{\infty}(-1)^{n-1}\dfrac{n(n-\mathrm{i})^{n-2}}{\mathrm{i}^{n+1}}$；

$1<|z-\mathrm{i}|<\infty$ 时，$\sum_{n=0}^{\infty}(-1)^{n}\dfrac{(n+1)\mathrm{i}^{n}}{(z-\mathrm{i})^{n+3}}$；

(4) $1-\dfrac{1}{z}-\dfrac{1}{2!}\dfrac{1}{z^{2}}-\dfrac{1}{3!}\dfrac{1}{z^{3}}+\dfrac{1}{4!}\dfrac{1}{z^{4}}+\cdots$

4.13 (1) $\sum_{n=0}^{\infty}\dfrac{(-1)^{n+1}}{(2n+1)!}(z-1)^{-2n-1}$，$-2\pi\mathrm{i}$；

(2) $\sum_{n=0}^{\infty}(z+1)^{-n-7}$，0；

(3) $-\sum_{n=0}^{\infty}\dfrac{(2\mathrm{i})^{n+1}}{n+1}(z+\mathrm{i})^{-n-1}$，$4\pi$

4.14 提示：在公式(4.13)中，取 C 为 $|z|=1$ 并设 $\xi=\mathrm{e}^{\mathrm{i}\theta}$，然后证明 c_n 虚部为零

4.15 提示：对 $|z|>k$ 展开 $\dfrac{1}{z-k}$ 为洛朗级数，并在展开式中令 $z=\mathrm{e}^{\mathrm{i}\theta}$，再利用复数相等的定义

习题五

5.1 (1) $z=1$，二级极点；$z=-1$，一级极点；

(2) $z=0$，三级极点；$z=\pm\mathrm{i}$，二级极点；

(3) $z=1$，本性奇点；

(4) $z=\mathrm{e}^{\frac{(2k+1)\pi}{n}}$ $(k=0,1,\cdots,n-1)$，一级极点；

(5) $z=0$，可去奇点；

(6) $z=0$，二级极点；

(7) $z=0$，三级极点；$z=2k\pi\mathrm{i}$ $(k=\pm1,\pm2,\cdots)$，一级极点；

(8) $z=0$，一级极点

5.2 z_0 点是(1)(2)(3)中函数的本性奇点

5.4 (1) 在 $z=0$ 的留数是 $-\dfrac{4}{3}$；

(2) 在 $z=\mathrm{i}$ 的留数是 $\cosh 1$；

(3) 在 $z=\mathrm{i}$，$z=-\mathrm{i}$ 的留数分别是 $\dfrac{-3\mathrm{i}}{16}$ 和 $\dfrac{3\mathrm{i}}{16}$；

(4) 在 $z=0$ 的留数是 n；在 $z=-1$ 的留数是 $-n$；

(5) 在 $z=0$ 的留数是 $-\dfrac{1}{6}$；

(6) 在 $z_k=\left(k+\dfrac{1}{2}\right)\pi\mathrm{i}$ $(k=0,\pm1,\cdots)$ 的留数是 1

5.5 提示：$z=0$，$z=1$，$z=\infty$ 分别是一级极点，可用洛朗展示法、极限法、柯西公式、求导法计算对应的留数为 2，3，-5

5.6 (1) 0；(2) 0；(3) -2；(4) $-\sinh 1$

5.9 (1) $-\dfrac{\pi\mathrm{i}}{\sqrt{2}}$；(2) $6\pi\mathrm{i}$；(3) 0；(4) $-12\mathrm{i}$

5.10　(1) $2\pi i$; (2) 0; (3) $\dfrac{-2\pi}{\sqrt{a^2+1}}$; (4) $-\dfrac{2}{3}\pi i$

5.11　(1) $\dfrac{2\pi}{\sqrt{a^2-b^2}}$; (2) $\dfrac{\pi}{a\sqrt{a^2+1}}$; (3) $\dfrac{5}{12}\pi$; (4) $\dfrac{\sqrt{2}}{2}\pi$;

(5) $\dfrac{\pi}{2}e^{-ab}$; (6) $-\dfrac{\pi}{e}\sin 2$; (7) $\dfrac{\pi}{6}$; (8) $\dfrac{\pi}{e}(\sin 2-\cos 2)$

5.13*　$|z|<1$ 内,0;$1<|z|<3$ 内,4

阶段复习题二

1. (1) 2, $|z-2|<2$; (2) $|z|<1$, $|z|>1$; (3) 2; (4) 1; (5) $12\pi i$; (6) $\dfrac{\pi}{2}(1-e^{-2})$;

2. (1) D; (2) D; (3) A; (4) B; (5) A; (6) A; (7) B; (8) A

3. (1) $R=1$; (2) $R=e$

4. (1) 发散; (2) 收敛

5. $\sum\limits_{n=0}^{\infty}\left(\dfrac{1}{2^{n+1}}+\dfrac{2^n}{3^{n+1}}\right)(z+1)^n$, $|z+1|<\dfrac{3}{2}$

6. (1) $-e\sum\limits_{n=0}^{\infty}\dfrac{1}{n!}(z-1)^{n-1}$; (2) 当 $0<|z-i|<2$ 时, $-\sum\limits_{n=0}^{\infty}\left(\dfrac{i}{2}\right)^{n+1}(z-i)^{n-1}$; 当 $|z-i|>2$ 时,

$f(z)=\sum\limits_{n=0}^{\infty}\dfrac{(-2i)^n}{(z-i)^{n+2}}$; (3) $0<|z-i|<1$ 时, $f(z)=\sum\limits_{n=0}^{\infty}i^{n+1}(z-i)^{n-1}$, 当 $1<|z-i|<+\infty$ 时,

$f(z)=\sum\limits_{n=0}^{\infty}(-1)^{n+1}\dfrac{i^n}{(z-i)^{n+1}}$

7. $\text{Res}[f(z),0]=1$, $\text{Res}[f(z),-2]=-1$

8. 可去奇点, $\text{Res}[f(z),\infty]=\dfrac{13}{4}$

9. (1) 0; (2) 0; (3) $\dfrac{7\pi}{50}$;

10. $-\dfrac{1}{98!!}$

习题六

6.1　(1) $f(t)=\begin{cases}\dfrac{2}{\pi}\displaystyle\int_0^{+\infty}\dfrac{1-\cos\omega}{\omega}\sin\omega t\,d\omega,\\ \dfrac{f(t_0+0)+f(t_0-0)}{2}\quad(t_0=-1,0,1)\end{cases}$

(2) $f(t)=\dfrac{2}{\pi}\displaystyle\int_0^{+\infty}\dfrac{(5-\omega^2)\cos\omega t+2\omega\sin\omega t}{25-6\omega^2+\omega^4}d\omega$

(3) $f(t)=\dfrac{4}{\pi}\displaystyle\int_0^{+\infty}\dfrac{(\sin\omega-\omega\cos\omega)}{\omega^3}\cos\omega t\,d\omega$

6.2　$F(\omega)=\dfrac{4A}{\tau\omega^2}\left(1-\cos\dfrac{\omega\tau}{2}\right)$

6.3 证明略. (1) $F(\omega)=\dfrac{2\omega^2+4}{\omega^4+4}$; (2) $F(\omega)=\dfrac{2\omega\sin\omega\pi}{1-\omega^2}$; (3) $F(\omega)=\dfrac{2\beta}{\beta^2+\omega^2}$; (4) $F(\omega)=\dfrac{A(\beta-\mathrm{i}\omega)}{\beta^2+\omega^2}$

6.4 $F(\omega)=\dfrac{A(1-\mathrm{e}^{-\mathrm{i}\omega\tau})}{\mathrm{i}\omega}$

6.6 (1) $F(\omega)=\dfrac{\pi\mathrm{i}}{2}[\delta(\omega+2)-\delta(\omega-2)]$; (2) $F(\omega)=\dfrac{\pi}{2}[\pi\delta(\omega-2)-\delta(\omega-4)-\delta(\omega)]$;

(3) $F(\omega)=-\pi[\delta'(\omega+1)-\delta'(\omega-1)]$; (4) $\dfrac{\pi\mathrm{i}}{4}[3\delta(\omega+1)-\delta(\omega+3)+\delta(\omega-3)-3\delta(\omega-1)]$;

(5) $4\pi\delta(\omega)+3\mathrm{e}^{\mathrm{i}\omega}+\omega^2\mathrm{e}^{-\mathrm{i}\omega}$; (6) $\dfrac{1}{\mathrm{i}(\omega-\omega_0)}+\pi\delta(\omega-\omega_0)$;

(7) $\dfrac{2\omega_0(\beta+\mathrm{i}\omega)}{[\omega_0^2+(\beta+\mathrm{i}\omega)^2]^2}$; (8) $\dfrac{\beta+\mathrm{i}\omega}{(\beta+\mathrm{i}\omega)^2+\omega_0^2}$

6.7 (1) $\dfrac{1}{2}[\delta'(t-t_0)-\delta'(t+t_0)]$; (2) $\cos\omega_0 t$

6.9 (1) $\dfrac{\mathrm{i}}{3}\dfrac{\mathrm{d}}{\mathrm{d}\omega}F\left(\dfrac{\omega}{3}\right)$; (2) $\mathrm{i}\dfrac{\mathrm{d}}{\mathrm{d}\omega}F(\omega)-2F(\omega)$; (3) $-F(\omega)-\omega\dfrac{\mathrm{d}}{\mathrm{d}\omega}F(\omega)$;

(4) $\mathrm{e}^{-\mathrm{i}\omega}F(-\omega)$; (5) $\dfrac{1}{2}\mathrm{e}^{-\frac{5}{2}\mathrm{i}\omega}F\left(\dfrac{\omega}{2}\right)$

6.10 $\dfrac{\pi}{2}[(\sqrt{3}+\mathrm{i})\delta(\omega+5)+(\sqrt{3}-\mathrm{i})\delta(\omega-5)]$

6.12 $\begin{cases}0,\ t\leqslant 0;\\ \dfrac{1}{2}(\sin t-\cos t+\mathrm{e}^{-t}),\ 0<t\leqslant\dfrac{\pi}{2};\\ \dfrac{1}{2}\mathrm{e}^{-t}(1+\mathrm{e}^{\frac{\pi}{2}}),\ t>\dfrac{\pi}{2}\end{cases}$

6.13 $\dfrac{\mathrm{i}\omega}{\omega_0^2-\omega^2}+\dfrac{\pi}{2}[\delta(\omega-\omega_0)+\delta(\omega+\omega_0)]$

习题七

7.1 (1) $F(s)=\dfrac{3}{s}(1-\mathrm{e}^{\frac{\pi}{2}s})-\dfrac{1}{s^2+1}\mathrm{e}^{-\frac{\pi}{2}s}$; (2) $F(s)=\dfrac{1}{s}(3\mathrm{e}^{-4s}-5\mathrm{e}^{-2s}+2)$;

(3) $F(s)=\dfrac{5s-9}{s-2}$; (4) $F(s)=\dfrac{s^2}{s^2+1}$

7.2 (1) $F(s)=\dfrac{1+bs}{s^2}-\dfrac{b}{s(1-\mathrm{e}^{-bs})}$; (2) $F(s)=\dfrac{1}{(s^2+1)(1-\mathrm{e}^{-\pi s})}$

7.3 (1) $F(s)=\dfrac{1}{s}-\dfrac{1}{(s-1)^2}$; (2) $F(s)=\dfrac{1}{s^4}(s^3-2s^2+6)$;

(3) $F(s)=\dfrac{s^2-6s+10}{(s-2)^3}$; (4) $F(s)=\dfrac{s^2-9}{(s^2+9)^2}$;

(5) $F(s)=\dfrac{s+2}{(s+2)^2+36}$; (6) $F(s)=\dfrac{4}{(s+4)^2+16}$;

(7) $F(s)=\dfrac{n!}{(s-a)^{n+1}}$ (n 为正整数);

(8) $F(s)=\dfrac{e^{-2s}}{s^2+1}$;

(9) $F(s)=\dfrac{\cos 2+s\cdot\sin 2}{s^2+1}e^{-2s}$;

(10) $F(s)=\dfrac{1}{s}e^{-\frac{5}{3}s}$

7.4 (1) $F(s)=\dfrac{(s-\alpha)^2-\beta^2}{[(s-\alpha)^2+\beta^2]^2}$;

(2) $F(s)=\dfrac{2(3s^2+12s+13)}{s^2[(s+3)^2+4]^2}$;

(3) $F(s)=\operatorname{arccot}\dfrac{s}{a}$;

(4) $F(s)=\operatorname{arccot}\dfrac{s+3}{2}$;

(5) $F(s)=\dfrac{1}{s}\dfrac{4(s+3)}{[(s+3)^2+4]^2}$;

(6) $F(s)=\dfrac{1}{s}\operatorname{arccot}\dfrac{s+2}{3}$

7.5 (1) $\dfrac{\pi}{4}$; (2) $\dfrac{\pi}{4}$; (3) $\ln 2$; (4) $\ln\sqrt{2}$; (5) $\dfrac{12}{169}$; (6) $\dfrac{\pi}{2}$

7.6 (1) $f(t)=-2\sinh t$;

(2) $f(t)=-\dfrac{2}{t}[\cos t-u(t)]$;

(3) $f(t)=\dfrac{\sin at}{t}$;

(4) $f(t)=t\sinh t$;

(5) $f(t)=\dfrac{t}{2}\cosh t-\dfrac{1}{2}\sinh t$;

(6) $f(t)=\dfrac{1}{2}e^{-t}(\sin t-t\cos t)$;

(7) $f(t)=\delta(t)-2e^{-2t}$;

(8) $f(t)=\begin{cases}2(t-1), & t>2;\\ t, & 0\leqslant t<2\end{cases}$

7.7 (1) t;

(2) $\dfrac{1}{6}t^3$;

(3) $\dfrac{1}{2k}\sin kt-\dfrac{t}{2}\cos kt$;

(4) $\sinh t-t$;

(5) $\begin{cases}0, & t<a;\\ \displaystyle\int_a^t f(t-\tau)d\tau, & t\geqslant a;\end{cases}$

(6) $\begin{cases}0, & t<a;\\ f(t-a), & t\geqslant a\end{cases}$

7.9 (1) $\dfrac{ae^{at}-be^{bt}}{a-b}$;

(2) $\dfrac{1}{3}\cos t-\dfrac{1}{3}\cos 2t$;

(3) $\dfrac{\sin 2t}{16}-\dfrac{t\cos 2t}{8}$;

(4) $\dfrac{1}{2}(1+2e^{-t}-3e^{-2t})$;

(5) $\dfrac{1}{9}\left(\sin\dfrac{2}{3}t+\cos\dfrac{2}{3}t\right)e^{-\frac{1}{3}t}$;

(6) $\delta'(t)+2\delta(t)+2e^{-t}-e^{-2t}$;

(7) $3e^{-t}-11e^{-2t}+10e^{-3t}$;

(8) $\dfrac{1}{3}e^{-t}(2-2\cos\sqrt{3}t+\sqrt{3}\sin\sqrt{3}t)$

7.10 (1) $\dfrac{1}{2}t^2e^t$;

(2) $te^t\sin t$;

(3) $-2\sin t-\cos 2t$;

(4) e^t+1;

(5) $-\dfrac{1}{2}+\dfrac{1}{10}e^{2t}+\dfrac{2}{5}\cos t-\dfrac{1}{5}\sin t$;

(6) t^3e^{-t};

(7) $t-1+\dfrac{1}{2}e^{-t}+\dfrac{1}{2}(\cos t-\sin t)+\dfrac{t^3}{2}$;

(8) $\dfrac{1}{2}t\sin t$;

(9) $2te^{t-1}$；

(10) $\sin t-\dfrac{10}{3}\sin 2t$

7.11 (1) $-3+5t-t^2$；

(2) $\dfrac{1}{2}(\sin t-te^{-t})$；

(3) $1+\dfrac{t^2}{2}$；

(4) $-e^{-t}+4e^{-2t}-3e^{-3t}$

7.12 (1) $\begin{cases}x(t)=-\dfrac{3}{2}e^t+2t,\\ y(t)=-\dfrac{1}{2}e^t-\dfrac{1}{2}t^2+\dfrac{3}{2};\end{cases}$

(2) $\begin{cases}x(t)=u(t-1),\\ y(t)=0\end{cases}$

习题八

8.1 $-\dfrac{\pi}{3}$，12

8.2 (1) $\operatorname{Im}w>1$；(2) $-1<\operatorname{Re}w<1$ 且 $\operatorname{Im}w>0$；

(3) $|w+i|>1$ 且 $\operatorname{Im}w<0$；(4) $\operatorname{Im}w>\operatorname{Re}w$；(5) $\left|w-\dfrac{1}{2}\right|<\dfrac{1}{2}$ $(\operatorname{Im}w<0)$

8.3 (1) $w=\dfrac{z-6i}{3iz-2}$；(2) $w=-\dfrac{1}{z}$；(3) $w=\dfrac{z+2+i}{z+2-i}$；(4) $w=\dfrac{i(z+1)}{1-z}$

8.4 $w=-\dfrac{z^2+2}{3z^2}$

8.5 (1) $w=\dfrac{z-i}{z+i}$；(2) $w=-i\dfrac{z-i}{z+i}$；(3) $w=i\dfrac{z-2i}{z+2i}$；(4) $w=\dfrac{3z+\sqrt{5}-2i}{(\sqrt{5}-2i)z+3}$

8.6 (1) $w=\dfrac{2z-1}{z-2}$；(2) $w=i\dfrac{2z-1}{2-z}$

8.7 $w=\dfrac{e^{\frac{\pi}{a}zi}-i}{e^{\frac{\pi}{a}zi}+i}$

8.8 $w=-i\dfrac{z^3-2i+2}{z^3+2i+2}$

8.9 $w=b-ie^{\frac{z}{a}\pi i}$

8.10 (1) $w=\left(\dfrac{z^3+8}{z^3-8}\right)^2$；(2) $w=\left(\dfrac{\sqrt{z}+1}{\sqrt{z}-1}\right)^2$；(3) $w=\left(\dfrac{e^{-\frac{\pi}{a}z}-1}{e^{-\frac{\pi}{a}z}+1}\right)^2$；

(4) $w=-\left(\dfrac{z+\sqrt{3}}{z-\sqrt{3}}\right)^3$；(5) $w=e^{\frac{2\pi iz}{z-2}}$；(6) $w=-i\left(\dfrac{z+1}{z-1}\right)^2$

阶段复习题三

1. (1) $\dfrac{5-i\omega}{25+\omega^2}$；(2) $2iF'(\omega)-3F(\omega)$；(3) $2\pi\delta(\omega)$，$2\pi\delta(t)$；(4) $e^{-\alpha t}u(t)$ $(\alpha>0)$；

(5) $\dfrac{1}{2}[F(\omega-\omega_0)+F(\omega+\omega_0)]$；(6) $\delta(t+3)+\delta(t-3)$；(7) $\dfrac{1}{s}e^{-2s}$；(8) $\dfrac{2}{(s+3)^2+4}$；

(9) $\dfrac{s^2-4s+5}{(s-1)^3}$；(10) $\dfrac{1}{s+1}\mathrm{e}^{-\frac{3}{s+1}}$；(11) $\cos 4t+\dfrac{1}{4}\sin 4t$；(12) $\dfrac{1}{s(s-1)^3}$

(13) $w=\dfrac{z-6\mathrm{i}}{3\mathrm{i}z-2}$；(14) 带形域 $0<\mathrm{Im}\,w<\pi$；(15) $w=\mathrm{e}^{\mathrm{i}\varphi}\dfrac{z^4-\lambda}{z^4-\bar{\lambda}}$ $(\varphi\in\mathbf{R},\ \mathrm{Im}\lambda>0)$；

(16) 扇形域 $0<\arg z<\pi$，$|w|<8$

2. (1) C；(2) B；(3) A；(4) C；(5) D；(6) A；(7) C；(8) C；(9) D；(10) C；(11) B；(12) C

3. (1) $\dfrac{\omega_0}{\omega_0^2-\omega^2}-\dfrac{\pi\mathrm{i}}{2}[\delta(\omega+\omega_0)-\delta(\omega-\omega_0)]$；

(2) $\dfrac{\omega_0}{(\beta+\mathrm{i}\omega)^2+\omega_0^2}$；(3) $\dfrac{\sqrt{2}}{2}$；(4) $-\mathrm{i}\pi[\delta''(\omega+1)-\delta''(\omega-1)]$；(5) $-\dfrac{1}{\omega^2}+\mathrm{i}\pi\delta'(\omega)$；

(6) $\dfrac{\pi}{4}\mathrm{i}[3\delta(\omega+1)-\delta(\omega+3)+\delta(\omega-3)-3\delta(\omega-1)]$

4. $F(\omega)=-\dfrac{2}{\omega^2}(\cos\omega-1)$

5. $\dfrac{1}{s^2}\dfrac{1-\mathrm{e}^{-bs}}{1+\mathrm{e}^{-bs}}$

6. (1) $\dfrac{1}{s+2}+1$； (2) $\dfrac{12-s}{s(s-4)}$； (3) $\dfrac{12s^2-16}{(s^2+4)^3}$；(4) $\ln\dfrac{s-2}{s-3}$； (5) $\dfrac{1}{s}\mathrm{arccot}\,\dfrac{s+1}{2}$； (6) $\dfrac{1}{s}$

8. (1) $\dfrac{3}{25}$；(2) $\ln 3$；(3) $\dfrac{1}{4}\ln 5$；(4) $\dfrac{\pi}{2}$

9. (1) $4\mathrm{e}^{2t}-3\cos 4t+\dfrac{5}{2}\sin t$； (2) $4\mathrm{e}^{3t}-\mathrm{e}^{-t}$； (3) $\dfrac{1}{2}t\mathrm{e}^{-t}\sin t$；

(4) $2u(t-1)-u(t-2)$； (5) $\dfrac{1}{3}\mathrm{e}^{-2t}(6\cos 3t+\sin 3t)$； (6) $\dfrac{1}{24}t^4\mathrm{e}^{-t}$

10. (1) $\dfrac{1}{3}\mathrm{e}^{-t}+4\mathrm{e}^{t}-\dfrac{7}{3}\mathrm{e}^{2t}$；(2) $\dfrac{1}{2}(t-1)+\dfrac{3}{4}t^2+\dfrac{1}{2}(\cos t-\sin t)$；

(3) $1-\left(\dfrac{1}{2}t^2+t+1\right)\mathrm{e}^{-t}$；(4) $\begin{cases}x=3-5\mathrm{e}^{t}+2\mathrm{e}^{-t},\\ y=-2+5\mathrm{e}^{t}-\mathrm{e}^{-t}\end{cases}$

11. (1) $y(t)=at$；(2) $y(t)=\dfrac{ab}{\sqrt{b^2-bc}}\sin\sqrt{b^2-bc}$

12. 略

13. (1) $v=\dfrac{1}{2}(u^2-1)$(抛物线)；(2) $u=-1$(直线)

14. $w=-\mathrm{i}\dfrac{\mathrm{e}^{2z}-\mathrm{i}}{\mathrm{e}^{2z}+\mathrm{i}}$

15. $w=-\dfrac{z^2+2}{3z^2}$

模拟试卷(一)

一、1. $-\mathrm{e}^{x}\sin y$ 2. $2\pi\mathrm{i}$ 3. 0 4. $2k\pi+\dfrac{\pi}{3}$，k 为整数 5. $10\pi\mathrm{i}$

6. $\ln|z|+C$　7. $\mathrm{i}\pi[\delta(\omega+3)-\delta(\omega-3)]$　8. $\sum_{n=1}^{\infty}n(z+1)^{n-1}$

二、1. C　2. A　3. B　4. A

三、$8+3\pi\mathrm{i}$

四、(1) $z=2\mathrm{e}^{\mathrm{i}\frac{\pi}{4}}$，$2\mathrm{e}^{\mathrm{i}\frac{3\pi}{4}}$ 为 $f(z)$在上半平面的孤立奇点,均为一级极点；

(2) $\mathrm{Res}[f(z),\ 2\mathrm{e}^{\mathrm{i}\frac{\pi}{4}}]=\frac{\sqrt{2}}{16}(1-\mathrm{i})$，$\mathrm{Res}[f(z),\ 2\mathrm{e}^{\mathrm{i}\frac{3\pi}{4}}]=-\frac{\sqrt{2}}{16}(1+\mathrm{i})$；

(3) $\frac{\sqrt{2}}{8}\pi$

五、$w=f(z)=-\frac{1+2\mathrm{i}z}{2+\mathrm{i}z}$

六、(1) $\ln\frac{s+3}{s+2}$；

(2) $L[y'(t)]=sF(s)$；

(3) $y(t)=L^{-1}[Y(s)]=\sin t-\cos t+\mathrm{e}^t$

$\left(\text{或}=\mathrm{e}^t+\mathrm{e}^{-\mathrm{i}t}\frac{-1+\mathrm{i}}{2}-\mathrm{e}^{\mathrm{i}t}\frac{1+\mathrm{i}}{2}=\mathrm{e}^t+\sqrt{2}\cos\left(t+\frac{\pi}{4}\right)\right)$

七、当 $0<|z-\mathrm{i}|<1$ 时，$f(z)=\sum_{n=1}^{\infty}(-1)^{n-1}\frac{n(z-\mathrm{i})^{n-2}}{\mathrm{i}^{n+1}}$；

当 $1<|z-\mathrm{i}|<+\infty$ 时，$f(z)=\sum_{n=0}^{\infty}(-1)^n\frac{(n+1)\mathrm{i}^n}{(z-\mathrm{i})^{n+3}}$

模拟试卷(二)

一、1. $\frac{\mathrm{e}+\mathrm{e}^{-1}}{2}$　2. $\mathrm{e}^{-\mathrm{i}\ln\sqrt{2}+\frac{\pi}{4}+2k\pi}$　$\mathrm{e}^{-\mathrm{i}\ln\sqrt{2}+\frac{\pi}{4}}$　3. 0　4. 0　5. $-\sum_{n=0}^{\infty}(z-1)^n$

6. $4\pi\delta(\omega)+3\pi[\delta(\omega+2)+\delta(\omega-2)]$　7. 1　8. $\frac{\mathrm{i}z+2+\mathrm{i}}{z+1}$

二、1. C　2. D　3. A　4. B

三、$\frac{2}{1+\omega^2}$，$\frac{\pi}{2}\mathrm{e}^{-|t|}$

四、$\frac{2\pi}{b^2}(a-\sqrt{a^2-b^2})$

五、$w=-\mathrm{i}\frac{\mathrm{e}^{\frac{\pi}{2}\mathrm{i}z}-\mathrm{i}}{\mathrm{e}^{\frac{\pi}{2}\mathrm{i}z}+\mathrm{i}}$

六、(1) $\frac{1}{(s+1)^2+1}+\frac{1}{s+2}$；(2) $\frac{1}{4}\ln 5$；(3) $\frac{1}{2}(\sin t-\cos t+\mathrm{e}^t)$

七、当 $0<|z-1|<1$ 时，$f(z)=\frac{1}{2}\left[\frac{1}{z-1}-\sum_{n=1}^{\infty}(-1)^n\frac{n(z-1)^n}{2^{n+1}}\right]$；

当 $1<|z-1|<2$ 时，$f(z)=\frac{1}{2}\left[\frac{1}{z-1}-\frac{1}{2}\sum_{n=1}^{\infty}(-1)^n\frac{n(z-1)^n}{2^n}\right]$；

当 $2<|z-1|<+\infty$ 时，$f(z)=\frac{1}{2}\left[\frac{1}{z-1}-\sum_{n=0}^{\infty}\frac{2^n}{(z-1)^{n+1}}\right]$

附录一

Fourier 变换简表

	$f(t)$	$F(\omega)$
1	$\delta(t)$	1
2	$\delta(t-\tau)$	$e^{-i\omega\tau}$
3	$\delta'(t)$	$i\omega$
4	$\delta^{(n)}(t)$	$(i\omega)^n$
5	$\delta^{(n)}(t-\tau)$	$(i\omega)^n e^{-i\omega\tau}$
6	1	$2\pi\delta(\omega)$
7	$u(t)$	$\frac{1}{i\omega}+\pi\delta(\omega)$
8	$u(t-\tau)$	$\frac{1}{i\omega}e^{-i\omega\tau}+\pi\delta(\omega)$
9	$u(t)e^{i\omega_0 t}$	$\frac{1}{i(\omega-\omega_0)}+\pi\delta(\omega-\omega_0)$
10	$u(t)e^{-\beta t}\ (\beta>0)$	$\frac{1}{\beta+i\omega}$
11	$u(t)\cdot t$	$-\frac{1}{\omega^2}+\pi i\delta'(\omega)$
12	$u(t)\cdot t^n$	$\frac{n!}{(i\omega)^{n+1}}+\pi i\delta^{(n)}(\omega)$
13	$u(t)e^{i\omega_0 t}t^n$	$\frac{n!}{[i(\omega-\omega_0)]^{n+1}}+\pi i^n\delta^{(n)}(\omega-\omega_0)$
14	$u(t)\cdot\sin at$	$\frac{a}{a^2-\omega^2}+\frac{\pi}{2i}[\delta(\omega-\omega_0)-\delta(\omega+\omega_0)]$
15	$u(t)\cdot\cos at$	$\frac{i\omega}{a^2-\omega^2}+\frac{\pi}{2}[\delta(\omega-\omega_0)+\delta(\omega+\omega_0)]$
16	t	$2\pi i\delta'(\omega)$

续　表

	$f(t)$	$F(\omega)$
17	t^n	$2\pi i^n \delta^{(n)}(\omega)$
18	$e^{i\omega_0 t}$	$2\pi\delta(\omega-\omega_0)$
19	$t^n e^{i\omega_0 t}$	$2\pi i^n \delta^{(n)}(\omega-\omega_0)$
20	$e^{a\|t\|}$ $(\mathrm{Re}(a)<0)$	$\dfrac{-2a}{\omega^2+a^2}$
21	$\sin\omega_0 t$	$i\pi[\delta(\omega+\omega_0)-\delta(\omega-\omega_0)]$
22	$\cos\omega_0 t$	$\pi[\delta(\omega+\omega_0)+\delta(\omega-\omega_0)]$
23	$\dfrac{\sin\omega_0 t}{\pi t}$	$\begin{cases}1, & \|\omega\|\leqslant\omega_0;\\ 0, & \|\omega\|>\omega_0\end{cases}$
24	$\sin at^2$ $(a>0)$	$\sqrt{\dfrac{\pi}{a}}\cos\left(\dfrac{\omega^2}{4a}+\dfrac{\pi}{4}\right)$
25	$\cos at^2$ $(a>0)$	$\sqrt{\dfrac{\pi}{a}}\cos\left(\dfrac{\omega^2}{4a}-\dfrac{\pi}{4}\right)$
26	$\dfrac{1}{t}\sin at$ $(a>0)$	$\begin{cases}\pi, & \|\omega\|\leqslant a;\\ 0, & \|\omega\|>a\end{cases}$
27	$\dfrac{1}{a^2+t^2}$ $(\mathrm{Re}(a)<0)$	$-\dfrac{\pi}{a}e^{a\|\omega\|}$
28	$\dfrac{1}{(a^2+t^2)^2}$ $(\mathrm{Re}(a)<0)$	$\dfrac{i\omega\pi}{2a}e^{a\|\omega\|}$
29	$\dfrac{e^{ibt}}{a^2+t^2}$ [$\mathrm{Re}(a)<0$,b 为实数]	$-\dfrac{\pi}{a}e^{a\|\omega-b\|}$
30	$\dfrac{\cos bt}{a^2+t^2}$ [$\mathrm{Re}(a)<0$，b 为实数]	$-\dfrac{\pi}{2a}\left[e^{a\|\omega-b\|}+e^{a\|\omega+b\|}\right]$
31	$\dfrac{\sin bt}{a^2+t^2}$ [$\mathrm{Re}(a)<0$，b 为实数]	$-\dfrac{\pi}{2ai}\left[e^{a\|\omega-b\|}+e^{a\|\omega+b\|}\right]$
32	$\dfrac{\sinh at}{\sinh \pi t}$ $(-\pi<a<\pi)$	$\dfrac{\sin a}{\cosh\omega+\cos a}$
33	$\dfrac{\sinh at}{\cosh \pi t}$ $(-\pi<a<\pi)$	$-2i\dfrac{\sin\dfrac{a}{2}\sinh\dfrac{\omega}{2}}{\cosh\omega+\cos a}$
34	$\dfrac{\cosh at}{\cosh \pi t}$ $(-\pi<a<\pi)$	$-2\dfrac{\cos\dfrac{a}{2}\cosh\dfrac{\omega}{2}}{\cosh\omega+\cos a}$

续　表

	$f(t)$	$F(\omega)$
35	$\dfrac{1}{\operatorname{ch} at}$	$\dfrac{\pi}{a}\dfrac{1}{\cosh\dfrac{\pi\omega}{2a}}$
36	$\dfrac{1}{t^2}\sin^2 at \ (a>0)$	$\begin{cases}\pi\left(a-\dfrac{\lvert\omega\rvert}{2}\right), & \lvert\omega\rvert\leqslant 2a;\\ 0, & \lvert\omega\rvert>2a\end{cases}$
37	$\dfrac{\sin at}{\sqrt{\lvert t\rvert}}$	$\sqrt{\dfrac{\pi}{2}}\left(\dfrac{1}{\sqrt{\lvert\omega+a\rvert}}-\dfrac{1}{\sqrt{\lvert\omega-a\rvert}}\right)$
38	$\dfrac{\cos at}{\sqrt{\lvert t\rvert}}$	$\sqrt{\dfrac{\pi}{2}}\left(\dfrac{1}{\sqrt{\lvert\omega+a\rvert}}+\dfrac{1}{\sqrt{\lvert\omega-a\rvert}}\right)$
39	$\dfrac{1}{\sqrt{\lvert t\rvert}}$	$\sqrt{\dfrac{2\pi}{\omega}}$
40	$\operatorname{sgn} t$	$\dfrac{2}{\mathrm{i}\omega}$
41	$\mathrm{e}^{-at^2}\ (\mathrm{Re}(a)>0)$	$\sqrt{\dfrac{\pi}{a}}\mathrm{e}^{-\frac{\omega^2}{4a}}$
42	$\lvert t\rvert$	$-\dfrac{2}{\omega^2}$
43	$\dfrac{1}{\lvert t\rvert}$	$\dfrac{\sqrt{2\pi}}{\lvert\omega\rvert}$

附录二

Laplace 变换简表

	$f(t)$	$F(\omega)$
1	1	$\frac{1}{s}$
2	e^{at}	$\frac{1}{s-a}$
3	$t^m (m>-1)$	$\frac{\Gamma(m+1)}{s^{m+1}}$
4	$t^m e^{at} (m>-1)$	$\frac{\Gamma(m+1)}{(s-a)^{m+1}}$
5	$\sin at$	$\frac{a}{s^2+a^2}$
6	$\cos at$	$\frac{s}{s^2+a^2}$
7	$\sinh at$	$\frac{a}{s^2-a^2}$
8	$\cosh at$	$\frac{s}{s^2-a^2}$
9	$t\sin at$	$\frac{2as}{(s^2+a^2)^2}$
10	$t\cos at$	$\frac{s^2-a^2}{(s^2+a^2)^2}$
11	$t\sinh at$	$\frac{2as}{(s^2-a^2)^2}$
12	$t\cosh at$	$\frac{s^2+a^2}{(s^2-a^2)^2}$
13	$t^m \sin at\ (m>-1)$	$\frac{\Gamma(m+1)}{2i(s^2+a^2)^{m+1}} \cdot [(s+ia)^{m+1}-(s-ia)^{m+1}]$
14	$t^m \cos at\ (m>-1)$	$\frac{\Gamma(m+1)}{2(s^2+a^2)^{m+1}} \cdot [(s+ia)^{m+1}+(s-ia)^{m+1}]$

续 表

	$f(t)$	$F(\omega)$
15	$e^{-bt}\sin at$	$\dfrac{a}{(s+b)^2+a^2}$
16	$e^{-bt}\cos at$	$\dfrac{s+b}{(s+b)^2+a^2}$
17	$e^{-bt}\sin(at+c)$	$\dfrac{(s+b)\sin c+a\cos c}{(s+b)^2+a^2}$
18	$\sin^2 t$	$\dfrac{1}{2}\left(\dfrac{1}{s}-\dfrac{s}{s^2+4}\right)$
19	$\cos^2 t$	$\dfrac{1}{2}\left(\dfrac{1}{s}+\dfrac{s}{s^2+4}\right)$
20	$e^{at}-e^{bt}$	$\dfrac{a-b}{(s-a)(s-b)}$
21	$ae^{at}-be^{bt}$	$\dfrac{(a-b)s}{(s-a)(s-b)}$
22	$\sin at\ \sin bt$	$\dfrac{2abs}{[s^2+(a+b)^2][s^2+(a-b)^2]}$
23	$\cos at-\cos bt$	$\dfrac{(b^2-a^2)s}{(s^2+a^2)(s^2+b^2)}$
24	$\dfrac{1}{a}\sin at-\dfrac{1}{b}\sin bt$	$\dfrac{b^2-a^2}{(s^2+a^2)(s^2+b^2)}$
25	$\dfrac{1}{a^2}(1-\cos at)$	$\dfrac{1}{s(s^2+a^2)}$
26	$\dfrac{1}{a^3}(at-\sin at)$	$\dfrac{1}{s^2(s^2+a^2)}$
27	$\dfrac{1}{a^4}(\cos at-1)+\dfrac{1}{2a^2}t^2$	$\dfrac{1}{s^3(s^2+a^2)}$
28	$\dfrac{1}{a^4}(\cosh at-1)-\dfrac{1}{2a^2}t^2$	$\dfrac{1}{s^3(s^2-a^2)}$
29	$\dfrac{1}{2a^3}(\sin at-at\cos at)$	$\dfrac{1}{(s^2+a^2)^2}$
30	$\dfrac{1}{2a}(\sin at+at\cos at)$	$\dfrac{s^2}{(s^2+a^2)^2}$

续　表

	$f(t)$	$F(\omega)$
31	$\frac{1}{a^4}(1-\cos at)-\frac{1}{2a^3}t\sin at$	$\frac{1}{s(s^2+a^2)^2}$
32	$(1-at)\mathrm{e}^{-at}$	$\frac{s}{(s+a)^2}$
33	$t\left(1-\frac{a}{2}t\right)\mathrm{e}^{-at}$	$\frac{s}{(s+a)^3}$
34	$\frac{1}{a}(1-\mathrm{e}^{-at})$	$\frac{1}{s(a+a)}$
35	$\frac{1}{ab}+\frac{1}{b-a}\left(\frac{\mathrm{e}^{-bt}}{b}-\frac{\mathrm{e}^{-at}}{a}\right)$	$\frac{1}{s(s+a)(s+b)}$
36	$\mathrm{e}^{-at}-\mathrm{e}^{\frac{at}{2}}\left(\cos\frac{\sqrt{3}at}{2}-\sqrt{3}\sin\frac{\sqrt{3}at}{2}\right)$	$\frac{3a^2}{s^2+a^3}$
37	$\sin at\ \mathrm{ch}at-\cos at\ \mathrm{sh}at$	$\frac{4a^3}{s^4+4a^4}$
38	$\frac{1}{2a^2}\sin at\ \mathrm{sh}at$	$\frac{s}{s^4+4a^4}$
39	$\frac{1}{2a^3}(\mathrm{sh}at-\sin at)$	$\frac{1}{s^4-a^4}$
40	$\frac{1}{2a^2}(\mathrm{ch}at-\cos at)$	$\frac{s}{s^4-a^4}$
41	$\frac{1}{\sqrt{\pi t}}$	$\frac{1}{\sqrt{s}}$
42	$2\sqrt{\frac{t}{\pi}}$	$\frac{1}{s\sqrt{s}}$
43	$\frac{1}{\sqrt{\pi t}}\mathrm{e}^{at}(1+2at)$	$\frac{s}{(s-a)\sqrt{s-a}}$
44	$\frac{1}{2\sqrt{\pi t^3}}(\mathrm{e}^{bt}-\mathrm{e}^{at})$	$\sqrt{s-a}-\sqrt{s-b}$
45	$\frac{1}{\sqrt{\pi t}}(\cos 2\sqrt{at})$	$\frac{1}{\sqrt{s}}\mathrm{e}^{-\frac{a}{s}}$
46	$\frac{1}{\sqrt{\pi t}}\cosh 2\sqrt{at}$	$\frac{1}{\sqrt{s}}\mathrm{e}^{\frac{a}{s}}$
47	$\frac{1}{\sqrt{\pi t}}\sin 2\sqrt{at}$	$\frac{1}{s\sqrt{s}}\mathrm{e}^{-\frac{a}{s}}$
48	$\frac{1}{\sqrt{\pi t}}\sinh 2\sqrt{at}$	$\frac{1}{s\sqrt{s}}\mathrm{e}^{\frac{a}{s}}$
49	$\frac{1}{t}(\mathrm{e}^{bt}-\mathrm{e}^{at})$	$\ln\frac{s-a}{s-b}$

续　表

	$f(t)$	$F(\omega)$
50	$\frac{2}{t}\sinh at$	$\ln\frac{s-a}{s-b}=2\mathrm{Arth}\frac{a}{s}$
51	$\frac{2}{t}(1-\cos at)$	$\ln\frac{s^2+a^2}{s^2}$
52	$\frac{2}{t}(1-\cosh at)$	$\ln\frac{s^2-a^2}{s^2}$
53	$\frac{1}{t}\sin at$	$\arctan\frac{a}{s}$
54	$\frac{1}{t}(\cosh at-\cos bt)$	$\ln\sqrt{\frac{s^2+b^2}{s^2-a^2}}$
55①	$\frac{1}{\pi t}\sin(2a\sqrt{t})$	$\mathrm{erf}\left(\frac{a}{\sqrt{s}}\right)$
56①	$\frac{1}{\pi t}\mathrm{e}^{-2a\sqrt{t}}$	$\frac{1}{\sqrt{s}}\mathrm{e}^{\frac{a^2}{s}}\mathrm{erfc}\left(\frac{a}{\sqrt{s}}\right)$
57	$\mathrm{erfc}\left(\frac{a}{2\sqrt{t}}\right)$	$\frac{1}{s}\mathrm{e}^{-a\sqrt{s}}$
58	$\mathrm{erf}\left(\frac{t}{2a}\right)$	$\frac{1}{s}\mathrm{e}^{a^2s^2}\mathrm{erfc}(as)$
59	$\frac{1}{\sqrt{\pi t}}\mathrm{e}^{-2\sqrt{at}}$	$\frac{1}{\sqrt{s}}\mathrm{e}^{\frac{a^2}{s}}\mathrm{erfc}\left(\sqrt{\frac{a}{s}}\right)$
60	$\frac{1}{\sqrt{\pi(t+a)}}$	$\frac{1}{\sqrt{s}}\mathrm{e}^{as}\mathrm{erfc}(\sqrt{as})$
61	$\frac{1}{\sqrt{a}}\mathrm{erf}(\sqrt{at})$	$\frac{1}{s\sqrt{s+a}}$
62	$\frac{1}{\sqrt{a}}\mathrm{e}^{at}\mathrm{erf}(\sqrt{at})$	$\frac{1}{\sqrt{s}(s-a)}$
63	$u(t)$	$\frac{1}{s}$
64	$tu(t)$	$\frac{1}{s^2}$
65	$t^m u(t)\ (m>-1)$	$\frac{1}{s^{m+1}}\Gamma(m+1)$
66	$\delta(t)$	1
67	$\delta^{(n)}(t)$	s^n
68	$\mathrm{sgn}\,t$	$\frac{1}{s}$

续　表

	$f(t)$	$F(\omega)$
69②	$J_0(at)$	$\dfrac{1}{\sqrt{s^2+a^2}}$
70②	$I_0(at)$	$\dfrac{1}{\sqrt{s^2-a^2}}$
71	$J_0(2\sqrt{at})$	$\dfrac{1}{s}e^{-\frac{a}{s}}$
72	$e^{-bt}I_0(at)$	$\dfrac{1}{\sqrt{(s+b)^2-a^2}}$
73	$tJ_0(at)$	$\dfrac{s}{(s^2+a^2)^{3/2}}$
74	$tI_0(at)$	$\dfrac{s}{(s^2-a^2)^{3/2}}$
75	$J_0(a\sqrt{t(t+2b)})$	$\dfrac{1}{(s^2+a^2)}e^{b(s-\sqrt{s^2+a^2})}$

注：1. $\mathrm{erf}x=\dfrac{2}{\sqrt{\pi}}\int_0^x e^{-t^2}\,dt$，称为误差函数；

$\mathrm{erfc}x=1-\mathrm{erf}x=\dfrac{2}{\sqrt{\pi}}\int_x^{+\infty} e^{-t^2}\,dt$，称为余误差函数.

2. $\mathrm{In}(x)=i^{-n}J_n(ix)$，$J_n$ 称为第一类 n 阶贝塞尔(Bessel)函数，In 称为第一类 n 阶变形的贝塞尔函数，或称为虚宗量的贝塞尔函数.

参 考 文 献

[1] 钟玉泉. 复变函数论. 3版. 北京：高等教育出版社，2004.

[2] 盖云英，包革军. 复变函数与积分变换. 北京：科学出版社，2001.

[3] 余家荣. 复变函数. 3版. 北京：高等教育出版社，2000.

[4] 西安交通大学高等数学教研室. 复变函数. 4版. 北京：高等教育出版社，2007.

[5] Saff E B，Snider A D. 复分析基础及工程应用. 3版. 高宗升，译. 北京：机械工业出版社，2007.

[6] 李红，谢松法. 复变函数与积分变换. 北京：高等教育出版社，1999.

[7] 薛以锋，李红英. 复变函数与积分变换. 上海：华东理工大学出版社，2001.

[8] 冷建华. 傅里叶变换. 北京：清华大学出版社，2004.

[9] Ronald N B. 傅里叶变换及其应用. 3版. 殷勤业，张建国，译. 西安：西安交通大学出版社，2005.

[10] 祝同江. 工程数学——积分变换. 北京：高等教育出版社，1996.

[11] 张元林. 积分变换. 4版. 北京：高等教育出版社，2003.

[12] 殷锡鸣，许树声，李红英，等. 高等数学(下册). 上海：华东理工大学出版社，2005.

[13] 夏德钤，翁贻方. 自动控制理论. 4版. 北京：机械工业出版社，2013.